▲ 单桩基

◀ 单桩入龙口

单桩自沉 ▶

◀ 第三节塔筒起吊

叶轮准备吊装 ▶

◀ 叶轮吊装完成

升压站导管架下放 ▶

◀ 升压站上部组块吊装完成

风场施工图 ▶

Construction technology of offshore wind power for ultra-deep soft seabed surface waters

超深软弱海底表层
海上风电施工技术

保利长大港航工程有限公司　保利长大工程有限公司　编著

人民交通出版社

北 京

内　容　提　要

本书针对海上风电项目建设，对保利长大工程有限公司在参建华润苍南1号海上风电项目过程形成的施工关键技术进行了系统性总结。本书主要内容包括超深软弱海底表层地质下的风机基础建设、升压站基础建设和风机机组安装技术。全书从研究及应用的角度详尽地介绍了超深软弱海底表层地质对海上施工的影响，并详细地介绍了解决思路和方案。

本书适合从事海上风电建设的工程技术和管理人员阅读及参考，也可供其他海工建设爱好者阅读。

图书在版编目(CIP)数据

超深软弱海底表层海上风电施工技术/保利长大港航工程有限公司,保利长大工程有限公司编著.—北京：人民交通出版社股份有限公司,2024.11.—ISBN 978-7-114-19774-1

Ⅰ.TM614

中国国家版本馆CIP数据核字第2024U2Z919号

Chao Shen Ruanruo Haidi Biaoceng Haishang Fengdian Shigong Jishu

书　　名：超深软弱海底表层海上风电施工技术
著 作 者：保利长大港航工程有限公司　保利长大工程有限公司
责任编辑：郭晓旭
责任校对：赵媛媛　刘　璇
责任印制：刘高彤
出版发行：人民交通出版社
地　　址：(100011)北京市朝阳区安定门外外馆斜街3号
网　　址：http://www.ccpcl.com.cn
销售电话：(010)85285857
总 经 销：人民交通出版社发行部
经　　销：各地新华书店
印　　刷：北京市密东印刷有限公司
开　　本：787×1092　1/16
印　　张：15
插　　页：2
字　　数：340千
版　　次：2024年11月　第1版
印　　次：2024年11月　第1次印刷
书　　号：ISBN 978-7-114-19774-1
定　　价：88.00元

《超深软弱海底表层海上风电施工技术》
编写委员会

主　　　编：何韶东

副　主　编：李宏权　杨　轩　韩天星　刘永平　罗国兵
丘崇都

主要编写人员：陈永青　颜　波　陈文兵　胡振伟　叶剑振
易燕武　袁春进　米世勇　游　浩　周维国
王　燚　程　龙　王　力　杨学歌　刘　鹏
洪鹏达　肖金状

前言

PREFACE

近年来,在“双碳”目标和能源低碳转型背景下,我国海上风电呈现高速发展态势。截至2022年12月,全国海上风电累计装机容量已达3051万kW,占全球海上风电累计装机容量的50%以上。这标志着我国近海海上风电开发技术的成熟,也标志着海上风电从国家电价补贴阶段向平价阶段的成功过渡,同时也为开发深远海及恶劣地质海域海上风电奠定了产业配套、装备及技术基础。

从海上风电的发展历程来看,海上风电场建设就是对不同海底地质的逐步深入探索。2007年,我国第一台海上风电机组在渤海湾安装,拉开了我国开发建设海上风电场的序幕;2010年,我国第一个成规模的风电场建成并网,对海况地质与基础、风机的适应性有了初步探索;2011—2018年,海上风电场建设进入快速探索发展阶段,针对不同海域与地质,采取了高桩承台、单桩、导管架、吸力筒等多种基础形式来应对,风机安装也开始逐步使用支腿插入海底的安装船,海上风电技术得到了极大的提高与积累;2019—2021年,海上风电场建设进入抢装阶段,虽然面对船机资源短缺、钢结构与风机供应不足等诸多问题,但随着单桩基础的推广、风机安装船支腿入泥越来越深、升压站后桩法设计等挑战不断成功,淤泥软弱地质条件下海上风电技术逐渐成熟;2022年,海上风电场建设平价阶段,受造价影响,风机向大容量方向发展,基础形式向简单发展,超30m的深厚淤泥软弱地质表层开始频繁出现,浙江温州、广东汕尾等地方的海上风电项目成功建设,标志着深厚淤泥软弱地质海上风电技术的成熟。

保利长大工程有限公司承接的华润电力苍南1号海上风电项目作为我国海上风电场建设平价阶段的第一个项目,面对超30m的深厚淤泥软弱地质表层及工程造价低等压力,项目管理团队依托上一个海上风电项目成功的施工组织管理及施工技术经验,积力众智,攻坚克难,创新提出了大直径单桩拖泥施工技术,创下了单月完成21根单桩、38d完成24根大直径单桩基础的世界纪录;也创新提出了适用深厚淤泥软弱地质表层的从基础到风机的施工船机及配套装备,打破了常规船机装备使用的极限,使得项目在深厚淤泥软弱地质表层及恶劣海况下顺利完工。

本书总结了保利长大工程有限公司在华润电力苍南1号海上风电项目中应对深厚淤泥软弱地质表层的海上风电施工关键技术及创新研究成果。

由于作者的学识和水平所限,书中难免存在不足、疏漏之处,恳请读者给予指正。

编　者

2023年10月

目录

CONTENTS

1 绪论

1.1 背景

2020 年 1 月 20 日，财政部、发展改革委、国家能源局印发的《关于促进非水可再生能源发电健康发展的若干意见》（财建〔2020〕4 号）进一步明确，新增海上风电和光热项目不再纳入中央财政补贴范围，按规定完成核准（备案）并于 2021 年 12 月 31 日前全部机组完成并网的存量海上风力发电和太阳能光热发电项目，按相应价格政策纳入中央财政补贴范围。这对海上风电市场环境产生了催化作用。

（1）2019—2020 年，海上风电项目如雨后春笋般涌现，全国出现了十几个海上风电项目，单个项目体量大并且其总装机容量达到了 3.7GW，往年所有已投运项目总装机容量仅 4.9GW，这无疑是中国海上风电项目的"大爆炸"时期。

（2）补贴政策中的"2021 年 12 月 31 日前全部机组完成并网"要求，直接掀起了海上风电的"抢装潮"。各风电项目加大船机投入，导致船机资源紧缺，供不应求，船机施工价格也随之水涨船高，安装一台风电机组的价格竟高达 1500 多万元甚至更高，明显提高了风电项目施工成本。

（3）对于风电安装船，为了尽可能完成更多台数的风电机组安装或参与更多的风电项目，一般通过增加施工人员、改变工艺流程甚至是减少工艺步骤来提高风电机组安装的施工工效，虽然在一定程度上促进了风电机组施工工艺多样化及创新性的发展，但部分风电安装船的施工工艺杂乱，施工质量较低，返工次数多，剩余消缺项多且困难，给在建海上风电项目的竣工增加了不少困难。

（4）因船机资源短缺，此阶段大量风电安装船开始投入建造。在 2019 年之前，我国风电安装船的数量为 19 艘，2020 年在建数量为 16 艘，2021 年在建数量为 7 艘，到 2022 年初可用风电安装船的总数量为 42 艘，极大地促进了风电市场的发展，为海上风电项目的未来发展打下了坚实基础。

补贴政策取消后，2022 年我国风电行业正式步入平价时代，单台风机的安装费从千万元降至百万元，行业竞争激烈，价格战就此打响。如何在平价时代高效、高质量地推进海上风电施工建设，成为各大企业需要解决的难题。最直观的改变则是机型的大型化发展，单台风电机组的容量可提高至 16MW 甚至更高。除此之外，得益于"抢装潮"时期的船机短缺因素,这时大量风电船机设备出厂,船机设备资源较为充足。同时,已有的施工经验和技术支撑,使钢结构及风电配套更加系统化,风电技术也日趋成熟,施工工效与施工质量较之前有了巨大的提升。

1.2 超深软弱海底表层地质海域分布

超深软弱海底表层地质是指海洋底部深处,存在易于变形和脆性断裂的软弱岩土层和沉积物。这些软弱地层主要由黏土、泥浆、有机物及碎屑颗粒等组成。在海底超深处,海水的压力非常大,且水温随深度增加而降低,这两个因素会导致海床物质的流变性、强度和稳定性发生改变。

我国超深软弱海底表层地质海域主要集中分布在南海和东海。在南海,软弱地质主要分布在南海北部和南部,其中南海北部软弱地质主要分布在北部湾、琼州海峡和南海西北部,南海南部软弱地质主要分布在西沙群岛和中沙群岛附近。在东海,软弱地质主要分布在东海大陆架边缘和东海中部,其中东海大陆架边缘软弱地质主要分布在黄海海峡,东海中部软弱地质主要分布在浙闽盆地。

由此可见,超深软弱海底表层地质在我国海域分布较广,对海洋资源开发和海底工程具有一定的挑战性,针对超深软弱海底表层地质,需要考虑如何提高地基的承载力,如利用桩基、灌注桩或地下固化剂加固等技术来提高地基承载力。同时,施工船舶也面临着由于淤泥层过深导致的插拔腿风险。总之,超深软弱海底表层地质是海洋工程中需要重视和应对的问题,而合理的设计和建设措施可以有效减小工程风险并保障海洋资源的可持续开发。

本工程风电场址位于浙江苍南县东部海域,场区上部①~③层为第四系全新统(Q_4)滨海相沉积的淤泥质土、粉砂和粉质黏土,淤泥层厚最大达到33.5m,是目前国内淤泥层最厚的风电项目。

1.3 项目概况

1.3.1 项目简介

1)项目背景

华润电力苍南1号海上风电场位于浙江省苍南县东部海域,场区中心离岸距离约26km,水深19~26m,场区为五边形,东西最长约14km,南北最宽约5km,规划面积约62.1km^2,共布置24台H176-6.25MW风电机组和25台H210-10MW风电机组。总装机容量为400MW。本工程拟采用220kV海上升压站+陆上集控中心,风电场由35kV海底电缆汇流至海上升压站,经两台220/35kV变压器升压后由220kV海底电缆接入陆上集控中心,最终以一回220kV线路接入系统变电站。拟建风电场区机位布置如图1-1所示。

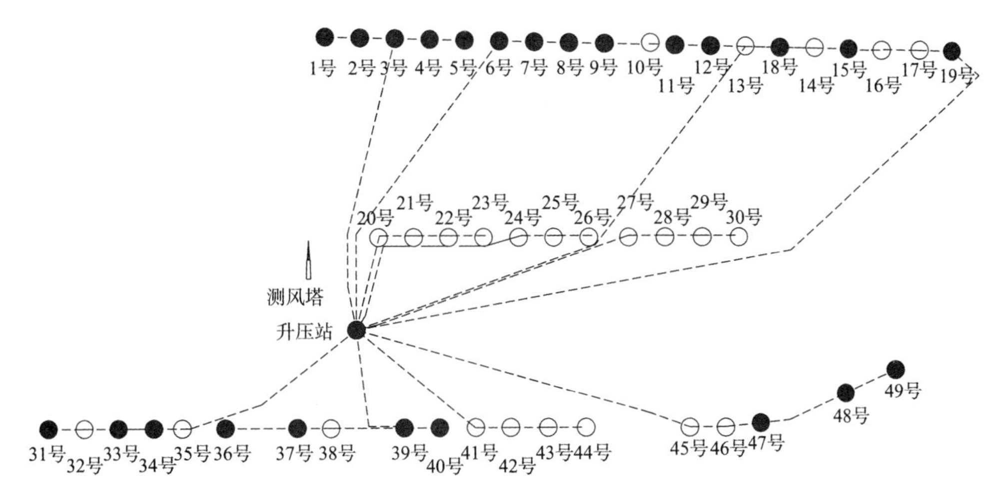

图 1-1　华润电力苍南 1 号海上风电场机位布置图

华润电力苍南 1 号海上风电项目处于台风多发地带，极端风速较大，场区内地基土表层以淤泥质土为主，淤泥层厚度达 30 多米；且受风、浪影响较大，是国内海况及海域地质情况最复杂的海上风电项目之一，施工难度巨大。要实现真正的经济性，必须从多个维度、多个层次进行精准测算。

项目设计初期，建设单位曾跨越数个省（自治区、直辖市）调研了多个厂家，针对国内主流风机、海上升压站、电气设备和海缆等厂家进行全方位的调研，形成了多份行业调研报告。由于关于深厚淤泥层的基础设计经验和施工技术均不成熟，为应对深厚淤泥层，华润电力苍南 1 号海上风电项目在设计之初借鉴了附近在建华能苍南 4 号海上风电项目的基础形式，将本项目初步设计为 29 个单桩基础机位加 48 台高桩承台基础机位，共计 77 台。但在建设单位经过多次调研和分析，并结合苍南 4 号海上风电项目高桩承台基础的实际施工情况后，发现高桩承台基础的海上施工时间需一个多月，整体施工周期长，且造价昂贵；而单桩基础仅需 1d 即可完成，工效高，造价也在控制范围内。最后，通过与设计单位和风机厂家的多次沟通和设计优化，反复论证、巧妙地排列和组合 6.25MW 与 10MW 风机，将所需的风机数量从初步设计所需的 77 台减少到 49 台，不仅缩短了建设工期，降低了成本，同时也成了首个实现在地质复杂海域批量采用大机组、全单桩基础形式的海上风电项目。

2）工程地质

（1）地形地貌。

本工程场区为滨海相沉积地貌单元。风电场区域海底地形有一定起伏，整体西侧高、东侧低，场区内地基土表层以淤泥质土为主。

（2）地基土的构成与特征。

根据钻孔揭露的地层结构、岩性特征、埋藏条件及物理力学性质，结合原位测试成果、室内试验和区域地质资料，勘探深度内（勘探孔最深 100.00m）均为第四系沉积物，本场区勘探深度范围内上部①～③层为第四系全新统（Q_4）滨海相沉积的淤泥质土、粉砂和粉质黏土，中下部为晚更新世（Q_3）河口、滨海相沉积物。

3)气象水文

(1)潮汐特征。

①潮汐类型。

根据T1潮位站夏、冬季各一个月潮位资料进行调和分析,该海域潮汐特征比值属正规半日潮海区。浅海影响系数HM4/HM2均为0.02,主要浅水分潮振幅(HM4+HMS4+HM6)分别为0.05、0.07,表明风电场区及其周边水域的浅水效应较为显著。

②潮汐特征值。

风电场区及其周边水域潮差较大,夏季水文测验期间,T1潮位站和洞头海洋站平均潮差分别为3.90m、4.02m,最大潮差分别为5.99m、6.24m;冬季水文测验期间,T1潮位站和洞头海洋站平均潮差分别为3.88m、4.00m,最大潮差分别为6.17m、6.40m。

风电场区及其周边水域潮差较大,2019年7月至2020年6月周年观测期间,T1站最高高潮位为3.20m,最低低潮位为-3.36m,平均高潮位为2.02m,平均低潮位为-1.73m,平均潮差为3.75m,平均海面为0.16m,平均落潮历时长于平均涨潮历时。50年一遇高、低水位分别为4.89m、-3.51m,100年一遇高、低水位分别为5.18m、-3.54m。

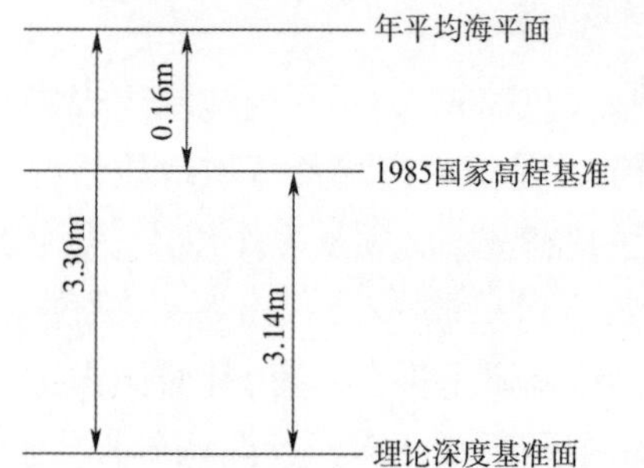

图1-2 工程海域水位面关系

(2)设计潮位。

当地理论深度基准面、1985国家高程基准与年平均海平面之间的换算关系如图1-2所示。

本工程的设计水位与重现期水位见表1-1。

设计水位与重现期水位 表1-1

设计水位	数值(m)	设计水位	数值(m)
设计高水位(HAT)	3.03	50年一遇极端低水位(LSWL)	-3.51
设计低水位(LAT)	-2.28	平均海平面(MWL)	0.16
50年一遇极端高水位(HSWL)	4.89		

1.3.2 项目实施难点

(1)本海域可作业窗口期短,常规船机的窗口期约100d/年,集中在3—9月。

(2)单桩基础桩长较长,桩径大,重量大,吊高不足,部分桩底出现拖泥情况,对船机设备的要求高。

(3)场区内地基土表层以淤泥质粉质黏土为主,单桩施打过程中存在溜桩风险。

(4)施工海域地质情况复杂,不利于升压站工程桩垂直度及高程控制。

(5)机舱与风轮吊装是施工的重点,起吊机舱、风轮所需吊高、吊重较大,且机舱与第四段塔筒须在12h内吊装完成,对风速、吊高、吊重要求高,作业风险高、难度大。

(6)场区淤泥层较厚,范围为23~33.5m,风机安装船支腿船插深为25~33.5m,存在拔腿风险。

1.3.3 项目建设意义

华润电力苍南1号海上风电项目是我国第一个开工建设的平价海上风电项目,也是平价时代来临的第一个筹备且选用大机组的项目。项目的成功建设,得益于深厚淤泥层风电安装技术的成功运用。

作为建设单位的第一个海上风电项目,也是浙江海域第一个应用10MW级别的风机项目,项目开发建设面临前所未有的经济性考验,由于取消了国家补贴,设备成本和施工费用又无下降空间,大容量风机研发仍停留在设计阶段,项目收益率更是无法满足投资需求。但建设单位不计个人得失,不断钻研进取,探索出了平价时代海上风电项目的招标方案和主体施工方案,项目总投资成本较同海域其他项目降低近40亿元。最终,项目实现了平价时代的艰巨任务,取得了平价海上风电里程碑意义的成就。

华润电力苍南1号海上风电项目也是设计单位的第一个深厚淤泥软弱地质条件下的海上风电项目,设计难度巨大。设计单位在建设单位前期大量调研获取的资料的基础上结合平价时代低成本的需求,调整风机选型及基础形式。此外,还在原设计基础上加长了风机叶片,增大了扫风面积,使其能够在同等风速条件下显著提高发电量。这个做法也成就了"苍南1号"——"国内首个叶轮直径210m的大叶片抗台机型商业化规模化应用风电场"的美誉。

而施工单位面对第一个深厚淤泥地质的项目以及国内第一个平价项目等严峻挑战,根据实际施工情况把控每一个细节,力争做到精准化施工。由于风场深厚淤泥软弱地质的原因,苍南1号风机单桩基础桩长设计为106~118m,能满足此吊高的施工船舶资源非常少,施工单位不畏困难,根据现场施工环境,将淤泥地质这一难题转化为可利用的条件,研究出深厚淤泥软弱地质条件下单桩拖泥入龙口的施工工艺,最终攻克了深厚淤泥层风机基础施工这一难题,此施工工艺的创立和实施,不仅节约了成本,亦创下了单月完成21根单桩的新纪录,历时38d(含非窗口期)完成24根单桩基础施工,也是单桩基础施工的世界纪录。同时,此施工工艺也形成了深厚淤泥软弱地质条件下单桩拖泥入龙口工法和专利,对日后同类型项目建设具有参考价值。

华润电力苍南1号海上风电项目建设的圆满完成,不仅对各参建单位有着巨大的意义,同时也为我国海上超深软弱海底表层地质的风电建设提供了有力的技术基础和实践支撑,在行业中有着巨大的影响。同时,它的成功建设直接为苍南2号海上风电项目建设提供了成熟的设计方案和成套的施工船机及技术,加快了风场的建设进程。

2 大直径单桩基础建造与运输技术

2.1 大直径单桩长大变径段组对合龙技术

本工程单桩基础有24个机位，均为非嵌岩单桩基础，钢管桩桩径为6.0～9.0m，变径段长度为19.5～28.5m，壁厚62～96mm，桩长106～118m，重1603.31～1936.64t，具体桩径大小及变径段长度见表2-1。

桩径大小及变径段长度统计表　表2-1

序号	桩号	桩径(m)	变径段长度(m)	序号	桩号	桩径(m)	变径段长度(m)
1	1	6～8.2	21.0	13	18	6～8.8	27.5
2	2	6～8.2	21.0	14	19	6～8.8	27.5
3	3	6～8.2	21.0	15	31	6～8.2	21.0
4	4	6～8.2	21.0	16	33	6～8.2	22.0
5	5	6～8.2	21.0	17	34	6～8.0	19.5
6	6	6～8.2	21.0	18	36	6～8.3	22.0
7	7	6～8.2	21.0	19	37	6～8.2	20.5
8	8	6～8.2	22.0	20	39	6～8.2	21.0
9	9	6～8.2	22.0	21	40	6～8.3	23.5
10	11	6～8.2	22.5	22	47	6～8.8	26.0
11	12	6～8.2	22.5	23	48	6～8.8	26.0
12	15	6～8.6	23.5	24	49	6～9.0	28.5

由表2-1可知，钢管桩变径段长度较大，其分段合龙对接存在一定技术上的困难，因此，确定高效、可靠且完成度高的大直径单桩长大变径段合龙技术，是单桩基础建造必须解决的问题。

2.1.1 工艺流程

先将整桩分为5～6个大分段，每个分段有6～10个管节，其中变径段为一个大分段，由

2个小分段组成，按照施工图纸要求进行精确下料、开坡，再使用卷圆机进行卷圆、回圆，完成后进行小组及中组焊接并形成变径段整体，最后进行变径段与钢管桩的总组，完成大直径单桩长大变径段的合龙，具体流程如图2-1所示。

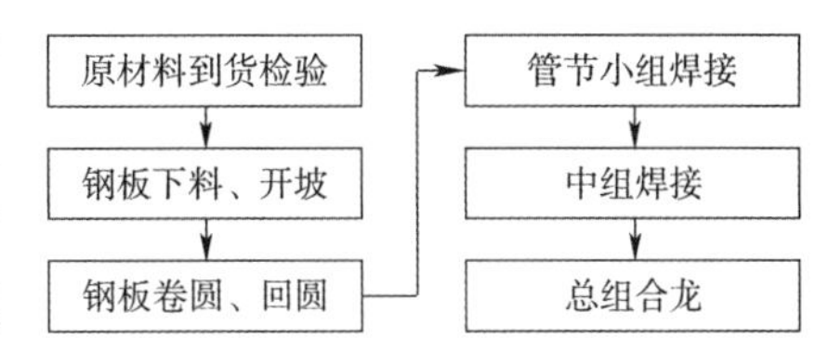

图2-1　大直径单桩长大变径段合龙工艺流程

2.1.2　原材料到货检验

材料到厂验收由厂内质量部专职质量检验员负责，检验员应认真复核材质证书与钢板实物标识是否相符，查看钢板出厂证书、理化试验和检测报告，并对钢板表面质量进行检查：钢材表面不得有裂纹、麻点、凹坑、夹杂、分层等有害缺陷，合格后进行记录。

钢板到货验收时要进行无损检测、厚度、长度、宽度等复检工序（图2-2）。合格并记录后方可使用。

a) 尺寸检查

b) 无损检测

c) 厚度检查

图2-2　原材料检验图

2.1.3　钢材下料、开坡

钢板、型钢和钢管的切割与坡口加工采用气割或机械加工的方法。气割可采用自动或半自动气割，精度应满足相关规范要求。

切割边缘直线度的误差应小于0.5%。

切割钢板前仔细核对钢板信息、切割图、切割指令，须核对完全一致才允许开机切割。任何信息存在差异时，停止切割并向技术人员反馈，以防止错切，导致损失。

图2-3　钢板下料

现场必须严格按照套料图下料，避免切割错误，浪费板材。切割过程中要做好记录，切割的每块钢板要核对钢板炉批号，做好记录，另外切割好的每块零件都要有相应的标记，不要重复切割。钢板下料如图2-3所示。

2.1.4　钢板卷圆、回圆

1）拼板焊接

将两块钢板按照施工图纸进行拼板，拼板时测量钢板长度、宽度、对角线等尺寸，与施工图纸对比查看是否有误；监造人员到场复核，对照施工图纸查看钢板编号。

焊前处理：打磨、清理焊道，防止焊道内有灰尘、铁锈等，先焊上面，焊好后对钢板进行翻面，碳刨清根后再施焊，要求严格按照焊接工艺执行。

2）钢板卷圆

板材卷圆前，一定要根据设计部门提供的图纸认真核对并熟悉每一块板材的加工参数，加工后控制每一块板的加工尺寸在允许范围内。

板材卷圆方向两端不放加工余量，根据卷制筒体的直径大小、壁厚选择合适的胎模；根据钢板厚度，选用不同型号的卷板机，本项目选用 180mm × 3500mm 三辊卷板机。

板材卷制前，应清除坡口处有碍焊接的毛刺、氧化物，保证钢材表面无异物，且及时清理卷板机上、下辊的杂物，防止压伤、划伤母材。

开始卷圆，经过数圈的卷制，上辊的逐步加压使钢板成圆合口，当两个坡口重合，肉眼观察没有凸起和下凹，并使用测量弧板进行测量，符合要求后即完成卷圆，如图 2-4 所示。为控制变形，采用对称点焊的方式固定，合口时需用电焊每 500mm 点一个 50 ~ 100mm 的点焊点，卷圆后在节段上标记桩号、管节号，以防混淆。

3）纵缝焊接

（1）使用专用吊索具将已经卷圆完成的管节吊装至纵缝焊接工位，使用自动埋弧焊机焊接熔合。焊接过程中注意预热温度与埋弧焊机的电流、电压。

（2）焊接顺序为自内而外，焊接前先进行打底焊，采用连续焊接的方式，如图 2-5 所示；内侧焊接结束后对外侧进行碳刨清根处理，保证坡口内无氧化铁皮等异物。

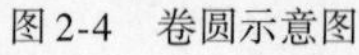

图 2-4　卷圆示意图

图 2-5　管节纵缝焊接示意图

（3）焊接完成后采取缓冷措施，待 48h 后进行超声波探伤（UT）与磁粉探伤检测（MT）；焊缝焊后高度不高于 3mm 且不得低于母材强度（更有利于回圆）。

4）回圆

（1）纵缝焊接结束后，去除纵缝两端引熄弧板，拆除时不可敲击拆除，需用火焰切割的方法切割，留根打磨光滑平整。

(2)利用C形钩将管节吊至卷板机工位准备进行回圆,如图2-6所示。回圆时主要针对纵缝区域,焊缝部位由于焊接材质较硬,回圆时应特别注意焊缝区域局部平整度。

(3)焊缝的高度会影响回圆的精度,回圆完成后,纵缝区域不可出现扁平、突起现象。

(4)根据管节板厚、直径输入相关数据进行回圆,经过反复的辊轧,利用红外测距仪测量管节的直径,并用样板复测局部椭圆度,直至符合规范要求后回圆完成。

(5)回圆过程中,辊轴压力不得过大,否则残余应力无法消除。

图2-6 回圆示意图

2.1.5 管节小组焊接

1)管节组对

提前布置好组对机、辊轮架且将之调平,将回圆完成的管节利用C形钩吊至组对工位,人员复测椭圆度、周长等数据,确保无误后开始组对。对于不满足要求的进行二次回圆,直至符合技术及相关规范要求。

图2-7 管节组对示意图

组对时利用组对机逐节进行卧装,如图2-7所示,对于相互组对的两节管节周长有误差时,应均匀分布偏差,避免局部错边量的超差。

将变径段尾部已回圆管节吊装至两个辊轮架上,顺位管节吊装至组对机上,组对采用外侧对齐的方式,且相邻管节纵缝需错开180°。

每完成一次组对后,测量一次桩体纵轴线的弯曲矢高,避免误差累积。

分段管节组对完成后,实施三级检验制度,最后报由监理、监造检验,测量管节直线度、管段椭圆度、相邻管节错位值等;检测合格后方可进入下一道工序。

2)环缝焊接

焊接前检验焊缝清洁程度,保证焊缝内无杂物,如有则需重新清理或使用打磨机进行打磨处理。

在管节外环缝处,在定位焊的基础上,做一道打底焊,以便定位焊与打底焊在清根环节被一并清除。厚度不要过薄,避免焊接内环焊缝时被烧穿。

环缝焊接时,按先内后外的顺序进行焊接。其电流、电压、焊接速度等参数,均按审批通过的焊接工艺评定指导书执行。

内外焊缝均通过多层焊完成,每一层应连续施焊,焊缝的接头错开。每一层焊缝完成后，需立即清理掉焊缝表面药皮，并检查焊缝外观，合格后再焊。

为防止产生裂纹和减少残余应力，在焊前需进行预热，预热方法采用火焰预热；焊接过程中应控制层间温度，焊后应控制冷却速度。

内环缝及外环缝焊接分别如图 2-8a）、图 2-8b）所示。

a）内环缝焊接

b）外环缝焊接

图 2-8　环缝焊接示意图

2.1.6　中组焊接

1）中组

中组在车间内进行，将 2 ~ 3 个管节组成的小分段合龙为一个大分段，如图 2-9 所示。

2）环缝焊接

环缝焊接要求同管节小组的焊接要求。

环缝焊接完成后转至涂装房进行防腐涂装。

2.1.7　总组合龙及环缝焊接

1）总组合龙

总组合龙均在外场进行，如图 2-10 所示。

图 2-9　中组组对完成示意图

图 2-10　总组合龙示意图

将整桩分为上、下两个半段，以变径段尾部为界限，将变径段下方组对机根据实际变径幅度增加辊轮下方高度，加高后两辊轮之间需硬性连接防止辊轮外崩。

(1)变径段与法兰段合龙：变径段与法兰段吊装至组对机上后，通过前后移动辊轮架与组对机来使变径段与法兰段开始对位合龙，调整组对机辊轮上下高程，使变径段与法兰段中轴线处于同一水平位置，同时测量相关数据使变径段与法兰段完成对位合龙形成上半段。

(2)上、下半段合龙：先将下半段吊装至总组线上，辊轮调平后，将上半段吊装至总组线上进行总组合龙，操控组对机使上、下半段中轴线处于同一水平位置来进行总组合龙。合龙完成后测量直线度、总长、错边量等数据，测量桩体弯曲矢高，确认符合技术规范及要求后总组合龙完成。桩体在转动过程中需派专人看守辊轮架及桩体情况。

2)环缝焊接

总组组对完成后，进行环缝焊接，要求同管节小组的焊接要求。

2.2 大直径单桩装船及海绑运输技术

2.2.1 运输船选型

1)选型要求

单桩基础及附属构件运输船的选择，需要考虑如下几点要求：

(1)船舶载重量。

考虑单桩基础的装船布置形式，船舶载重量至少要满足1~2套单桩基础及附属构件的重量，结合单桩基础参数进行计算并考虑2.0的安全系数，船舶载重量至少为：

$$(1604+83)\times 2.0=3374(\mathrm{t})$$

(2)甲板面有效尺寸。

①甲板面有效长度。

考虑单桩基础的长度，同时出于安全考虑，运输航行时单桩基础伸出船尾的长度不超过总长的15%，结合单桩基础参数进行计算并考虑装船时单桩基础与船生活区的安全距离为2m，则运输船甲板面有效长度至少为：

$$106-106\times 15\%+2=92.1(\mathrm{m})$$

②甲板面有效宽度。

考虑单桩基础及附属构件的直径，结合单桩基础参数进行计算，并考虑装船时构件之间、构件与船舷护栏的安全距离为2m，则运输船甲板面有效宽度至少为：

$$6+6.8+2\times 3=18.8(\mathrm{m})$$

(3)抗风浪能力。

考虑施工现场起重船的允许施工条件，所需的配合运输船也需要满足在允许施工条件下的抗风浪能力，具体表现为船舶在施工时的摇摆幅度一般不超过船宽的5%。

(4)对于其他与实际施工相关的要求，依据实际施工进行船舶的选型，如：

①根据单桩基础装船方式确定船尾的要求，若采用滚装方式，则船尾需要满足装船时液压平板车行走的要求；若采用吊装方式，则需要满足船尾附属构件高度小于单桩基础装船完成后的高度。

②根据码头的潮水及水深条件确定船舶吃水深度，为保证装船进度，船舶的吃水深度应比码头的最低水深小 2m 以上，保证装船时间的连续。

2）运输船选择

根据前述选型要求，同时结合项目实际施工可行性、便利性、经济性及进度要求等因素对目前国内可用的运输船进行筛选。项目选择的运输船见表 2-2。

项目选择的运输船 表 2-2

序号	船名	船舶载重量(t)	甲板有效尺寸(m)	抗风浪等级	设计吃水深度(m)
1	运输船 1	17166	129 × 30.5	3 级	5.9
2	运输船 2	12338.4	116 × 32	3 级	5.4
3	运输船 3	10800	99 × 27	3 级	4.5
4	运输船 4	10664	110 × 28	3 级	5.3

（1）运输船 1。

运输船 1 参数见表 2-3，其运输单桩基础示意图如图 2-11 所示。

运输船 1 参数 表 2-3

船长(m)	138.10	船宽(m)	33.00
型深(m)	8.60	吃水(m)	5.28 ~ 5.90
排水量(t)	5501.99 ~ 22777.1	参考载货量(t)	17166.0

图 2-11　运输船 1 运输单桩基础示意图

(2)运输船 2。

运输船 2 参数见表 2-4,其示意图如图 2-12 所示。

运输船 2 参数 表 2-4

船长(m)	131.40	船宽(m)	32.00
型深(m)	8.00	吃水(m)	4.533 ~ 5.40
排水量(t)	6612.68 ~ 18951.1	参考载货量(t)	12338.4

图 2-12 运输船 2 示意图

(3)运输船 3。

运输船 3 参数见表 2-5,其运输单桩基础示意图如图 2-13 所示。

运输船 3 参数 表 2-5

船长(m)	108.46	船宽(m)	27.00
型深(m)	7.10	吃水(m)	3.718 ~ 5.20
排水量(t)	2058.422 ~ 13729.8	参考载货量(t)	10800

图 2-13 运输船 3 运输单桩基础示意图

(4)运输船4。

运输船4参数见表2-6,其示意图如图2-14所示。

运输船4参数 表2-6

船长(m)	119.85	船宽(m)	28.00
型深(m)	7.50	吃水(m)	1.773~5.30
排水量(t)	4267.718~15436.5	参考载货量(t)	10664

图2-14 运输船4示意图

3)装船布置

选择运输船后,根据单桩基础建造进度条件及现场施工进度要求进行灵活运输,运输方式为单船运输两桩两套笼两内平台、两桩两套笼、无桩多套笼、一桩、一桩一套笼一内平台、两桩无套笼等,部分方式的具体布置图如图2-15~图2-18所示。

2.2.2 单桩基础装船

根据码头的水深、起重机及场地位置与大小等条件对单桩基础装船方式进行综合考虑,一般装船方式有两种,分别是滚装装船和吊装装船。

1)滚装装船

采用液压模块车/轴线车将单桩基础和支撑胎架顶升后,通过固定路线行驶至运输船上,下放胎架后完成单桩基础的装船。

滚装装船技术要点如下:

(1)滚装前清理。

对于运输船,查看运输船尾部是否有阻碍滚装的物体,根据需求割除清理舱板、阻碍装船的通气孔、护栏或船尾钢板、桅杆等;返航再次装船的,需要安排割除上一航次的工装。

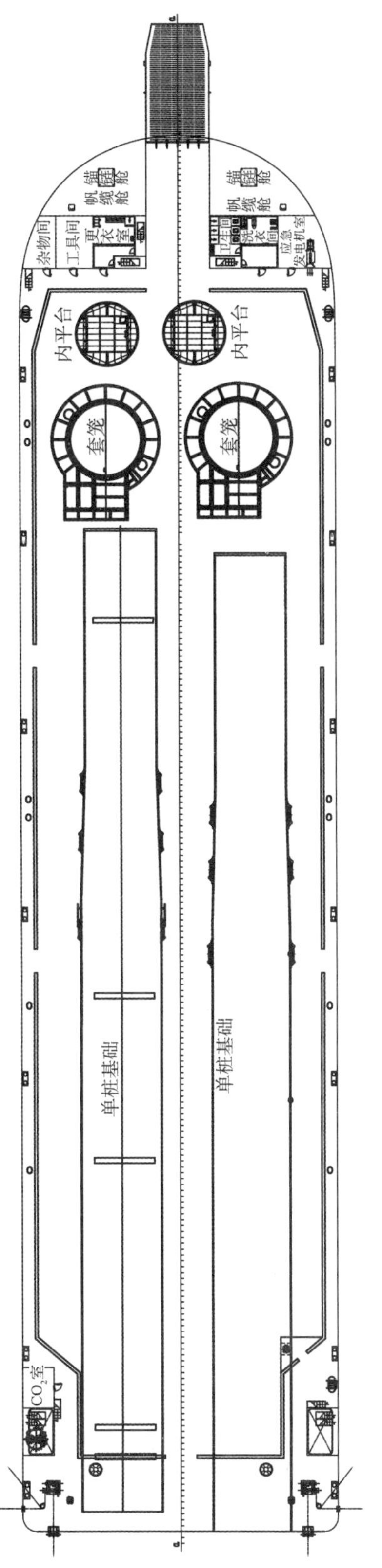

图 2-15 运输船1运输两桩两套笼两内平台示意图

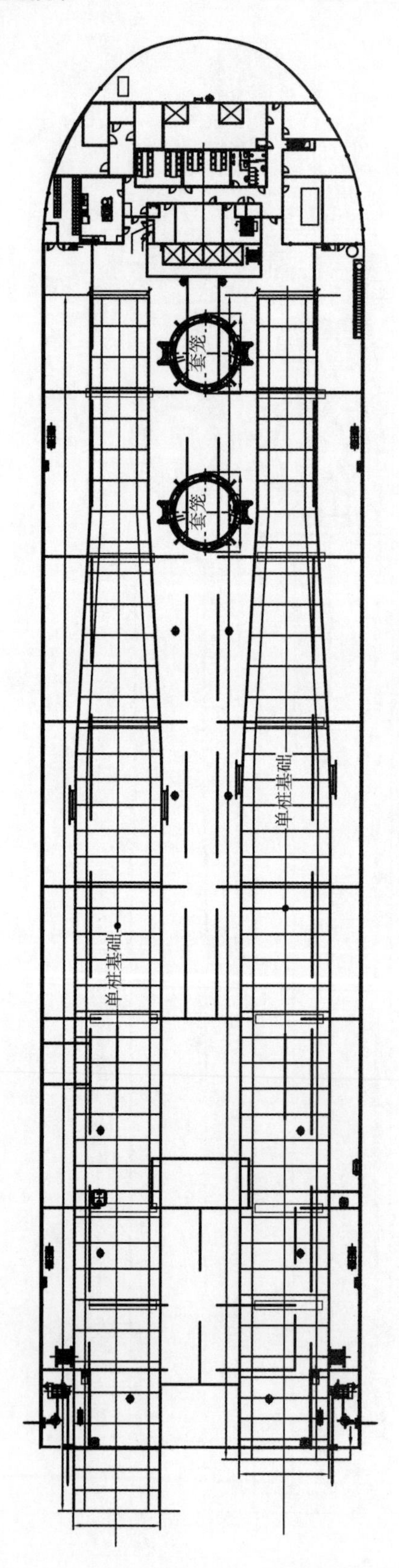

图 2-16　运输船2运输两桩两套笼示意图

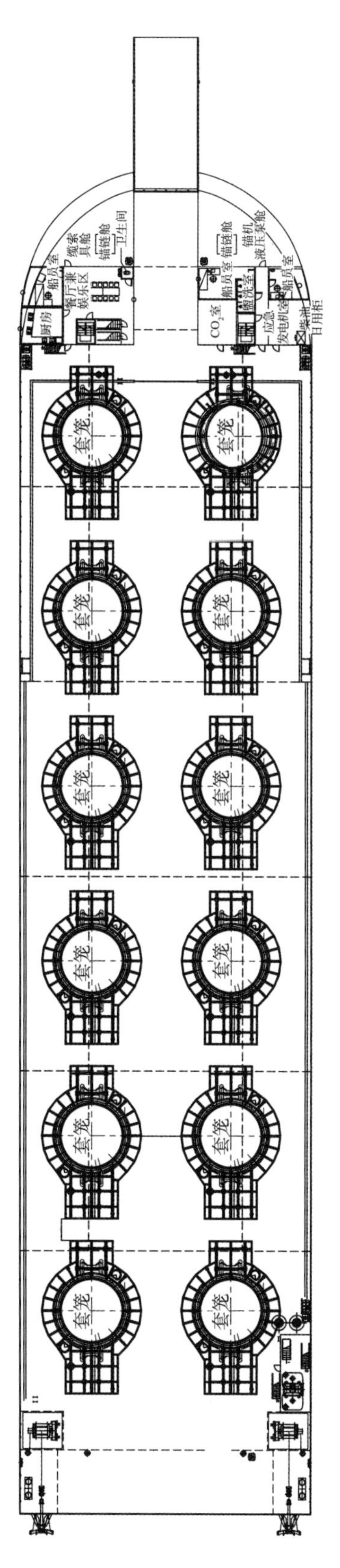

图 2-17 运输船3运输无桩多套笼示意图

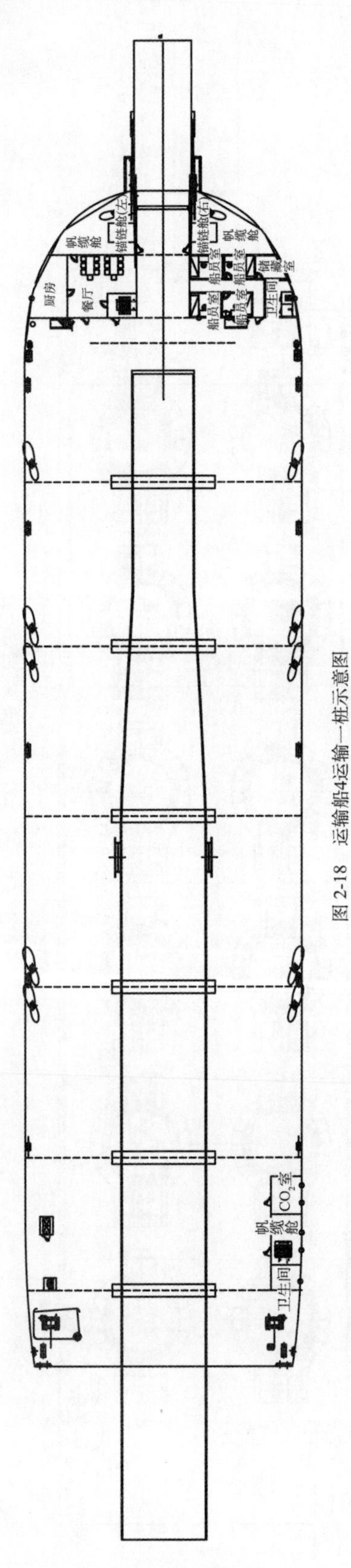

图 2-18　运输船4运输一桩示意图

对于单桩基础,拆除单桩上无用的建造工装、设施和构件,包括滚轮架、脚手架、高空作业车、环缝焊接平台、工艺法兰等,如图2-19所示。

图2-19 滚装前准备现场图

(2)滚装路线画线定位。

在码头画出模块车运行轨迹线,在船上画出各马鞍工装、套笼工装落墩位置,便于精准对位;按方案位置布置横梁或马鞍座,在运输船上提前画线、布墩、铺设跳板等,如图2-20所示。

(3)模块车组装及布设。

按方案要求,对模块车进行组装,之后进行调试验收;有油漆段管桩的马鞍座上应以棉被或胶皮进行垫塞,防止损伤油漆,如图2-21所示。

图2-20 模块车通过跳板现场图

图2-21 模块车进场布设示意图

(4)滚装前准备。

检查运输船甲板龙骨线与发运区中线对中情况,确保误差在±10mm以内,对跳板的铺设进行检查并确认无误,根据装船码头处的水位,运输船操作人员操作运输船上压载水调节系统对运输船浮态进行调整,当驳船前沿甲板高于码头平面150mm时开始滚装。

图2-22 单桩基础开始滚装现场图

(5)滚装。

模块车开始滚装,如图2-22所示,驳船所有蓄水舱持续排水调载,模块车持续行驶直至驳船甲板与码头平面平齐,此时停止滚装,等待驳船调载。

当驳船船首甲板平面高于码头平面150mm时继续滚装,如图2-23所示,同时对驳船所有舱进行排水。当模块车全部滚装上船时，如图 2-24 所示，驳船停止排水，模块车行驶至指定装载位置后，驳船重新调载水，使船身保持平衡。操作模块车组将单桩运输至驳船指定装载位置，操作自走式模块化平板车（SPMT）模块车缓慢下降，使单桩的全部重量由驳船承载。

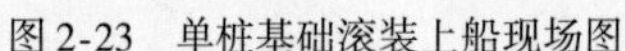

图 2-23　单桩基础滚装上船现场图

图 2-24　单桩基础滚装（已上船）现场图

滚装上船过程中，模块车应平稳低速前行，保持 0.5m/s 匀速上船，同时全程监测码头与甲板高程变化情况，使船体保持相对平稳。

所有单桩的马鞍支墩必须落在运输船的横舱壁和纵舱壁或强档（运输船甲板下有横梁或加劲梁处）上，且不得布置在单甲板钢板的油舱部位；如不能落在强档和舱壁上，需要增加钢板铺垫以分散受力。考虑单桩翻桩时桩底马鞍座/支墩受力骤增，需对此马鞍进行加强，避免翻桩时磕碰船尾甲板；且要求应严格对照图纸确认实际装船的马鞍座布置位置和高度。

（6）模块车撤离。

滚装上船完成，驳船通过调载调整甲板面与码头之间的高差，模块车缓慢移动下船。

2）吊装装船

（1）明确装船布置及画线。

选定运输船后，由厂家技术人员出具装船方案及装船布置图，交由项目部审核，核算是否满足装船条件；运输船靠泊完成后，由施工人员上船按照装船布置图进行画线，确定运输工装位置。

（2）布置运输工装。

运输船上单桩基础的支撑结构采用 6 个运输工装，每个工装承载 300t（运输工装选择使用 U 形马鞍工装），按照装船布置图及图纸要求进行焊接、绑扎工作，满足焊接牢固、焊缝无开裂等要求。

（3）吊索具挂设。

整桩验收完成后，运输船靠泊港池，由技术人员根据桩体重心设计出前后吊带吊点，现场严格按照图纸挂设吊带，如图 2-25 所示。吊带挂设前应检查吊带完好性，钢管桩强度应能够满足要求，不会产生局部变形。

(4)起吊单桩基础。

运输工装布置完成后第一根桩开始起吊,如图 2-26 所示,吊装过程中起重指挥人员时刻关注起重机吨位变化,起吊至运输船上方后开始落位,落位后,进行绑扎工作,桩体与运输工装间有空隙位置需塞枕木固定。

图 2-25 吊索具挂设现场图

图 2-26 单桩起吊现场图

第一根桩上船后,运输船开始调载以保证运输船倾斜角度,基本调平后开始吊装第二根单桩上船,如图 2-27 所示。

图 2-27 第二根单桩基础吊装上船现场图

注意:成品保护,是指桩体油漆区域与运输工装接触面需用棉被或胶皮保护,防止油漆破损,发运前对油漆破损区域需全部处理完成。

随船散件清单,是指与厂家、运输船船长或大副共同清点散件,确认无误后几方共同在随船清单上签字,提前与海上施工人员沟通需随船的散件,与钢结构加工厂沟通协调海上所需零件。待绑扎完成无问题后,运输船可解缆离泊,航行至海上施工现场。

2.2.3 装船海绑加固

(滚装)装船完成后,对单桩基础及附属件进行海绑加固。

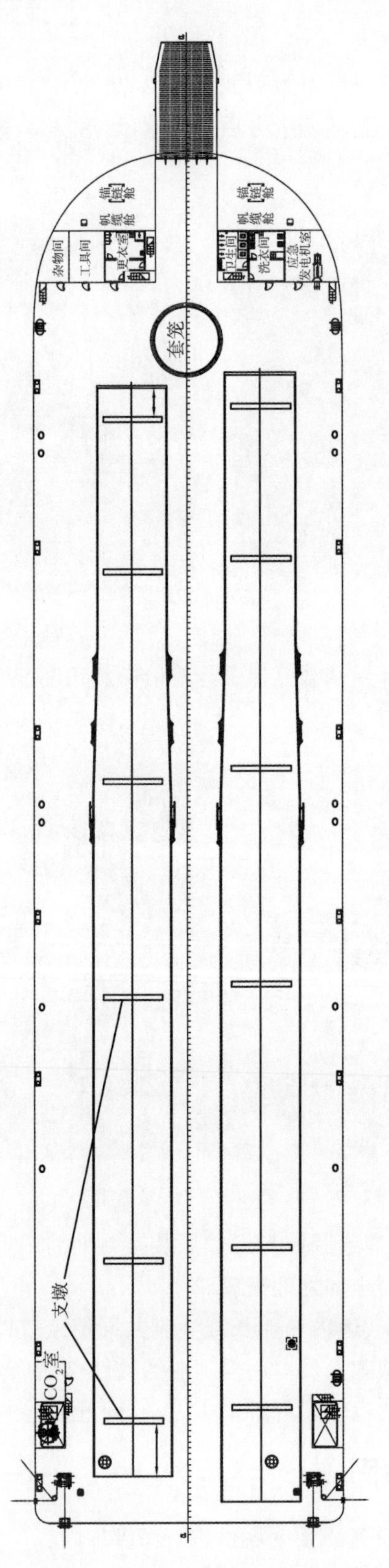

图 2-28　支墩布置示意图

1)单桩基础海绑加固

(1)支墩。

单桩基础采用支墩作为支撑胎架,单根基础桩共布置6个支墩,首支墩距离桩顶3000mm左右,尾支墩距离桩底5500mm左右,中间4个支墩根据桩长进行布置,单桩基础与支墩接触面加垫棉被等柔性物品,防止漆面破损或单桩磨损,如图2-28~图2-30所示。

图2-29 支墩示意图

图2-30 支墩加垫棉被示意图

(2)支墩焊接。

支墩通过点焊焊接与运输船甲板连接,如图2-31所示。

(3)支墩斜撑及立撑。

支墩增加两侧斜撑通过焊接与运输船甲板连接,对液压平板车所支撑的支墩两侧,通过焊接支撑立柱与运输船甲板连接。

(4)侧面斜立撑。

图2-31 单桩基础海绑加固示意图

在单桩基础的两侧吊耳处增加斜立撑,并通过焊接方式与运输船甲板连接,斜立撑与单桩基础接触面加垫棉被等柔性物品,如图2-32所示,防止漆面损坏。

2)套笼海绑加固

套笼在吊装装船完成后进行海绑加固,通过4个支撑板对套笼底层圈梁进行夹托,支撑板底部与运输船甲板进行焊接加固,同时通过钢丝绳配花篮螺栓将第三层圈梁连接至运输船甲板上已焊接定位好的地方,通过调节花篮螺栓进行套笼的固定,如图2-33所示。

2.2.4 运输稳性分析

1)分析说明

(1)运输船。

选择运输船1进行运输稳性分析,其参数见表2-7。

图2-32　斜立撑现场图

图2-33　套笼海绑加固

运输船1参数　　表2-7

船长(m)	138.10	船宽(m)	33.00
型深(m)	8.60	设计吃水(m)	5.28～5.90
排水量(t)	5501.99～22777.1	参考载货量(t)	17166.0
中部甲板位置坐标(m)		(16.5,69.05,8.6)	
设计水线(d=5.9m)以上受风总面积(m^2)		2500.6	
受风面积形心到设计水线的垂直距离(m)		7.99	
受风面积矩(m^3)		19979.794	

(2)装载货物。

装载货物为15号单桩基础、47号单桩基础、15号套笼及相应工装,具体参数见表2-8。

装载货物参数　　表2-8

15号单桩基础			
尺寸	ϕ8.8m×113m	质量	1831.86t
重心距甲板高度	6.15m		
47号单桩基础			
尺寸	ϕ8.6m×117m	质量	1896.50t
重心距甲板高度	6.05m		
15号套笼			
尺寸	ϕ6.8m×23m	质量	40t
重心距甲板高度	11.50m		
工装(钢质支墩及支撑钢管)			
质量	100t	重心距甲板高度	1.80m
总计			
质量		3867.91t	

15号、47号单桩在运输船上的布置如图2-34所示。

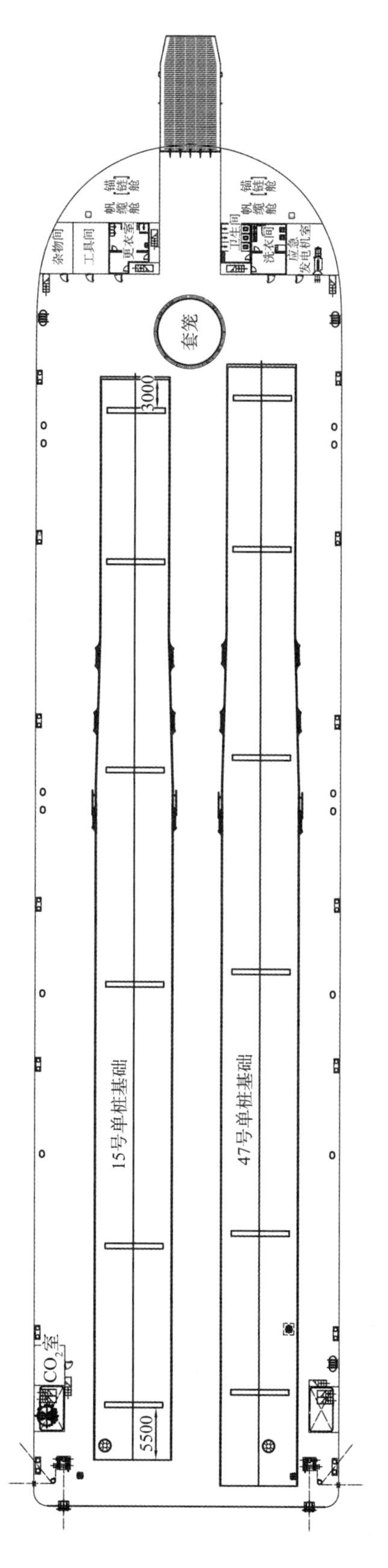
锚链舱
帆缆舱
杂物间
工具间
更衣室
卫生间
洗衣间
应急发电机室
套笼
3000
15号单桩基础
47号单桩基础
CO_2室
5500

图 2-34 运输船布置图

(3)分析依据。

根据中华人民共和国海事局发布的《船舶与海上设施法定检验规则》(国内航行海船法定检验技术规则)2020年版第4篇第7章,对近海航区货船的稳性要求进行核算。

2)分析工况

对运输船1满载大件出港(15号、47号单桩)的工况进行分析。

实际装载重量及力矩计算结果见表2-9。

实际装载重量及力矩计算结果一览表 表2-9

项目	重量(t)	重心高度(m)	垂向力矩(kN·m)	重心(距舯)(m)	纵向力矩(kN·m)	横向位置(m)	横向力矩(kN·m)	液面惯性矩(kN·m)
船员	0.9	15.2	137	60.6	545	0.0	0.0	0.0
行李	6.0	15.0	900	60.6	3633	0.0	0.0	0.0
船员及行李	6.9	15.0	1037	60.6	4178	0.0	0.0	0.0
重油舱(P)	25.0	1.7	420	-46.9	-11713	-5.0	-1238	576360
重油舱(S)	25.0	1.7	420	-46.9	-11713	5.0	1238	5764
1号轻油舱(P)	10.0	1.6	159	-30.1	-3005	-5.0	-495	4890
1号轻油舱(S)	10.0	1.6	159	-30.1	-3005	5.0	495	4890
2号轻油舱(P)	10.0	4.2	418	-65.0	-6499	-3.4	-341	686
2号轻油舱(S)	10.0	4.2	418	-65.0	-6499	3.4	341	68580
淡水舱(P)	5.0	1.5	77	54.0	2698	-5.0	-248	6611.5
淡水舱(S)	5.0	1.5	77	54.0	2698	5.0	248	6611.5
其他	2.2	9.6	2112	60.0	1319	0.0	0.0	0.0
100%油、水、备品	102.2	2.3	23587	-35.0	-35719	0.0	0.0	0.0
15号单桩	1831.9	14.8	270199	-13.3	-242722	6.0	109912	0.0
15号支墩	50.0	10.4	5200	-13.3	-6625	6.0	3000	0.0
47号单桩	1896.5	14.7	277837	-15.1	-285423	-6.1	-11569	0.0
47号支墩	50.0	10.4	5200	-15.1	-7525	-6 1	-3050	0.0
套笼	40.0	20.1	8040	50.4	20140	0.0	0.0	0.0
装载大件	38683.6	14.6	566477	-13.5	-522155	-0.2	-5825	0.0
1号底压载水舱(P)	285.6	0.9	24734	48.6	138696	-6.3	-18039	0.0
1号底压载水舱(S)	285.6	0.9	2473	48.6	138696	6.3	18039	0.0
2号底压载水舱(P)	384.2	0.9	3339	31.1	119510	-7.4	-28463	0.0
2号底压载水舱(S)	38422.0	0.9	3339	31.1	119510	7.4	28463	0.0

续上表

项目	重量(t)	重心高度(m)	垂向力矩(kN·m)	重心(距舯)(m)	纵向力矩(kN·m)	横向位置(m)	横向力矩(kN·m)	液面惯性矩(kN·m)
3 号底压载水舱(P)	386.5	0.9	3359	12.0	46185	-7 5	-28812	0.0
3 号底压载水舱(S)	386.5	0.9	3359	12.0	46185	7.5	28812	0.0
4 号底压载水舱(P)	386.5	0.9	3359	-7.3	-28020	-7.5	-28812	0.0
4 号底压载水舱(S)	386.5	0.9	3359	-7.3	-28020	7.5	28812	0.0
5 号底压载水舱(P)	333.3	0.9	2893	-25.2	-83897	-7.3	-24448	0.0
5 号底压载水舱(S)	333.3	0.9	2893	-25.2	-83897	7.3	24448	0.0
6 号底压载水舱(P)	275.8	0.9	2427	-41.4	-114227	-6.4	-17641	0.0
6 号底压载水舱(S)	275.8	0.9	2427	-41.4	-114227	6.4	17641	0.0
底压载水舱	4103.7	0.9	35698	3.8	156496	0.0	0.0	0.0
艏尖舱兼压载水舱	642.6	5.2	33725	65.4	420369	0.0	0.0	0.0
艏尖舱兼压载水舱	642.6	5.2	33725	65.4	420369	0.0	0.0	0.0
腊压载水舱(P)	98.0	6.5	6354	59.6	58429	-11.9	-11688	0.0
腊压载水舱(S)	98.0	6.5	6354	59.6	58429	11.9	11688	0.0
船压载水舱(P/S)	196.1	6.5	12708	59.6	116858	0.0	0.0	0.0
载重量	8919.8	7.3	652002	1.6	140028	-0.1	-5825	35902
空船重量	5502.0	6.8	372980	0.5	25254	0.0	0.0	—
排水量	14421.8	7.1	1024982	1.1	165282	0.0	-5825	35902

注:"P"为左舷,"S"为右舷。

其中,横倾角与稳性力臂的关系见表 2-10。

横倾角与稳性力臂的关系　　表 2-10

序号	横倾角(°)	静态稳性力臂(m)	动态稳性力臂(m·rad)
1	10.0	3.288	0.288
2	20.0	5.631	1.095
3	30.0	5.601	2.101
4	40.0	4.718	3.007
5	50.0	3.480	3.727
6	60.0	2.046	4.211

运输船重心及稳性参数见表 2-11。

运输船重心及稳性参数　　表 2-11

重心纵向位置(m)	70.196	重心横向位置(m)	-0.040
重心高度(m)	7.107	自由液面修正值(m)	0.249
修正后的重心高度(m)	7.356	横稳心高度(m)	26.139
横倾角(左倾)(°)	0.118	进水角(°)	29.67

运输船装载及浮态参数见表 2-12。

运输船装载及浮态参数　　表 2-12

排水量(t)	14421.8	艏垂线处吃水(m)	4.262
艄垂线处吃水(m)	3.706	平均吃水(m)	3.984
纵倾(m)	0.557	水密度(t/m^3)	1.025

3)分析结果

针对此工况,运输船的稳性计算结果见表 2-13。

运输船的稳性计算结果　　表 2-13

序号	稳性衡量标准项	要求值	计算值
1	修正后的初稳性高度(m)	≥0.150	18.782
2	横倾 29.67°处复原力臂(m)	≥0.200	5.623
3	最大复原力臂(m)	≥0.200	5.850
4	最大复原力臂对应角(°)	≥15.000	24.733
5	至 24.733°复原力臂曲线下面积(m · rad)	≥0.060	1.573
6	横摇自摇周期(s)	—	6.210
7	横摇角(°)	—	17.602
8	风压倾侧力臂(m)	—	0.130
9	最小倾覆力臂(m)	—	1.458
10	稳性衡准数	≥1.000	11.193

综上所述,运输船 1 运输 15 号、47 号单桩基础及 15 号套笼时,稳性满足要求。

3

大直径单桩基础施工技术

3.1 单桩结构参数及技术标准

1)单桩结构参数

本工程单桩基础有24个机位,均为非嵌岩单桩基础,钢管桩桩径为6.0~9.0m,变径段长度为19.5~28.5m,壁厚62~96mm,桩长106~118m,重1603.31~1936.64t,主体结构示意图如图3-1所示;其附属构件主要由套笼主体、外平台、靠船件及爬梯等组成,外附属构件总重约为83t。

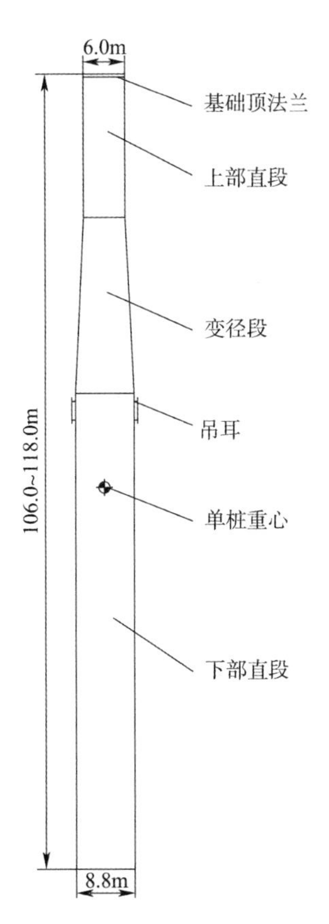

图3-1 单桩基础主体结构示意图

2)单桩技术标准

(1)钢管桩沉桩绝对位置(CGCS2000)允许偏差小于500mm。

(2)沉桩完成后,钢管桩桩顶法兰面水平度(桩轴线倾斜度)偏差小于或等于3‰,桩顶高程偏差不超过50mm。

(3)桩身及法兰完好无损,任一处部位的屈服强度不小于355MPa(连接设施部位的屈服强度不小于335MPa)。

(4)沉桩完成后浪溅区防腐涂层不破坏,水下区、泥下区钢管桩能被阴极保护系统有效保护。

3.2 主要船机设备选型

大直径单桩施工包括稳桩平台安装、单桩翻身吊装、单桩沉桩施工和附属构件安装等环节,在施工过程中使用到的海洋装备有施工船舶、工装吊索具、打桩锤、抱桩器稳桩平台等。以下是对相关海洋装备进行选型的适用性分析。

3.2.1 打桩锤选型

采用软件GRLWEAP 2010(GRL)模拟打桩过程,进行单桩基础打入性分析。GRL的波动方程分析是一个被广泛应用的程序,可以模拟单桩在打桩锤的作用下的运动和受力情况,通过GRL打桩波动方程分析软件,分析并模拟打桩过程,估算打桩应力、承载力、锤击数及打桩时间。48号机位单桩长度最长,桩重最重,以该机位为例进行详细分析。

1)基础桩数据

48号机位单桩基础桩总长度118m,桩径6.0~8.8m,桩顶高程为+19m,需打入土壤深度为74m,详细数据见表3-1。

48号机位基础桩数据 表3-1

桩段	直径(mm)	壁厚(mm)	长度(m)
1	6000	90	6
2	6000	85	3
3	6000	80	6
4	6000	85	3
5	6000	90	3
6	6000~8100	90	18
7	8100~8450	95	3
8	8450~8800	90	5
9	8800	90	5

续上表

桩段	直径(mm)	壁厚(mm)	长度(m)
10	8800	85	2.5
11	8800	80	25
12	8800	85	2.5
13	8800	90	7.5
14	8800	85	2.5
15	8800	80	2.5
16	8800	75	3
17	8800	68	14.5
18	8800	76	2
19	8800	85	2
20	8800	94	2

2)打桩锤数据

本项目单桩桩顶直径为6.0m,根据施工场地地质条件用GRL软件选多个锤进行模拟打桩并进行对比分析。考虑到项目实际施工可行性、便利性、经济性及进度要求等因素,拟选用MENCK MHU3500S液压锤作为本项目单桩基础施工作业打桩锤,打桩锤详细信息见表3-2。

MENCK MHU3500S 液压锤参数 表3-2

名称	参数	锤体图(尺寸单位:mm)
锤长	22.43m	
最大打击能量	3500kJ	
最小打击能量	350kJ	
打击频率	24 击/min	
锤体总质量	615t	
液压工作压力	23MPa	
液压最大压力	25MPa	
套筒直径	7500mm	
适用直径范围	5000~7500mm	

3)工况分析

本工程项目单桩基础为垂直式打入,需打入深度为74m。通过GRL软件模拟打桩过程得到MENCK MHU3500S打桩示意图如图3-2所示。

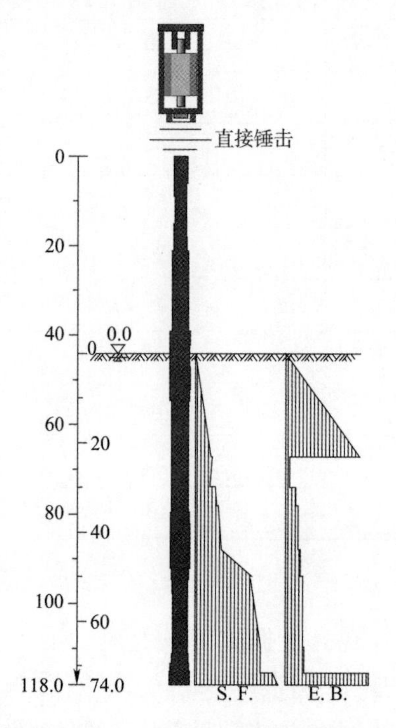

图3-2 MENCK MHU3500S液压锤打桩示意图

通常情况下,无法准确评估打桩时岩土的实际阻力,但是通过经验数据的学习与研究,可以得到的结论是:持续打桩过程中单桩外表面的摩阻力要比间断性打桩的摩擦阻力小。在间断性打桩过程中,土壤性能逐渐恢复,从而静态摩擦阻力会逐渐增大。工况分析见表3-3。

工况分析 表3-3

液压锤	工况	桩侧阻力系数	桩端阻力系数	描述
MENCK MHU3500S	A	1	1.2	部分土塞
	B	0.5	1	未形成土塞,侧摩阻发挥50%
	C	1	1	未形成土塞,侧摩阻发挥100%

4)分析结果

根据表3-3中的3种工况,利用GRL软件进行打入性分析,得到分析结果如图3-3～图3-5所示。

(1)工况A分析结果如图3-3所示。

(2)工况B分析结果如图3-4所示。

(3)工况C分析结果如图3-5所示。

补偿/损失1 桩侧比桩端为1.000/2.000

深度(m)	极限承载力(kN)	摩擦力(kN)	缆勃(kN)	每0.25m锤击次数	屈服应力(MPa)	拉伸应力(MPa)	冲程(m)	能量(kJ)
2.0	951.6	40.9	910.7	0.0	0.000	0.000	0.01	0.0
4.0	1985.0	163.5	1821.5	0.0	0.000	0.000	0.01	0.0
6.0	3100.0	367.8	2732.2	0.0	0.000	0.000	0.01	0.0
8.0	4296.8	653.9	3643.0	0.0	0.000	0.000	0.01	0.0
10.0	5575.4	1021.7	4553.7	0.0	0.000	0.000	0.01	0.0
12.0	6935.7	1471.2	5464.4	0.0	0.000	0.000	0.01	0.0
14.0	8377.7	2002.5	6375.2	0.0	0.000	0.000	0.01	0.0
16.0	9901.5	2615.6	7285.9	0.0	0.000	0.000	0.01	0.0
18.0	11507.0	3310.3	8196.7	0.0	0.000	0.000	0.01	0.0
20.0	13194.2	4086.8	9107.4	0.0	0.000	0.000	0.01	0.0
22.0	14963.2	4945.0	10018.1	0.0	0.000	0.000	0.01	0.0
24.0	6425.8	5926.0	499.8	0.0	0.000	0.000	0.01	0.0
26.0	7443.8	6944.0	499.8	0.0	0.000	0.000	0.01	0.0
28.0	8429.3	7929.5	499.8	0.0	0.000	0.000	0.01	0.0
30.0	10248.9	8916.1	1332.8	0.0	0.000	0.000	0.01	0.0
32.0	11553.0	10220.2	1332.8	0.0	0.000	0.000	0.01	0.0
34.0	13249.7	11583.7	1666.0	0.0	0.000	0.000	0.01	0.0
36.0	14761.0	13095.0	1666.0	0.0	0.000	0.000	0.01	0.0
38.0	16305.8	14639.9	1666.0	0.0	0.000	0.000	0.01	0.0
40.0	17884.2	16218.2	1666.0	0.0	0.000	0.000	0.01	0.0
42.0	19496.0	17830.0	1666.0	0.0	0.000	0.000	0.01	0.0
44.0	21473.3	19474.2	1999.2	62.3	13.397	-3.074	0.01	19.4
46.0	23490.5	21491.3	1999.2	22.1	48.684	-31.477	0.20	258.2
48.0	26178.6	24179.4	1999.2	25.4	49.893	-30.656	0.21	271.3
50.0	29849.9	27517.5	2332.4	30.7	51.072	-29.116	0.22	284.4
52.0	33401.5	31069.1	2332.4	30.9	57.589	-31.548	0.28	362.9
54.0	37035.1	34702.7	2332.4	30.6	64.352	-34.114	0.35	454.4
56.0	40750.9	38418.5	2332.4	30.0	71.282	-36.830	0.43	558.5
58.0	44548.8	42216.4	2332.4	30.8	76.086	-38.130	0.49	636.8
60.0	48428.8	46096.4	2332.4	30.1	82.713	-40.547	0.58	753.1
62.0	52390.9	50058.5	2332.4	30.7	86.872	-41.371	0.64	831.0
64.0	56435.2	54102.8	2332.4	30.5	90.839	-42.058	0.70	908.7
66.0	60725.6	58226.6	2499.0	29.9	95.869	-43.175	0.78	1012.1
68.0	64872.5	62373.5	2499.0	29.6	100.060	-43.896	0.85	1102.5
70.0	69019.4	66520.4	2499.0	28.7	105.707	-45.433	0.95	1230.4
72.0	82741.7	71018.1	11723.6	31.1	113.736	-40.985	1.10	1423.5
74.0	87909.0	76185.4	11723.6	30.9	118.774	-41.228	1.20	1552.2

总锤击数: 3908 (从穿透深度2.0m开始)

运行驱动时间:	130	97	78	65	55	48	43	39	35	32
每分钟锤击次数(次):	30	40	50	60	70	80	90	100	110	120

连续运行驱动锤子的驱动时间，未计入等待时间

a) 工况A分析结果图1

图 3-3

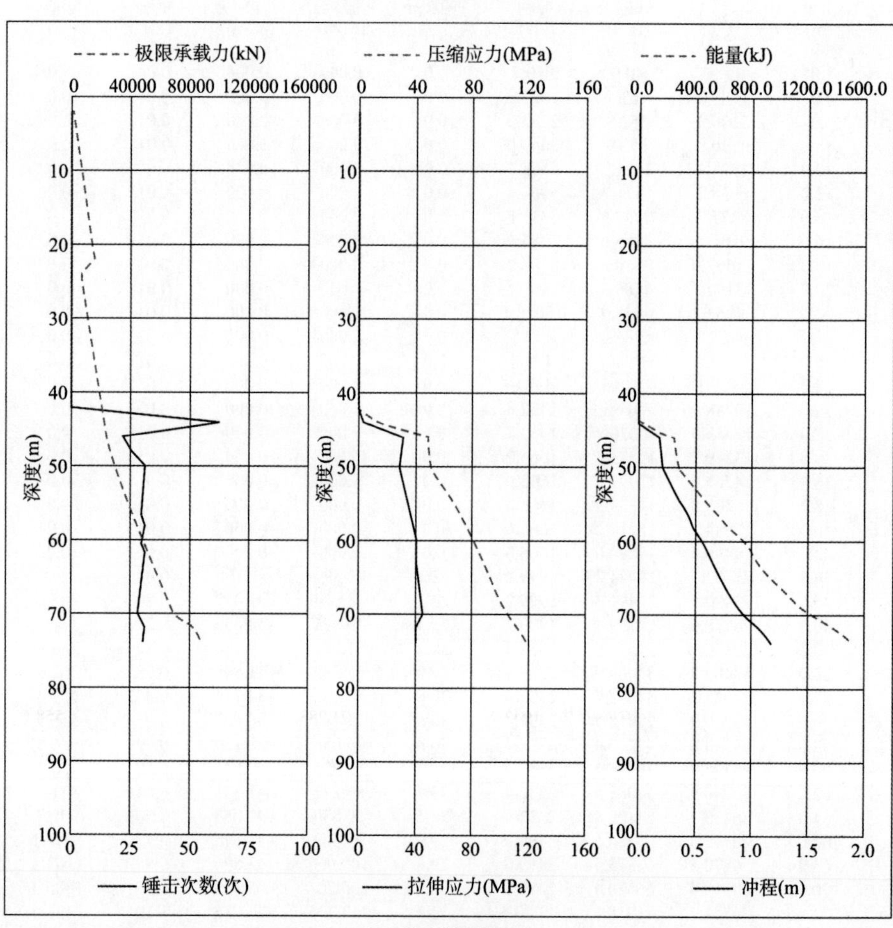

b) 工况A分析结果图2

图 3-3　工况 A 分析结果图

补偿/损失1 桩侧比桩端为0.500/1.000

深度 (m)	极限承载力 (kN)	摩擦力 (kN)	缆勒 (kN)	每0.25m锤击次数 (次)	屈服应力 (MPa)	拉伸应力 (MPa)	冲程 (m)	能量 (kJ)
2.0	779.4	20.4	758.9	0.0	0.000	0.000	0.01	0.0
4.0	1599.6	81.7	1517.9	0.0	0.000	0.000	0.01	0.0
6.0	2460.8	183.9	2276.8	0.0	0.000	0.000	0.01	0.0
8.0	3362.7	326.9	3035.8	0.0	0.000	0.000	0.01	0.0
10.0	4305.6	510.9	3794.7	0.0	0.000	0.000	0.01	0.0
12.0	5289.3	735.6	4553.7	0.0	0.000	0.000	0.01	0.0
14.0	6313.9	1001.3	5312.6	0.0	0.000	0.000	0.01	0.0
16.0	7379.4	1307.8	6071.6	0.0	0.000	0.000	0.01	0.0
18.0	8485.7	1655.2	6830.5	0.0	0.000	0.000	0.01	0.0
20.0	9632.9	2043.4	7589.5	0.0	0.000	0.000	0.01	0.0
22.0	10821.0	2472.5	8348.4	0.0	0.000	0.000	0.01	0.0
24.0	3379.5	2963.0	416.5	0.0	0.000	0.000	0.01	0.0
26.0	3888.5	3472.0	416.5	0.0	0.000	0.000	0.01	0.0
28.0	4381.3	3964.8	416.5	0.0	0.000	0.000	0.01	0.0
30.0	5568.7	4458.1	1110.7	0.0	0.000	0.000	0.01	0.0
32.0	6220.8	5110.1	1110.7	0.0	0.000	0.000	0.01	0.0
34.0	7180.2	5791.9	1388.3	0.0	0.000	0.000	0.01	0.0
36.0	7935.8	6547.5	1388.3	0.0	0.000	0.000	0.01	0.0
38.0	8708.2	7319.9	1388.3	0.0	0.000	0.000	0.01	0.0
40.0	9497.4	8109.1	1388.3	0.0	0.000	0.000	0.01	0.0
42.0	10303.3	8915.0	1388.3	0.0	0.000	0.000	0.01	0.0
44.0	11403.1	9737.1	1666.0	0.0	0.000	0.000	0.01	0.0
46.0	12411.6	10745.6	1666.0	0.0	0.000	0.000	0.20	0.0
48.0	13755.7	12089.7	1666.0	0.0	0.000	0.000	0.21	0.0
50.0	15702.4	13758.8	1943.7	0.0	0.000	0.000	0.22	0.0
52.0	17478.2	15534.5	1943.7	0.0	0.000	0.000	0.28	0.0
54.0	19295.0	17351.4	1943.7	0.0	0.000	0.000	0.35	0.0
56.0	21152.9	19209.3	1943.7	9.1	71.283	−50.095	0.43	558.5
58.0	23051.9	21108.2	1943.7	9.9	76.086	−52.371	0.49	636.8
60.0	24991.9	23048.2	1943.7	12.7	82.713	−56.015	0.58	753.1
62.0	26972.9	25029.3	1943.7	12.9	86.872	−57.730	0.64	831.0
64.0	28995.0	27051.4	1943.7	13.2	90.837	−59.246	0.70	908.7
66.0	31195.8	29113.3	2082.5	13.3	95.866	−61.275	0.78	1012.1
68.0	33269.2	31186.8	2082.5	13.4	100.056	−62.761	0.85	1102.5
70.0	35342.7	33260.2	2082.5	13.3	105.703	−65.203	0.95	1230.4
72.0	45278.7	35509.0	9769.7	16.3	113.727	−60.570	1.10	1423.5
74.0	47862.4	38092.7	9769.7	16.3	118.761	−61.653	1.20	1552.2

总锤击数: 978 (从穿透深度2.0m开始)

运行驱动时间:	32	24	19	16	13	12	10	9	8	8
每分钟锤击次数(次):	30	40	50	60	70	80	90	100	110	120

连续运行驱动锤子的驱动时间，未计入等待时间

a) 工况B分析结果图1

图 3-4

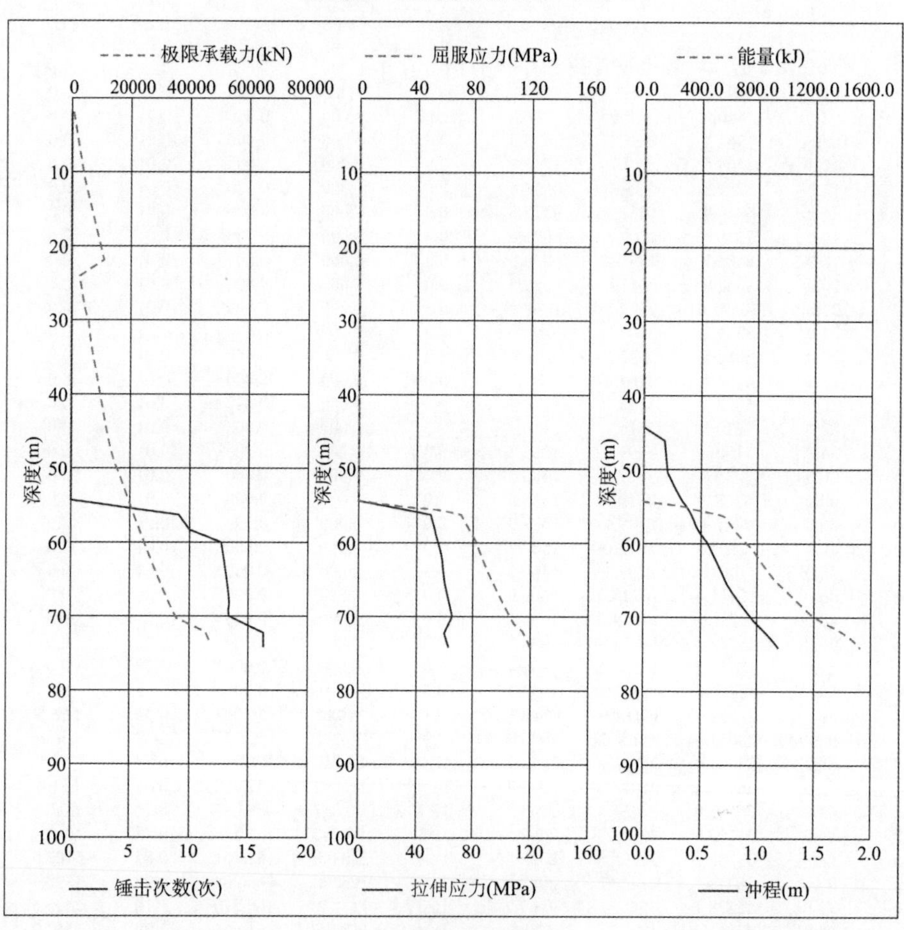

b) 工况B分析结果图2

图 3-4　工况 B 分析结果图

补偿/损失1 桩侧比桩端为1.000/1.000

深度 (m)	极限承载力 (kN)	摩擦力 (kN)	缆勃 (kN)	每0.25m锤击次数 (次)	屈服应力 (MPa)	拉伸应力 (MPa)	冲程 (m)	能量 (kJ)
2.0	799.8	40.9	758.9	0.0	0.000	0.000	0.01	0.0
4.0	1681.4	163.5	1517.9	0.0	0.000	0.000	0.01	0.0
6.0	2644.7	367.8	2276.8	0.0	0.000	0.000	0.01	0.0
8.0	3689.7	653.9	3035.8	0.0	0.000	0.000	0.01	0.0
10.0	4816.4	1021.7	3794.7	0.0	0.000	0.000	0.01	0.0
12.0	6024.9	1471.2	4553.7	0.0	0.000	0.000	0.01	0.0
14.0	7315.2	2002.5	5312.6	0.0	0.000	0.000	0.01	0.0
16.0	8687.1	2615.6	6071.6	0.0	0.000	0.000	0.01	0.0
18.0	10140.9	3310.3	6830.5	0.0	0.000	0.000	0.01	0.0
20.0	11676.3	4086.8	7589.5	0.0	0.000	0.000	0.01	0.0
22.0	13293.5	4945.0	8348.4	0.0	0.000	0.000	0.01	0.0
24.0	6342.5	5926.0	416.5	0.0	0.000	0.000	0.01	0.0
26.0	7360.5	6944.0	416.5	0.0	0.000	0.000	0.01	0.0
28.0	8346.0	7929.5	416.5	0.0	0.000	0.000	0.01	0.0
30.0	10026.8	8916.1	1110.7	0.0	0.000	0.000	0.01	0.0
32.0	11330.8	10220.2	1110.7	0.0	0.000	0.000	0.01	0.0
34.0	12972.0	11583.7	1388.3	0.0	0.000	0.000	0.01	0.0
36.0	14483.3	13095.0	1388.3	0.0	0.000	0.000	0.01	0.0
38.0	16028.2	14639.9	1388.3	0.0	0.000	0.000	0.01	0.0
40.0	17606.5	16218.2	1388.3	0.0	0.000	0.000	0.01	0.0
42.0	19218.4	17830.0	1388.3	0.0	0.000	0.000	0.01	0.0
44.0	21140.1	19474.2	1666.0	0.0	0.000	0.000	0.01	0.0
46.0	23157.3	21491.3	1666.0	21.6	48.684	−31.732	0.20	258.2
48.0	25845.4	24179.4	1666.0	24.9	49.893	−30.905	0.21	271.3
50.0	29461.2	27517.5	1943.7	30.0	51.073	−29.404	0.22	284.4
52.0	33012.7	31069.1	1943.7	30.3	57.589	−31.842	0 28	362.9
54.0	36646.4	34702.7	1943.7	30.1	64.353	−34.417	0 35	454.4
56.0	40362.2	38418.5	1943.7	29.6	71.282	−37.146	0.43	558.5
58.0	44160.1	42216.4	1943.7	30.4	76.086	−38.440	0.49	636.8
60.0	48040.1	46096.4	1943.7	29.6	82.713	−40.853	0.58	753.1
62.0	52002.2	50058.5	1943.7	30.4	86.872	−41.687	0.64	831.0
64.0	56046.4	54102.8	1943.7	30.3	90.839	−42.364	0.70	908.7
66.0	60309.1	58226.6	2082.5	29.7	95.868	−43.499	0.78	1012.1
68.0	64456.0	62373.5	2082.5	29.4	100.059	−44.204	0.85	1102.5
70.0	68602.9	66520.4	2082.5	28.5	105.707	−45.761	0.95	1230.4
72.0	80787.7	71018.1	9769.7	30.2	113.732	−42.360	1.10	1423.5
74.0	85955.0	76185.4	9769.7	30.0	118.767	−42.568	1.20	1552.2

总锤击数: 3359 (从穿透深度2.0m开始)

运行驱动时间:	111	83	67	55	47	41	37	33	30	27
每分钟锤击次数(次):	30	40	50	60	70	80	90	100	110	120

连续运行驱动锤子的驱动时间，未计入等待时间

a) 工况C分析结果图1

图 3-5

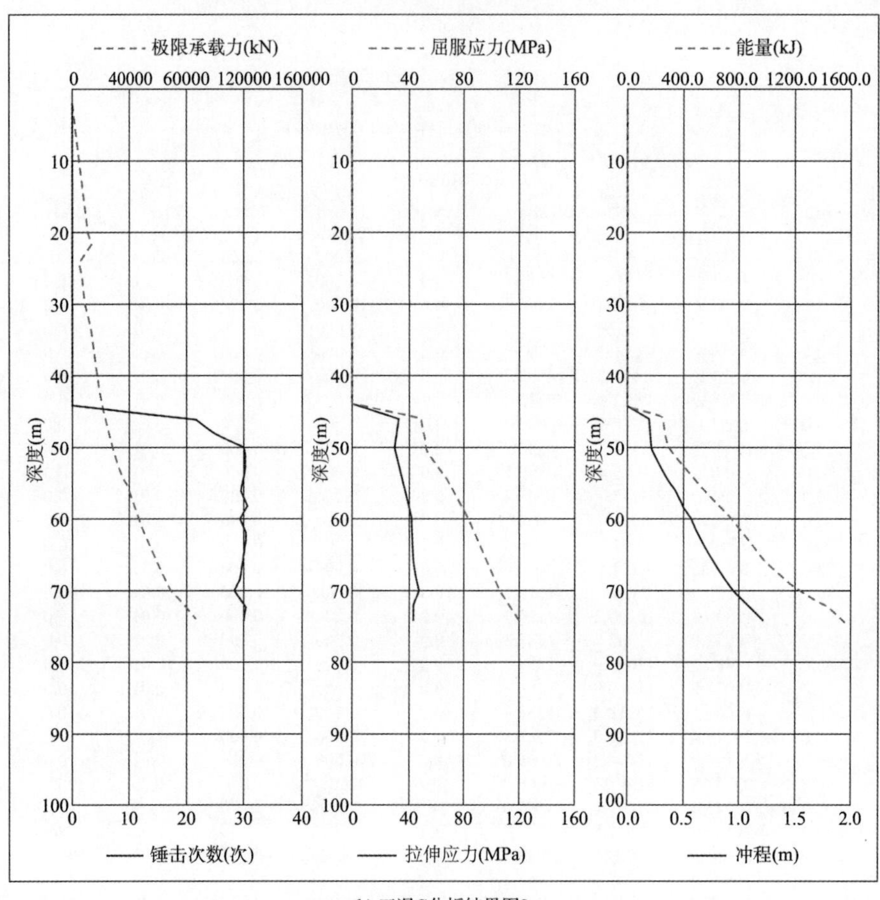

b) 工况C分析结果图2

图 3-5 工况 C 分析结果图

上述 3 种工况的可打入性分析结果见表 3-4。

打入性分析结果 表 3-4

描述	工况 A	工况 B	工况 C
总锤击次数	3908	978	3359
锤击最终贯入度(mm)	8.1	15.3	8.3
桩顶最大能量(传递效率 80%)(kJ)	1552	1552	1552

此分析结果显示,使用 MENCK MHU3500S 可以将单桩打入至设计入泥深度,其中总锤击次数以及贯入度会根据实际的锤击能量不同产生变化。

3.2.2 稳桩平台选型

1)稳桩平台整体结构

本项目单桩基础均为非嵌岩单桩基础,钢管桩桩径为 6.0 ~ 9.0m,桩长为 106 ~ 118m,

桩底高程为 -87 ~ -99m，桩顶高程为 +19m，根据风场地质资料计算出单桩理论自沉深度在 39 ~51m 之间。在单桩沉桩施工过程中，稳桩平台需能够满足施工过程中单桩的平面位置控制、垂直度控制等要求。结合本项目施工现场地质条件以及单桩参数，综合考虑选择尺寸为 28m×30m×51.2m 的稳桩平台作为单桩基础施工的导向架平台，其具体参数见表 3-5。

稳桩平台参数

表 3-5

名称	参数	名称	参数
平台立柱中心距(m)	18×20	抱桩器使用桩径范围(m)	ϕ6 ~9
高度(m)	51.2	定位桩直径(m)	2.2
防沉板尺寸(m)	28×30	定位桩长度(m)	75
重量(含定位桩)(t)	1200	施工最大水深(m)	32

稳桩平台由稳桩平台主体、上下两层抱桩器平台、防沉板、辅助桩等组成，如图 3-6 所示。

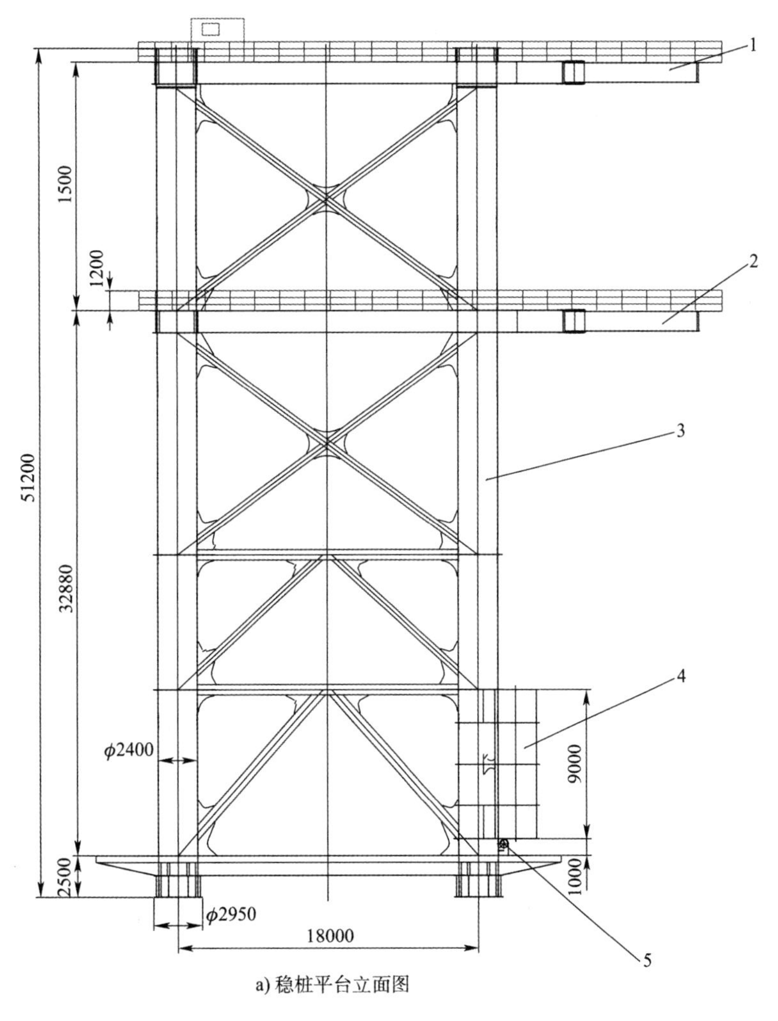

a) 稳桩平台立面图

图 3-6

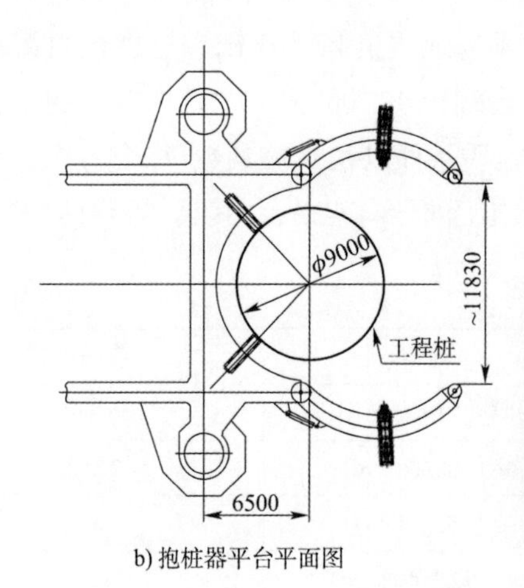

b) 抱桩器平台平面图

c) 稳桩平台实物图

图 3-6　稳桩平台(尺寸单位:mm)

1-上层抱桩器平台;2-下层抱桩器平台;3-稳桩平台桩体;4-浮力筒;5-防沉板

①稳桩平台主体。

稳桩平台整体尺寸为 28m × 30m × 51.2m。稳桩平台主要由稳桩平台主体结构和上下两层抱桩器平台组成。两层抱桩器平台距离 15m。平台设置 4 个辅助桩导向筒,间距 18m × 20m,作为辅助桩沉桩导向。

②抱桩器平台。

抱桩器平台分为上下两层,作为顶推油缸的操作平台,用于精确控制单桩的平面位置和垂直度。每层抱桩器上布置 4 个顶推油缸,推力为 200t,油缸行程为 1500mm。抱桩器设计为环抱式,可根据不同桩径调节抱桩器抱桩径范围,抱桩器适用范围为 ϕ6 ~ 9m。

③浮力筒。

在稳桩平台前部设置两个高度约 9m 的浮力筒,当稳桩平台入水后,由浮力筒提供浮力以平衡上部抱桩器臂架的偏心荷载,使稳桩平台整体处于平衡状态。

④防沉板。

稳桩平台底部设置防沉板,保证导向架平台入泥深度控制在 1 ~ 1.5m 之间,用于保证导向架平台下放至泥面后平台整体的稳定性。

⑤辅助桩。

辅助桩共 4 根,直径 2.2m,长度 75m。桩顶部设置耳板,上中部设置 3 个插孔。当导向架平台周转时,可通过插销将管桩固定于平台上整体转运。

2)稳桩平台运输稳性分析

稳桩平台高 51.2m,总重量约为 1200t(包含 4 根辅助桩),需从其他海域运至施工现场。稳桩平台运输过程中,辅助桩固定于稳桩平台上,选择运输船对其进行运输。

(1)稳性校核方法。

根据稳性计算的原理,在同一艘船同样的航行状态下,装载的货物重量相等,即货物的重心越低越安全,因此,只需证明本航次运输货物(实际货物 + 增加压载水重量)的重心,比装载手册中满载出港所装载货物的重心低，即可知本航次有足够的稳性。

本航次货物受风面积不大，并且在装载手册中，风倾力臂相关的指示余量都比较大，因此，可以认为与风倾力臂有关的指标是满足要求的。

（2）装载手册中稳性计算依据与要求。

根据中华人民共和国海事局《船舶与海上设施法定检验规则》（国内航行海船法定检验技术规则）2020年版第4篇第7章"完整稳性"对沿海航区货船的要求计算校核。

①初稳性高度和复原力臂曲线，初稳性高度不小于0.15m。

②横倾角等于30°处的复原力臂应不小于0.2m，如船体进水角小于30°，则进水角处的复原力臂应不小于该规定值。

③船舶最大复原力臂所对应的横倾角应不小于25°。当船舶的船宽 B 与型深 D 比大于2时，最大复原力臂对应的横倾角较规定值减小值 $\Delta\theta$ 按式（3-1）计算：

$$\Delta\theta = 20\left(\frac{B}{D} - 2\right)(K - 1) \tag{3-1}$$

式中：D——船舶型深（m）；

B——船舶型宽（m），但当 $B > 2.5D$ 时，取 $B = 2.5D$；

K——稳性衡准数，但当 $K > 1.5$ 时，取 $K = 1.5$。

（3）进水点。

进水点位置为生活区甲板处，进水点坐标为：$X = 112.0\text{m}$，$Y = 14.0\text{m}$，$Z = 11.5\text{m}$。

（4）装载手册中满载出港工况。

满载出港装载情况见表3-6。

满载出港装载情况 表3-6

项目	重量（t）	重心高度（m）	垂向力矩（kN·m）	重心（距舯）（m）	纵向力矩（kN·m）	液面惯性矩（kN·m）
船员及行李	2.0	154.15	3010	52.05	1014	0.0
供应补给品	5.0	98	4900	56.15	2808	0.0
储藏备品	2.0	90	180	48.75	975	0.0
柴油	416.2	57.0	23721	−51.189	−213029	1511.7
重质燃料油	1688.8	30.97	52306	−0.597	10090	4488.5
润滑油	38.1	8.41	321	−31.414	−11973	59.3
淡水	1203.4	54.06	65063	47.208	568116	2355.0
其他水	575.8	35.03	20170	−49.253	−283626	1710.1
其他液体	14.5	4.16	60	−30.091	−4352	155.1
满载货物（重心15m以上）	5453.3	230	1254259	−9.850	−537150	0.0
压载水	2939.3	8.14	23918	18.066	531013	0.0

续上表

项目	重量(t)	重心高度(m)	垂向力矩(kN·m)	重心(距舯)(m)	纵向力矩(kN·m)	液面惯性矩(kN·m)
载重量	12338.4	116.77	1440788	0.354	43708	10279.6
空船重量	6612.7	51.10	337908	1.890	124980	—
排水量	18951.1	93.86	1778696	0.890	168688	10279.6

(5)装载手册中满载出港工况的稳性计算结果。

从表3-7中的稳性结果来看,满载工况的稳性还有比较大的余量。

稳性计算结果 表3-7

序号	稳性衡量标准项	要求值	计算值
1	修正后的初稳性高度(m)	≥0.150	9.906
2	横倾30°处复原力臂(m)	≥0.200	1.655
3	最大复原力臂对应角(°)	≥15.00	19.77
4	至0~19.8°复原力臂曲线下面积(m·rad)	≥0.066	0.500
5	至30~32.9°复原力臂曲线下面积(m·rad)	≥0.030	0.076
6	稳定风压倾斜力臂(m)	—	0.158
7	横摇周期(s)	—	9.17
8	稳定风压横倾角(°)	—	0.83
9	稳定风压有限横倾角(°)	≤16.0	0.83
10	波浪作用下迎风侧横倾角(°)	—	24.69
11	稳性衡准数	≥1.000	1.06

(6)稳性校核结果。

在同一条船同样的航行状态下,装载的货物重量相等,即货物的重心越低稳性越好。从表3-8中可以看出本航次运输的货物(实际货物+增加压载水重量)的重心,比《装载手册》中满载出港所装载的货物的重心低,因此,稳桩平台运输稳性足够。

稳性校核结果 表3-8

项目	重量(t)	重心高度(m)	备注
装载手册满载出港载货量	5453.3	23	详见《装载手册》第118页
需校核载货量	1166	39.70	稳桩平台重量及重心高度
置换压载水重量(装载手册载货量-需核算载货量)	4287.3	4.8	为了保守计算,压载水的重心高取型深的一半
固定压载重量(由于压载水量不足)	0.0	0	固定压载重心取货舱中心

续上表

项目	重量（t）	重心高度（m）	备注
需校核载货量+置换压载水重量	5453.3	12.26	该汇总重心低于装载手册满载出港货重的重心，则代表稳性足够；相反，则代表稳性不足
稳性核算结果	稳性足够		

3）施工过程稳性分析

为了保证稳桩平台在单桩施工过程中的安全，在自重、波流荷载及使用荷载作用下，辅助桩入土深度为24m时，对其正常作业工况进行计算分析。

（1）定位钢管桩的承载力和抗拔力计算。

根据《浅海固定平台建造与检验规范》2004年版第6.4.2.1条，钢管桩轴向抗压极限承载力可按式（3-2）计算：

$$Q_{\mathrm{d}} = Q_{\mathrm{f}} + Q_{\mathrm{p}} f_i A_{si} + qA_{\mathrm{p}} \tag{3-2}$$

式中：Q_{d}——单桩轴向极限承载力值（kN）；

Q_{f}——桩侧摩阻力（kN）；

Q_{p}——总桩间阻力（kN）；

q——单桩极限端阻力标准值（kPa）；

A_{p}——桩端总面积（m^2）；

f_i——桩周第 i 层土的极限侧摩阻力标准值（kPa）；

A_{si}——第 i 层土的桩侧面积（m^2）。

根据《码头结构设计规范》（JTS 167—2018）第4.2.8.3条，对于敞口钢管桩，桩外径大于1.5m且桩打入土深度小于25m时，桩端承载力折减系数为0，此时抗压极限承载力可忽略桩间阻力。

根据《浅海固定平台建造与检验规范》2004年版第6.4.2.1条，打入桩的单桩抗拔极限承载力可按式（3-3）计算：

$$T_{\mathrm{d}} = \xi_i f_i A_{si} \tag{3-3}$$

式中：T_{d}——单桩抗拔极限承载力设计值（kN）；

ξ_i——折减系数，对黏性土取0.7～0.8；对于砂土取0.5～0.6。桩的入土深度大时取大值，反之取小值。

（2）水平力下钢管桩的计算。

根据《码头结构设计规范》（JTS 167—2018）第4.2.2条，项目采用的定位桩中心距大于6倍桩径，按单桩计算承载力。

根据《码头结构设计规范》（JTS 167—2018）附录B，水平力作用下单桩的计算可以采用m法。假设土的水平地基抗力随着深度呈线性增加，按式（3-4）计算：

$$K = mz \tag{3-4}$$

式中：K——土的水平地基抗力系数（kN/m^3）；

m——土的水平地基抗力系数随着深度增长的比例系数（kN/m^4）；

z——计算点的深度。

（3）波流作用计算。

根据《港口与航道水文规范》（JTS 145—2015）第 10.4 条，波浪和水流对桩（柱）直径 D 与波长之比小于或等于 0.2 的垂直小直径圆柱的作用力可按下列规定确定。作用水底面以上高度 z 处桩（柱）断面上的正向波流力按式（3-5）计算：

$$p(z,t) = K_D \left| u(z,t) + u_c \right| \left[u(z,t) + u_c \right] + K_M \frac{\partial u(z,t)}{\partial t} \tag{3-5}$$

$$K_D = \frac{\gamma}{2g} D C_D \tag{3-6}$$

$$K_M = \frac{\pi \gamma}{4g} D^2 C_M \tag{3-7}$$

$$u(z,t) = \frac{H\omega_r}{2} \frac{\cosh kz}{\sinh kd} \cos(\omega t) \tag{3-8}$$

$$\frac{\partial u(z,t)}{\partial t} = -\frac{H\omega_r^2}{2} \frac{\cosh kz}{\sinh kd} \sin(\omega t) \tag{3-9}$$

$$\omega_r = \omega - k u_c \tag{3-10}$$

式中：$p(z,t)$——作用于桩（柱）断面的正向波流力（kN/m）；

K_D、K_M——参数；

$u(z,t)$——水质点轨道运动的水平速度（m/s）；

u_c——水流速度（m/s）；

$\frac{\partial u(z,t)}{\partial t}$——水质点轨道运动的水平加速度（$m/s^2$）；

γ——水的重度（kN/m^3）；

g——重力加速度（m/s^2）；

D——桩直径（m）；

C_D——速度力系数；

C_M——惯性力系数；

H——波高（m），不规则时取有效波高；

ω_r——相对于水流的圆频率（s^{-1}）；

k——波数（m^{-1}）；

z——计算点高度（m）；

d——水深（m）；

ω——水质点轨道运动圆频率（s^{-1}）；

t——时间（s）。

(4)风荷载计算。

风荷载的计算按照《港口工程荷载规范》(JTS 144-1—2010),作用在港口结构上的风荷载标准值应按式(3-11)计算:

$$W_K = \mu_s \mu_z W_0 \tag{3-11}$$

式中:W_K——风荷载标准值(kPa);

μ_s——风荷载体型系数;

μ_z——风压高度变化系数;

W_0——基本风压(kPa)。

基本风压可按式(3-12)确定:

$$W_0 = \frac{1}{1600}V^2 \tag{3-12}$$

式中:V——港口附近的空旷地面,离地 10m 高,重现期 50 年 10min 平均最大风速(m/s)。

(5)计算分析。

按照《浅海固定平台建造和检验规范》(2004 年版)第 6.4.4 条,重力和三种活荷载的标准组合(组合系数均取 1.0)下,活荷载分别在 X 和 Y 方向时,组合下桩底的受力如图 3-7 所示。

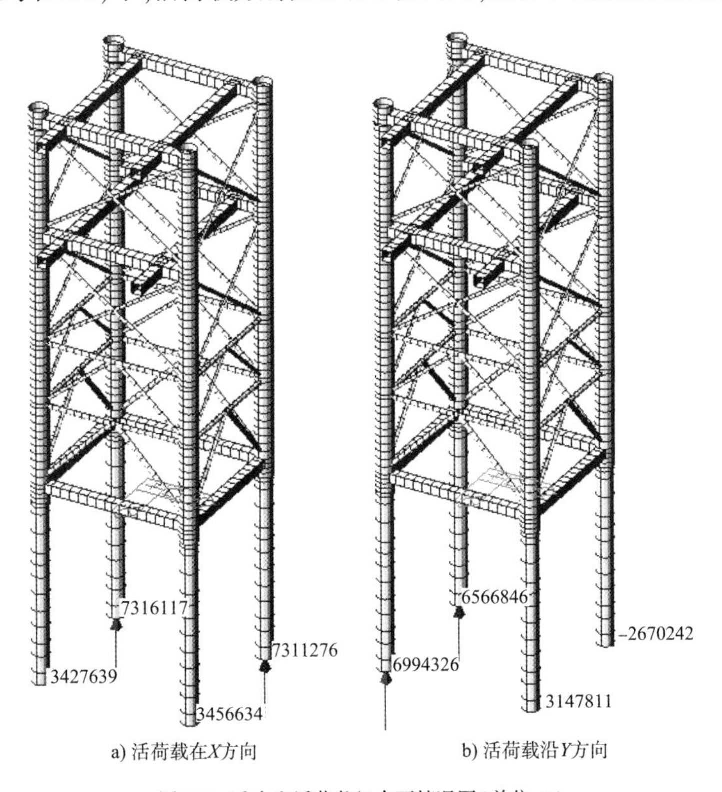

图 3-7 重力和活荷载组合下情况图(单位:N)

根据《浅海固定平台建造和检验规范》(2004 年版)第 6.4.4 条,在正常使用条件下考虑 2.0 的安全系数得到容许承载力和抗拔力满足要求。

标准组合下,导管架的应力如图 3-8 所示。

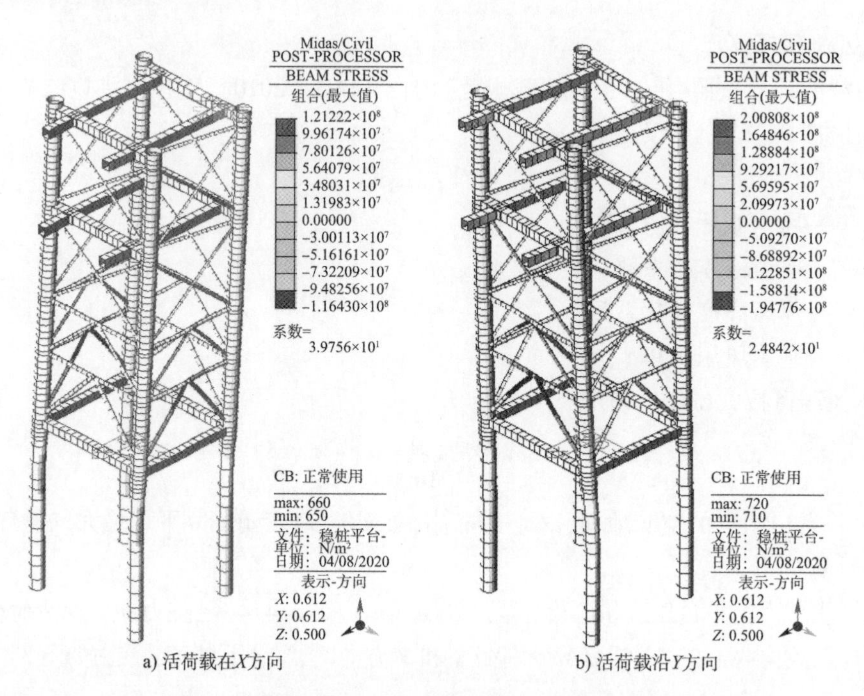

a) 活荷载在X方向　　b) 活荷载沿Y方向

图 3-8　重力和活荷载组合下导管架的应力情况图(单位:N)

根据《钢结构设计标准》(GB 50017—2017)表 4.4.1,Q345 钢材厚度在 16mm 以下时,抗拉压强度设计值为 305MPa,平台的应力满足钢材设计强度要求。

标准组合下,导管架当活荷载在 X 方向和 Y 方向时的最大位移分别为 0.09m 和 0.15m,分别在 X 和 Y 方向,满足规范要求,结果如图 3-9 所示。

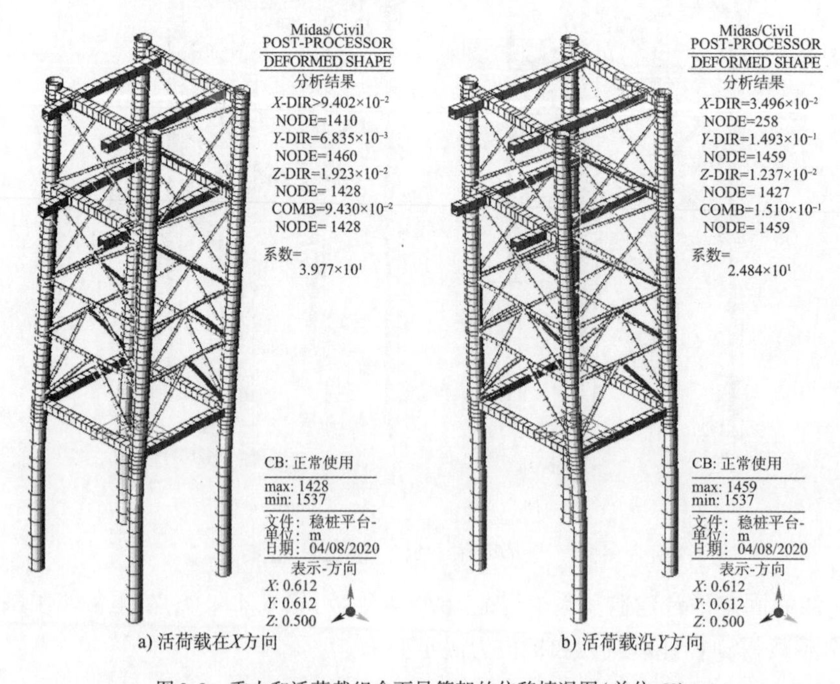

a) 活荷载在X方向　　b) 活荷载沿Y方向

图 3-9　重力和活荷载组合下导管架的位移情况图(单位:N)

综上所述，施工过程中稳桩平台稳性符合要求。

3.2.3 振动锤选型

1）使用振动锤振沉稳桩平台辅助桩

稳桩平台辅助桩桩长75m，桩径2.2m，自重约100t，吊耳距桩顶1.4m，稳桩平台高51.2m，考虑稳桩平台自沉1.5m，因此辅助桩入土最大深度 = 75 − (51.2 − 1.5) − 1.4 = 23.9m。

以本项目48号机位为例，根据地质勘察报告中48号机位钻孔柱状图，第一层淤泥层厚23m，极限侧摩阻力值为6.1kPa；第二层淤泥质黏土层厚6.8m，极限侧摩阻力值为12.3kPa，则辅助桩自沉深度 h 为：

$$h = 23 + \frac{100\text{t} - \pi \times 2.2\text{m} \times 23\text{m} \times 6.1\text{kPa}}{\pi \times 2.2\text{m} \times 12.3\text{kPa}} = 23.36(\text{m})$$

辅助桩自沉深度为23.36m，接近辅助桩入土最大深度，因此自沉完成后稳桩平台无须振沉辅助桩。

2）使用振动锤振拔稳桩平台辅助桩

使用振动锤拔辅助桩时，忽略浮力大小，按式(3-13)计算：

$$T_{\text{v}} = U\sum_{i=1}^{n} T_{\text{v}i} H_i \tag{3-13}$$

式中：T_{v}——下沉至要求深度时，各土层的极限侧摩阻力之和(kN)；

U——桩横断面周长(m)；

i——土层顺序；

n——下沉至要求深度时土壤总层数；

$T_{\text{v}i}$——第 i 土层的极限侧摩阻力值(kPa)；

H_i——第 i 层土层厚度(m)。

代入数据得：

$$T_{\text{v}} = \pi \times 2.2 \times (6 \times 23 + 0.36 \times 12) = 984(\text{kN})$$

振动锤拔桩力 $P_0 > T_{\text{v}} + W = 984 + 1000 = 1984\text{kN}$，则振动锤满足稳桩平台辅助转振沉和振拔作业要求。

根据以上选型要求中的条件，同时结合项目实际施工可行性、便利性、经济性及进度要求等因素，选择ICE250NF振动锤作为单桩基础施工稳桩平台振动锤。ICE250NF振动锤的最大激振力为5374kN，大于稳桩平台辅助桩拔桩所需拔桩力，满足稳桩平台施工过程中辅助桩作业要求，其参数见表3-9。

ICE250NF 振动锤参数　　表 3-9

名称	参数	垂体图
偏心力矩	250kN · m	
最大离心力	5374kN	
最大频率	1400r/min	
最大幅度	34.3mm	
最大幅度	24.4mm	
最大静态拉力	2270kN	
最大工作压力	35MPa	
最大用油量	1300L/min	
强制润滑	是	
动态重量	20530kg	
总重量	22300kg	

3.2.4　起重船选型

1)吊高分析

(1)稳桩平台吊高校核。

稳桩平台高度 $H_1=51.2\text{m}$,稳桩平台上部吊耳至吊钩距离 $L_1=21\text{m}$,则起吊稳桩平台所需水面以上吊高 H_2 按式(3-14)计算,吊高计算分析示意图如图 3-10 所示。

$$H_2=H_1+L_1 \tag{3-14}$$

代入数据可得:

$$H_2=51.2+21=72.2(\text{m})$$

起重船水面以上最大吊高 $H_3>$起吊所需水面以上吊高 $H_2=72.2\text{m}$,则起重船吊高可以满足本项目稳桩平台吊高要求。

(2)单桩入龙口吊高校核。

本项目单桩长度最长 118m,为了保证钢管桩翻身后起重船可以将单桩送入稳桩平台,需对起重船吊高进行复核,吊高校核如下:

单桩主吊索长度为 $L_2=52\text{m}$,单桩长度 $L=118\text{m}$,吊钩至桩顶距离 L_3 按式(3-15)计算;单桩吊耳距桩顶距离 $L_4=49.5\text{m}$,吊耳轴直径为 2.8m,吊钩至平衡梁下吊点距离为 5.07m,吊桩入龙口时所需吊高 H_4 按式(3-16)计算;机位水深为 $H_5=25\text{m}$,则起吊所需水面吊高为 H_6 按式(3-17)计算。吊高计算分析示意图如图 3-11 所示,计算公式如下:

$$L_3=L_2-1.4-L_4+5.07 \tag{3-15}$$

$$H_4=L+L_3 \tag{3-16}$$

$$H_6=H_4-H_5 \tag{3-17}$$

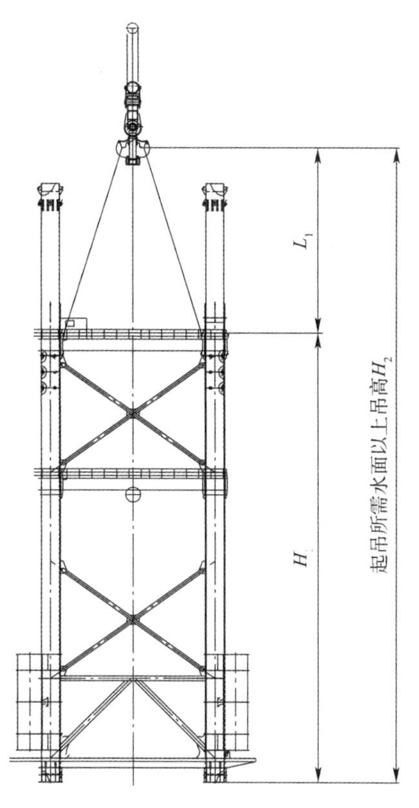

图 3-10　稳桩平台吊高计算分析示意图

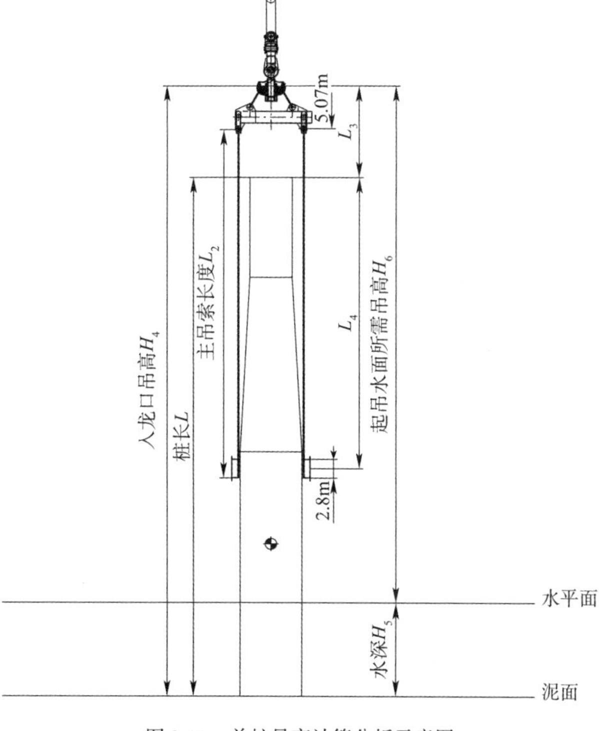

图 3-11　单桩吊高计算分析示意图

代入数据得：

$$H_6 = 52 - 1.4 - 49.5 + 5.07 + 118 - 25 = 99.17(\mathrm{m})$$

起重船水面以上最大吊高 H_3 > 起吊所需水面吊高为 $H_6 = 99.17\mathrm{m}$，则起重船吊高可以满足本项目单桩入龙口吊高要求。

(3)打桩锤吊高校核。

单桩长 $L = 118\mathrm{m}$，液压锤高度 $L_5 = 22.43\mathrm{m}$，吊索具采用 $L_6 = 6\mathrm{m}$ 的吊带，机位水深为 $H_5 = 25\mathrm{m}$，单桩自沉深度 $H_7 = 42\mathrm{m}$，套锤所需高度 H_8 按式(3-18)计算；起吊所需水面吊高 H_9 按式(3-19)计算；起重船套锤吊高计算分析示意图如图3-12所示，计算公式如下：

$$H_8 = L + L_5 + L_6 - H_5 \tag{3-18}$$

$$H_9 = H_8 - H_7 \tag{3-19}$$

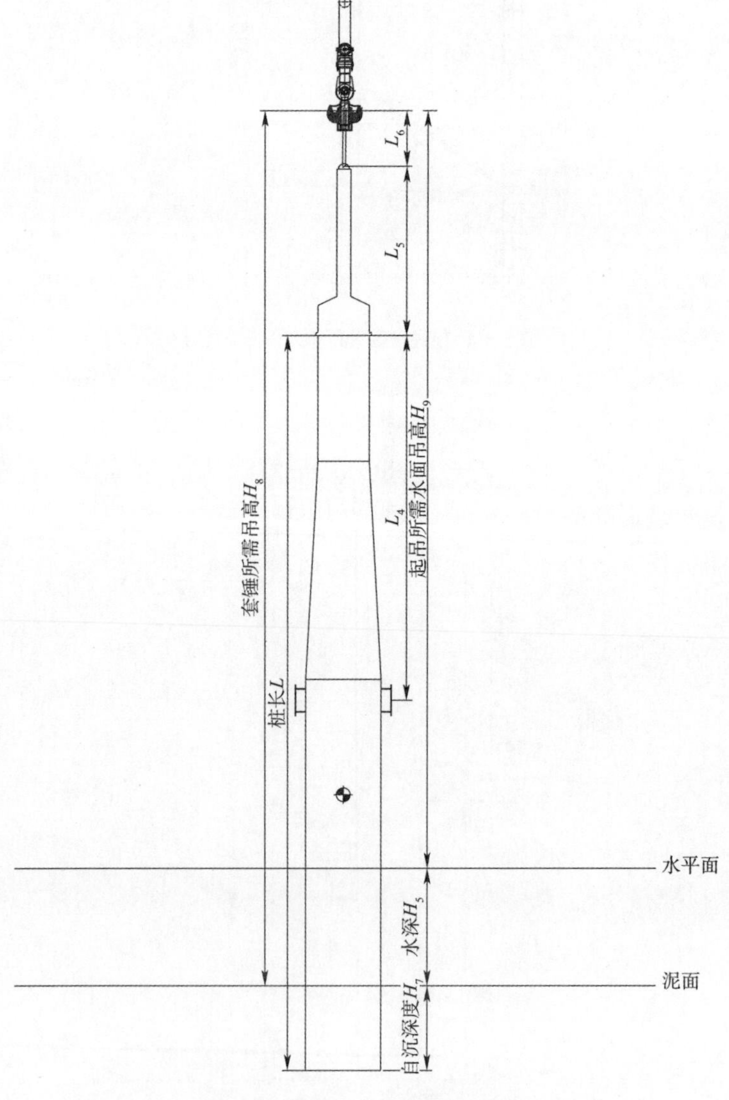

图3-12 套锤吊高计算分析示意图

代入数据得：

$$H_9 = 118 + 22.43 + 6 - 25 - 42 = 79.43(\mathrm{m})$$

起重船水面以上最大吊高 H_3 > 套锤时所需水面吊高 $H_9 = 79.43\mathrm{m}$，则起重船可以满足本项目打桩使用要求。

2）吊重分析

（1）稳桩平台吊重。

本项目稳桩平台重量约为1200t，吊带重量约为20t，则所需吊重 $T_2 = 1220 \times 1.15 \times 1.03 \times 1.03 = 1488\mathrm{t}$［根据挪威船级社（DNV）规范，动载系数取1.15；重心偏移系数和倾斜系数取1.03，合称不均衡系数］。

起重船最大吊重 T_1 > 起吊所需吊重 $T_2 = 1488\mathrm{t}$，则起重船吊重可以满足本项目稳桩平台吊装要求。

（2）竖直吊桩吊重。

本项目单桩最大重量约为1912t，吊耳重量约15.7t，桩顶法兰重量约9.8t，吊梁重量约49.4t，钢丝绳重量约10t，则所需吊重 $T_3 = 1997 \times 1.15 \times 1.03 \times 1.03 = 2436.4\mathrm{t}$。根据DNV规范，动载系数取1.15；重心偏移系数和倾斜系数取1.03，合称不均衡系数。

起重船最大吊重 T_1 > 起吊所需吊重 $T_3 = 2436.4\mathrm{t}$，则起重船吊重可以满足本项目单桩现场吊装要求。

（3）翻桩吊重。

本项目24根单桩48号桩重量最大，以48号桩为分析对象，48号桩单桩重量约1937.5t，长度118m。在翻桩过程中起重船单钩翻钢管桩脱离胎架时，起重船主钩受力为翻桩全过程中最小状态，开始翻桩后主钩受力逐渐增大，直到桩身竖立时主钩受力为管桩净重加吊索具重量，为全受力状态；溜尾受力由大变小，桩尾处运输船甲板需要进行加强，所受载荷不得大于500t，具体受力分析如图3-13所示。

由上述分析计算可知，48号桩主吊绳所受荷载为1611.2t，溜尾钢丝绳所受荷载为489.7t。

根据以上选型要求中的条件，同时结合项目实际施工可行性、便利性、经济性及进度要求等因素，对目前国内可用的起重船进行筛选，选择5000t起重船作为本项目的单桩基础施工船舶，如图3-14所示。5000t起重船参数见表3-10，起重曲线如图3-15所示。

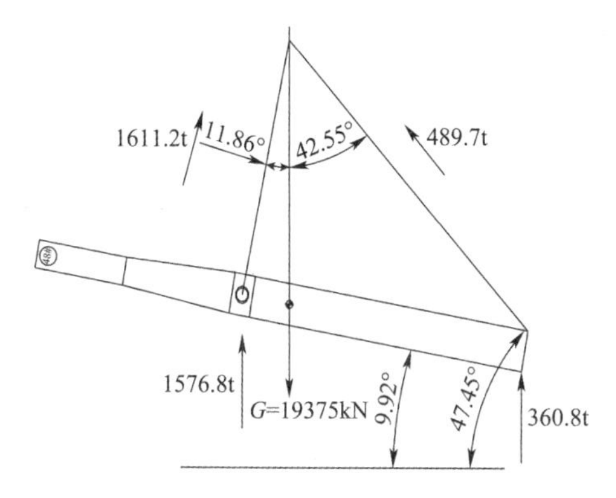

图3-13　48号桩单钩翻桩受力分析

图3-14　5000t起重船

5000t 起重船参数 表 3-10

船长	178.00m	主/副钩起重量	5000t/900t
船宽	48.00m	主/副钩起吊高度	95m/113m
型深	17.00m	设计吃水	7.50～11.50m
总吨	49501t	净吨	14580t
满载排水量	88606t	空载排水量	31596t
主发电机组	3×3380kW	辅发电机组	2×880kW

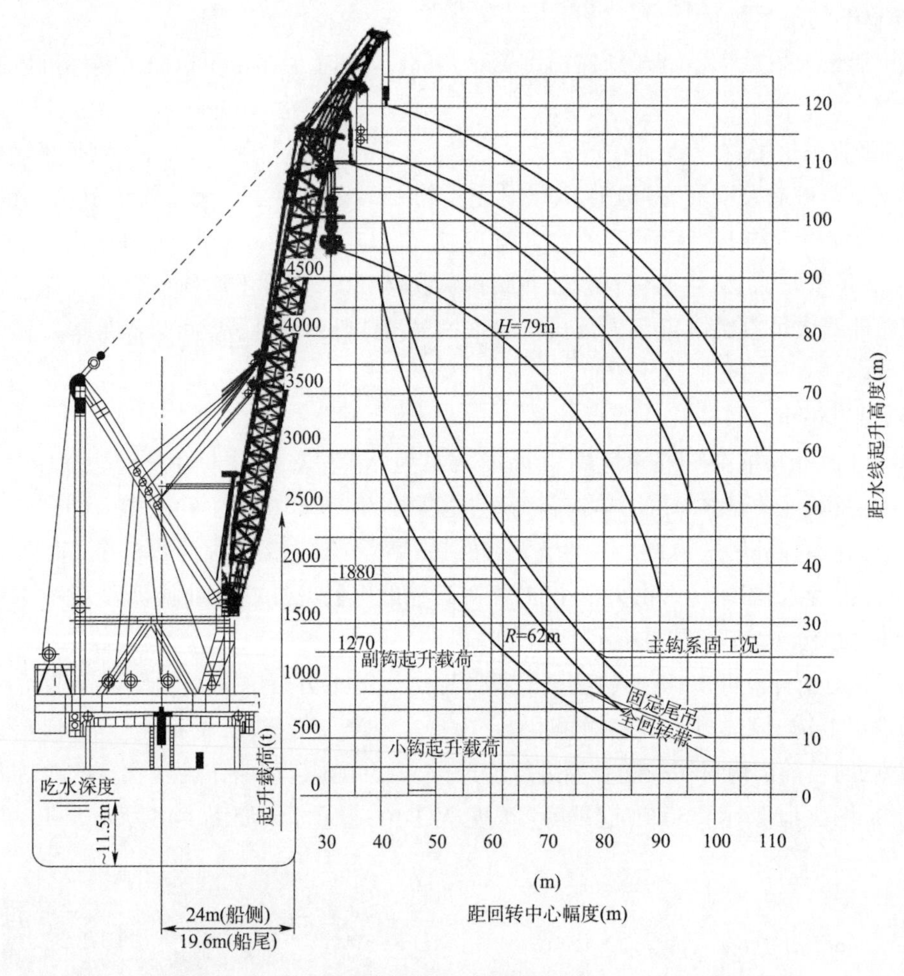

图 3-15 5000t 起重船起重曲线

根据上述 5000t 起重船起重参数可知,5000t 起重船主钩水面起升高度为 95m,不能完全满足本项目所有机位单桩入龙口的吊高要求,部分机位存在桩底拖泥现象。本项目考虑在拖泥 5m 内的情况下,可通过起重船反向调节压载水、调节吊索在乘潮潮差 4m(平均高潮位)的时候来进行单桩拖泥施工(详见 3.4 节),此时 5000t 起重船水面起升高度 $H_3+4+5=104$m,大于单桩入龙口时所需要的起重船水面以上吊高 $H_6=99.17$m,可满足本项目单桩基础施工要求。

3.3 大直径单桩基础常规施工技术

大直径单桩基础施工主要工艺流程为：通过起重船进行翻桩立身及沉桩施工，沉桩过程中监测桩体垂直度并进行高应变检测，锤击至设计高程后安装内平台、集成式附属构件，最后进行桩顶高程、法兰面水平度等指标的测量验收，如图3-16所示。

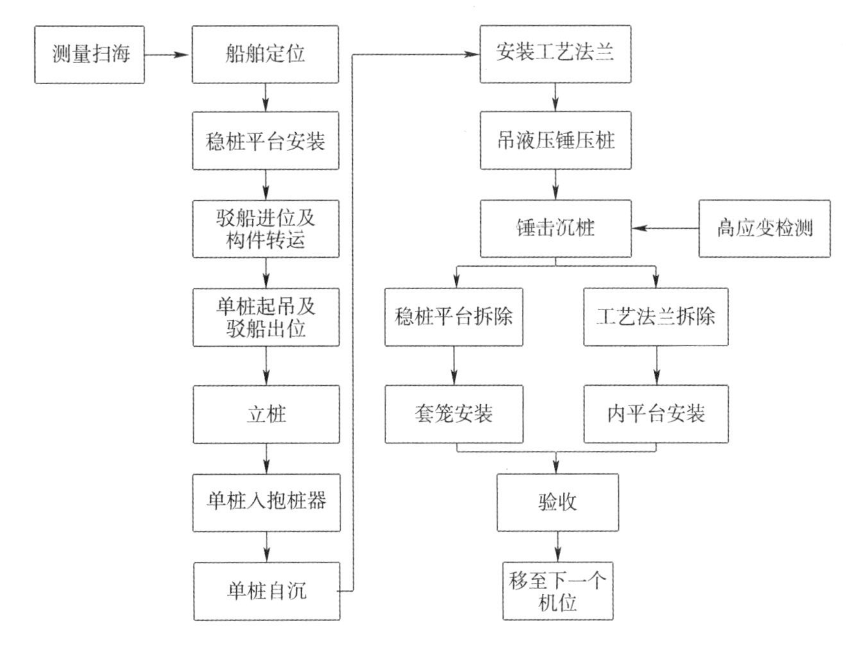

图3-16　施工工艺流程

各作业船舶选择合适的窗口期配合作业，具体施工海况见表3-11。

现场船舶作业条件　　表3-11

浮式起重机施工窗口期(工况要求)			
序号	工序	风速(m/s)	有义波高 H_s(m)
1	浮式起重机移船定位	≤14	≤1.5
2	运输船定位	≤12	≤1
3	安装、拆除稳桩平台	≤12	≤1
4	单桩起吊与沉桩	≤12	≤1
5	附属件吊装	≤12	≤1

3.3.1 测量扫海

为避免因施工区域存在影响施工安全和施工进度的不利因素，提前对相应海域进行扫海测量。若在扫海过程中发现施工区域海床上存在影响施工的异物,应及时对异物进行清理。

扫测范围以风电机位为中心,多波束扫海采用 POSMV 姿态作为动态定位,配合 SeaBatT20-P 宽带多波束测深系统进行数据采集,同时将自动采集的数据储存在计算机中。在扫海测量的同时,设立临时潮位站进行人工同步潮位观测,用于多波束后处理数据的潮位改正。

以换能器与水面交点为坐标原点,姿态位置和换能器呈一条垂线,这样可以保证位置没有任何偏移,且换能器摇摆也和姿态完全同步,尽量避免修正的误差;仪器安装部位选择在船右舷中间位置,姿态传感器安装在能准确反映测船或多波束换能器姿态的位置,其方向线平行于船的艏艉线,如图 3-17 所示。

a) 扫海中的姿态仪

b) 扫海仪器界面

图 3-17 扫海作业

3.3.2 船舶定位

(1)船舶进位前组织交通船对风场渔网情况进行排查,以机位为中心对周围情况进行观察并记录渔网位置,避免渔网影响起重船锚位布置。

(2)起重船由拖轮拖带至风场机位后,根据提前计算的锚点坐标依次抛锚初步定位,通过可视化软件"海洋工程施工船舶管理系统"确定主要工作锚具体位置,并实时显示起重船及拖轮之间的相对位置关系。船舶就位的最终位置应根据现场水流、风向决定,过程中以船头顶涌为主,并根据现场变化实时调整,如图 3-18 所示。

(3)起重船抛锚完成后,通过绞锚移船[船上配备全球定位系统(Global Positioning System, GPS)]精确定位至指定机位坐标。

3.3.3 稳桩平台安装

1)稳桩平台定位及调平

稳桩平台采用起重船主钩起吊,按照稳桩平台上预设吊点,对 4 个吊点水平吊装,每个吊点采用一根无接头钢丝绳圈，抱桩器朝向与起重船船身垂直；从起重机平台上引出两根缆风绳交叉绑在下层抱臂平台上，以控制平台方向；通过船舶定位系统进行稳桩平台的初步定位，如图 3-19 所示。

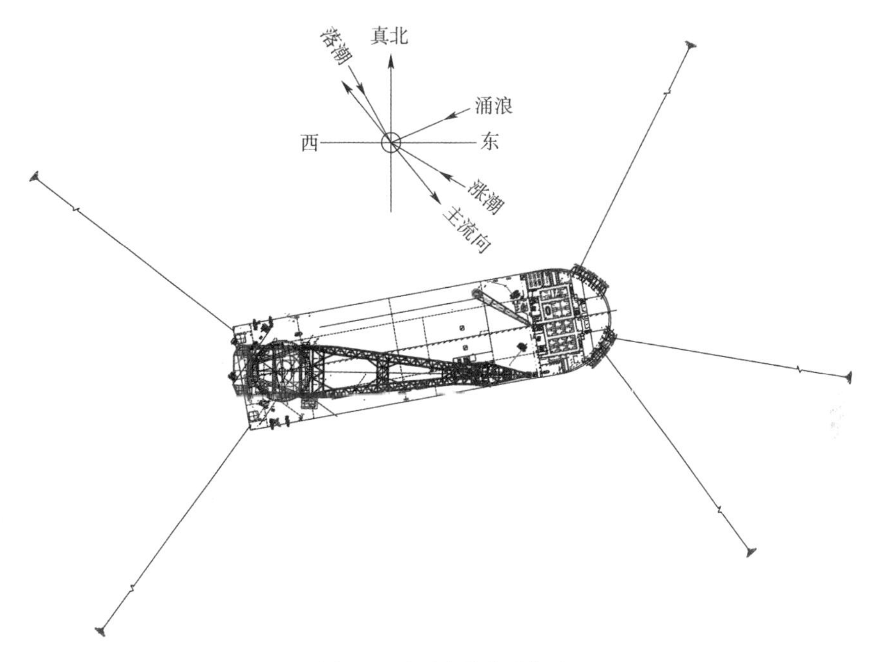

图 3-18 起重船就位示意图

起重船起吊平台放至机位中心附近，履带起重机通过吊笼将测量人员吊至稳桩平台，使用全球精密定位服务（RTX）精确定位机位中心，通过调整臂架及绞锚移船缓慢调整平台位置，然后下放平台至泥面，平台调整过程中多次测量机位中心坐标及稳桩平台平整度，直至中心偏差控制在要求范围以内，稳桩平台平整度调整完成后再解除主钩钢丝绳（钢丝绳留在稳桩平台上）。

图 3-19 稳桩平台初步定位

2）辅助桩沉桩及平台固定

辅助桩通过振动锤夹持进行下放，起重船副钩起吊振动锤，锁具钩起吊液压油管马鞍，小钩通过吊带吊起油管中部。旋转臂架并调整变幅直至振动锤在辅助桩桩顶上方，下放副钩使振动锤夹具夹紧辅助桩，稍微上提辅助桩将定位插销从插销孔内拔出；缓慢下放副钩直至副钩钢丝绳松至没力后，把 3 块楔形块插入桩与平台的间隙内，使桩与平台临时固定，松掉振动锤夹具，如图 3-20 所示。

辅助桩临时固定后，焊接平台与桩之间的连接板，如图 3-21 所示，每根桩焊接连接板数量不少于 4 块,同时振动锤进行第二根辅助桩的沉桩,用相同的方式对其余辅助桩进行沉桩下放及连接板焊接,完成后对焊缝质量进行检查。

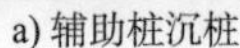

a) 辅助桩沉桩

b) 平台临时固定

图 3-20　辅助桩沉桩及平台固定

平台 4 根辅助桩沉桩完成后,旋转臂架至振动锤工装上方,臂架旋转过程中调整索具钩以便放置好油管;缓慢下放副钩,施工人员通过拉拽振动锤上缆风绳使振动锤放置于工装上,最后将副钩上钢丝绳解除。

3.3.4　运输船进位

稳桩平台定位安装完成后,起重船绞锚离开稳桩平台一定距离,同时使用履带起重机将两个靠球吊至起重船左舷进行固定,如图 3-22 所示,运输船在起重船船长的指挥下靠泊起重船左舷的靠球处。

图 3-21　连接板焊接

图 3-22　靠球起吊

运输船靠近起重船后,履带起重机将与运输船船尾连接的缆风绳从起重船吊至运输船上,同时施工人员直接将与运输船船首连接的缆风绳通过牵引绳拉至运输船上,之后运输船上人员将缆风绳套在锚柱上固定,如图 3-23 所示。

a) 运输船靠泊

b) 运输船进位

图 3-23 运输船进位

3.3.5 单桩验收及附属构件倒驳

运输船进位完成后，相关单位联合验收单桩，对桩身油漆、外观、海缆牵引绳等进行验收，并对内平台、套笼、紧固装置、接地母排、接地线及配套螺栓等随船物料进行清点。

验收过程中，将内平台及其上零散件一起倒驳至起重船上。施工人员在运输船上至套笼顶部进行钢丝绳的挂设，并在套笼上绑扎两根缆风绳，以便起吊过程中控制套笼方位，同时切割工进行套笼支墩的割除，在支墩与甲板的连接处进行切割；切割完成后，起升副钩将套笼吊至甲板，施工人员将支墩焊接于甲板上，焊接完成后再解除套笼上钢丝绳，如图 3-24 所示。

a) 内平台倒驳

b) 套笼倒驳

图 3-24 单桩附属构件倒驳

3.3.6 单桩起吊翻身

根据单船起桩工艺，结合桩长、吊耳到桩顶的距离等选择合适长度的主吊索及溜尾钢丝绳（由多段钢丝绳组成）。

1）吊点挂设

（1）套笼倒驳完成后，进行主钩吊索具的挂设。使用索具钩将平衡梁的上部吊带挂到主钩的左右钩齿上，将连接扁嘴钩的溜尾钢丝绳挂到主钩前钩齿上，连接溜尾钢丝绳的牵引绳挂到副钩上；采用履带起重机将施工人员吊至桩顶上方，施工人员将两根缆风牵引绳分别布置于靠近桩顶及桩尾的位置，为后续桩身缆风绳的绑扎做好准备，如图3-25所示。

a) 钢丝绳挂设主钩

b) 缆风绳布置

图3-25　吊索具挂钩

(2)物料倒驳完成后，开始吊点挂设。起重船旋转臂架至单桩上方，同时履带起重机开始起吊扁嘴钩，将扁嘴钩与单桩底部相连，连接完成后履带起重机下放吊钩保持钢丝绳处于松弛状态，然后旋转臂架下放主吊钢丝绳至单桩主吊耳处，通过缆风绳先将外侧的主吊钢丝绳挂设于吊耳上，再用同样的方式将内侧的钢丝绳挂设于单桩吊耳上，如图3-26所示。

a) 单桩吊耳钢丝绳挂设

b) 桩尾扁嘴钩挂设

图3-26　单桩吊点挂设图

(3)主吊钢丝绳挂设完成后,从起重机平台的锚机上引出两根缆风绳,通过缆风牵引绳将缆风绳套在桩身上,再使用卸扣将缆风绳进行固定,缆风牵引绳一端绑在卸扣上,另一端与卷扬机连接,以便后续缆风绳的解除。

2)单桩起吊

待所有钢丝绳索具挂好后,将驳船上的工作人员使用履带起重机通过吊笼吊回甲板。开始缓慢起升主副钩,同时派专人负责观察溜尾钢丝绳,防止在起吊过程中,钢丝绳跳槽脱钩;当溜尾钢丝绳达到绷紧状态(但未受力时),单桩主吊耳部位钢丝绳已经受力;届时主钩上升,通过起重机大臂补偿来找桩重心位置,缓慢起吊,待溜尾钢丝绳完全受力,单桩开始水平起升,单桩起升至合适高度后,运输船解除缆绳驶离主作业船,如图3-27所示。

图3-27 单桩起吊

3)立桩

(1)运输船离泊后,起重船绞锚靠近稳桩平台,在距离稳桩平台一定距离后,主钩缓慢下降(副钩跟随主钩同步升降),使单桩入水。在单桩缓慢落入泥面的过程中,起重指挥人员通过对讲机随时与起重机操作员保持联系,观察主钩吨位,当主钩的吨位降低约溜尾重量时,开始提升副钩,进行溜尾钢丝绳脱钩作业,牵引绳在副钩的提升下将溜尾钢丝绳从主钩的钩槽里拖拽出来完成下吊点脱钩,如图3-28所示。

(2)待溜尾钢丝绳脱钩完成后,提升副钩一定高度,确定扁嘴钩已经脱钩;主钩上升后开始竖立单桩,同时起重船朝桩尾方向绞锚移船;在单桩竖立的过程中,当左缆风绳露出水面时使用锚机绞牵引绳,绞至甲板面进行解除,然后启动起重机平台锚机将缆风绳收回,右缆风露出水面后用同样的方法回收,如图3-29所示。继续起升主钩,单桩竖直后,提升副钩使扁嘴钩处于刚露出水面的位置。

图3-28 单桩入水脱钩

图3-29 单桩竖立

3.3.7 单桩入龙口及塔筒门方向调整

(1)起重船缓慢绞锚移船,单桩靠近稳桩平台时调整臂架并绞船配合将单桩缓慢送入龙口;入龙口前抱桩器上下抱臂提前打开,内侧上下层油缸顶升收回防止被碰损,如图3-30所示。

(2)单桩进入龙口后,调整主钩吊高使单桩入泥以稳定单桩,再合龙抱桩器。指挥人员先将一侧的抱臂合龙再合龙另一侧的抱臂;待两个抱臂合龙后,履带起重机将两个销轴起吊至销孔,在施工人员的辅助下并通过调节抱臂的回转油缸,以完成上下两个抱桩器的销轴安装,如图3-31所示。

图3-30　单桩入龙口

图3-31　抱臂合龙及销轴安装

(3)调整塔筒门方向。在桩身上绑扎钢丝绳,从起重船牵引一根缆风绳通过卸扣连接钢丝绳;拖拽缆风绳旋转桩身以调整塔筒门方向,当桩身塔筒门方向到正西方向后,开始下放主钩以稳定单桩,如图3-32所示。

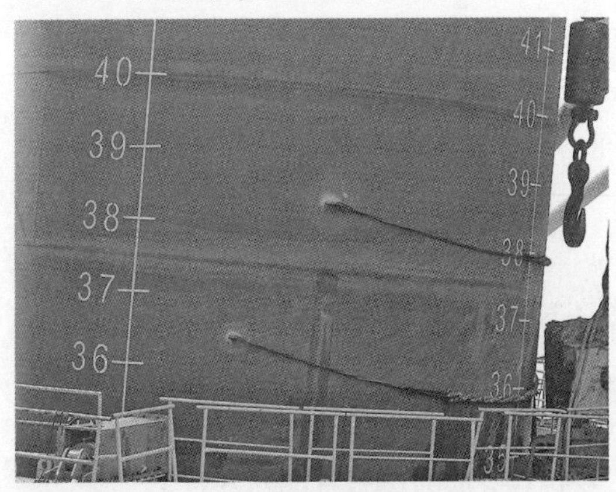

a)吊耳钢丝绳连接

b)拖拽缆风绳旋转桩身

图3-32　塔筒门方向调整

3.3.8 单桩沉桩施工

1)单桩自沉

(1)缓慢下放主钩,测量人员使用两台全站仪,通过扫边法测量单桩的垂直度,每自沉一段距离(2～3m)测量一次,当单桩的垂直度偏差超出一定范围时,通过调节各个顶推油缸修正单桩垂直度,修正之后再次测量单桩垂直度,直至在控制范围以内再继续沉桩。

(2)自沉过程中,可通过边下放主钩边测量的方式控制垂直度,当垂直度变化较大时,通过顶推油缸进行调整,直至单桩自沉结束主吊钢丝绳松软;单桩自沉完成后静止一段时间,观察单桩是否自沉到稳定状态,然后再将主吊钢丝绳从吊耳处脱离,如图3-33所示。

a) 吊耳不入水钢丝绳脱离

b) 吊耳入水钢丝绳脱离

图3-33　钢丝绳脱离

①吊耳不入水:缓慢下放主钩,过程中注意观察吊梁与桩顶的距离,通过调整臂架进行吊耳钢丝绳的脱离。

②吊耳入水:缓慢下放主钩,过程中注意观察吊梁与桩顶的距离,通过旋转臂架及拉缆风绳(缆风绳在自沉过程中已绑扎好)的方式进行吊耳钢丝绳的脱离;脱离过程中,注意观察钢丝绳与桩身的相对位置,当水面处的钢丝绳偏离原位置且呈松弛状态,说明钢丝绳已脱离吊耳;两根主吊钢丝绳脱离完成后,起升主钩,过程中观察主钩吨位,当吨位变大时,主吊钢丝绳可能未脱离,此时可再次调整臂架解除吊耳钢丝绳。

(3)吊耳处钢丝绳解除完成后,先提升副钩及锁具钩,将扁嘴钩吊至平台上方,再提升主钩并旋转臂架,将主钩吊索具及溜尾钢丝绳和扁嘴钩放回甲板面上;在扁嘴钩回到甲板面前使用消防水枪将钩上的淤泥冲掉,保证扁嘴钩及甲板面干净不会有淤泥散落。

(4)主钩吊索具放至甲板后,使用履带起重机将上层抱桩器的销轴拆除并打开抱臂,以避免沉桩过程中抱臂夹断液压锤信号线。

2）安装工艺法兰

（1）操作平台放在工艺法兰之上，采用4根钢丝绳进行起吊，其一端连接到履带起重机吊钩上，另一端通过卸扣连接到工艺法兰的吊点螺栓上；测量人员及操作施工人员上到操作平台上，提升履带起重机吊钩，工艺法兰带动操作平台整体起吊，然后旋转臂架把人员及平台整体吊至单桩顶部，用螺栓将工艺法兰与单桩顶法兰连接起来，如图3-34所示。

a）工艺法兰起吊

b）工艺法兰安装

图3-34　工艺法兰起吊及安装

（2）测量人员通过全站仪测量桩顶法兰水平度，如图3-35所示，根据相对点的高差调整油缸；水平度测量完成后将测量结果（偏差数值及方位）报告给指挥人员，指挥人员通过调整顶推油缸的行程和压力调整法兰水平度，然后再次测量法兰的水平度，直至水平度满足要求后停止调节。

图3-35　桩顶法兰水平度测量

（3）工艺法兰安装完成后，将钢丝绳及卸扣转移到操作平台的4个吊点上，待桩顶法兰水平度调节完成后起升履带起重机，将人员及操作平台吊回起重船上，完成工艺法兰安装。

3）吊液压锤压桩

（1）使用履带起重机将施工人员送到液压锤锤顶，起重船索具钩吊起一根钢丝绳，施工人员将钢丝绳的另一端绕过液压锤钢丝绳与主钩钩齿上的辅助钢丝绳连接，起升索具钩将液压锤钢丝绳挂至主钩钩槽内。

（2）起锤时需注意保证油管和信号线朝向起重机方向，确保油管和信号线不发生扭曲，套锤时起重指挥和起重机操作员需配合好，避免锤帽碰撞桩身或桩顶，如图3-36所示。套锤过程中必须保证锤、桩的中轴线相吻合，当桩与锤接触后，分级加载锤的重量，此过程需全过程跟踪观测，如有异常时立即停止套锤，压锤结束后测量人员再次观测桩身数据。

4）锤击沉桩

（1）启动液压锤进行锤击沉桩，首先小能量单击1下，观察单桩贯入度情况；再采用小能量连击一阵,并对垂直度进行观察,若偏差较大,则通过顶推油缸进行调整。完成桩身垂直度调整后继续沉桩,过程中点动调节顶推油缸,以进行垂直度的调整;当桩继续入土 10m 时,每隔一定深度观测调整一次垂直度,直至单桩打至设计高程,如图 3-37 所示。

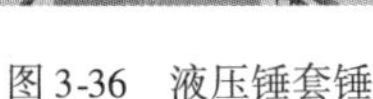

图 3-36　液压锤套锤

图 3-37　锤击沉桩

(2)整个锤击沉桩过程中,需结合地质资料和单桩贯入度控制锤击能量。启动沉桩时,打击能量要求由小到大,待桩入土一定深度且桩身稳定后再适当加大锤击能量。遇到软弱土层时,应适当降低锤击能量;遇到较硬土层时,应适当增加锤击能量,并有效控制锤击贯入度。

(3)为了防止溜桩,应根据地质资料判断溜桩层,在将要到溜桩层时降低能量,若发生了溜桩立即停锤,在溜桩结束锤体晃动停止后重新将液压锤套进桩顶,复测单桩垂直度,然后继续启动液压锤锤击沉桩。

(4)在桩顶高程即将达到设计高程时,停锤安装高应变检测设备,如图 3-38 所示。履带起重机将检测人员吊至稳桩平台下层平台,安装完成后继续进行锤击沉桩,检测过程中需控制单桩的贯入度。

图 3-38　高应变检测设备安装

(5)单桩沉桩到设计高程后,起吊液压锤到甲板面上存放。

3.3.9　高应变检测

(1)传感器采用碰撞螺栓安装固定。所需检测机位的单桩,在单桩出运前已进行打孔,根据高应变检测要求,用电钻在距离桩顶一定距离处对位打 7 个孔位(一侧 3 个,另一侧 4 个),具体打孔位置如图 3-39 所示。

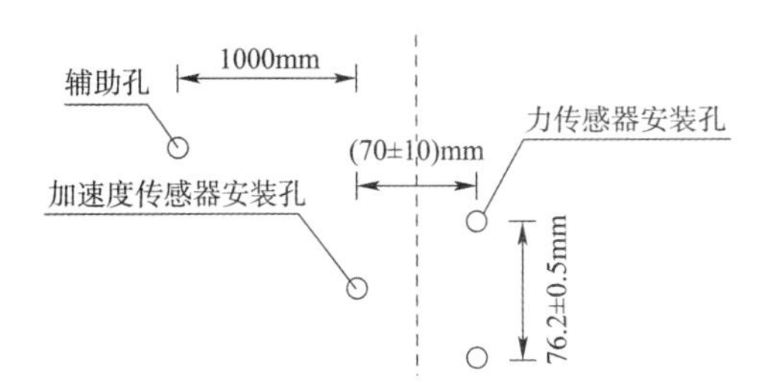

图 3-39　高应变检测设备安装孔位

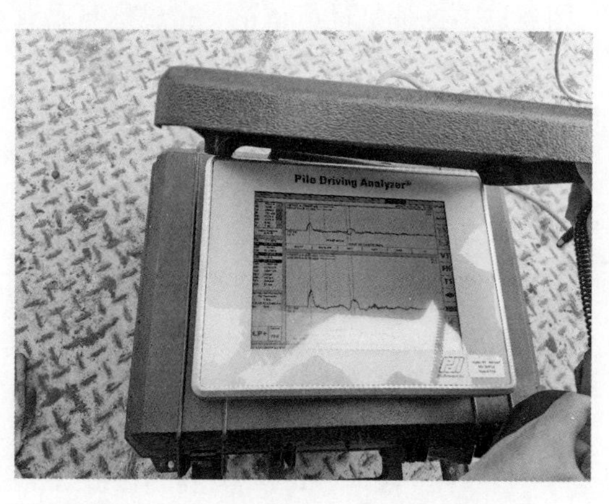

图 3-40　沉桩过程中进行高应变打桩检测

(2)单桩打至距设计高程还有 1.5m 左右时停锤,高应变检测人员借助顶推油缸安装高应变检测传感器。

(3)传感器安装完成后,继续沉桩并进行高应变打桩检测,如图 3-40 所示,沉桩至设计高程后拆除传感器。高应变打桩检测过程中,如出现打桩应力较大,及时通知指挥人员及操锤室减小锤击能量,防止打桩应力超过规范及设计桩身应力允许值;拆除传感器后,用外六 M8 尼龙螺栓对传感器安装孔进行封堵。

3.3.10　稳桩平台拆除

(1)单桩沉桩结束且液压锤放至甲板后,采用履带起重机,将抱桩器销轴拆除并打开抱臂;将平台与辅助桩的连接板焊缝割除,使平台处于自由状态。

(2)采用起重船副钩起吊振动锤,旋转臂架至辅助桩上方,通过夹具夹紧辅助桩,振松辅助桩并将其上提;辅助桩上提到位后,用插销固定辅助桩,然后用同样方法固定其余 3 根辅助桩,如图 3-41 所示。

(3)回转臂架至稳桩平台上部,挂设好平台钢丝绳,采用起重船主钩起吊,回转起重船臂架,将稳桩平台放置在机位附近并将主钩钢丝绳解除,待附属构件安装完成后,若需复打或无套笼安装则起吊稳桩平台至下一机位,如图 3-42 所示。

图 3-41　稳桩平台拆除

图 3-42　稳桩平台起吊移位

3.3.11　单桩复打

在沉桩后 7 ~ 14d 内进行单桩复打,复打完成后再进行内平台及套笼的安装,具体操作如下:

（1）起重船起吊稳桩平台至复打机位附近，按照设计锚位并结合水流风向进行抛锚就位。

（2）起重船抛锚完成后，旋转臂架将稳桩平台放置于机位附近，再通过锁具钩解除主钩钢丝绳，如图3-43所示。

图3-43　稳桩平台下放

（3）稳桩平台下放过程中，同步进行高应变检测设备的安装；采用履带起重机，通过吊笼将高应变检测人员吊至高应变孔（出场前已钻好孔）位置进行传感器的安装，最后将检测人员吊至甲板；履带起重机吊起工艺法兰带动操作平台一起吊至单桩桩顶上，工艺法兰安装完成后，将吊点转至操作平台，施工人员随操作平台一起吊至甲板，如图3-44所示。

a）高应变检测设备安装

b）工艺法兰安装

图3-44　高应变检测设备安装及工艺法兰安装

（4）液压锤钢丝绳通过锁具钩挂设于起重船主钩，起重船旋转臂架将液压锤吊至单桩桩顶上方，缓慢下放主钩直至液压锤套进桩顶。

（5）复打检测桩的锤击能量应按照检测单位的要求进行，复打完成后，高应变检测人员对数据进行初步处理，待结果满足要求后再将液压锤起吊至甲板，然后使用履带起重机将检测人员吊至单桩附近进行高应变检测设备的拆除；履带起重机起吊操作平台至桩顶上，施工人员将操作平台上吊点转移至替打法兰上，起升吊钩将替打法兰及操作平台一起吊至甲板。

3.3.12　单桩基础附属施工

（1）替打法兰拆除完成后，采用4根吊带进行内平台吊装，其一端挂设于履带起重机吊钩，另一端通过卸扣与内平台的吊耳相连；内平台起吊前先将接地线及配套螺栓等散件放至内平台上。

(2)工具及内平台散件准备齐全后，起吊内平台至单桩上方，缓慢下放吊钩，进入桩内后，工作人员配合撬棍调整塔筒门方向，将内平台塔筒门方向红线与单桩上塔筒门方向对齐；为确保内平台上孔位与环板上螺栓孔对中，施工人员在多个方位同时使用撬棍进行微调，对位完成后解除内平台上吊带，如图 3-45 所示。

a) 内平台起吊安装

b) 内平台对位

图 3-45　内平台起吊对位安装

(3)施工人员将内平台螺栓安入孔中，再用电动扳手进行紧固，若螺栓拧不进去，可以用丝锥攻丝配合；同时对连接平台舱门及平台板面的接地线进行检查，若有磨损则采用胶带进行缠绕防护，如图 3-46 所示。

a) 沉头螺栓安装

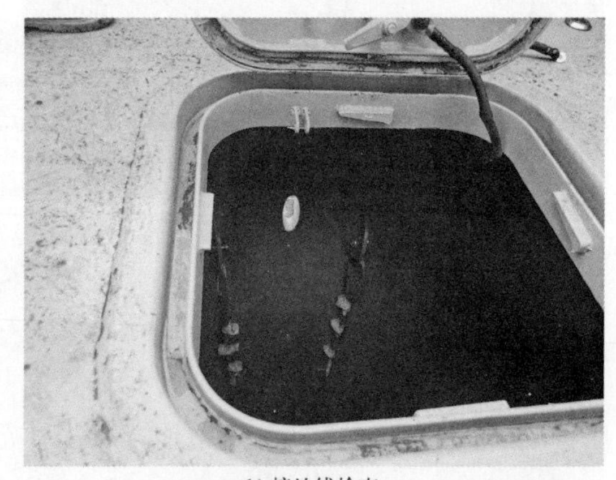

b) 接地线检查

图 3-46　沉头螺栓安装及接地线检查

(4)沉头螺栓安装过程中，同步进行接地线及接地母排的安装；接地线两端分别安装于内平台及环板上的接地柱上(出场前已完成焊接)，接地母排安装于单桩内侧接地柱上(出场前已完成焊接)，如图 3-47 所示。

(5)内平台安装完成后，采用副钩起吊套笼，起重船旋转臂架至套笼顶部，施工人员通过套笼爬梯到顶部挂设好钢丝绳；钢丝绳挂设完成后切割工切割套笼支墩，然后起升副钩将套笼吊起旋转至单桩上方准备安装套笼，如图 3-48 所示。

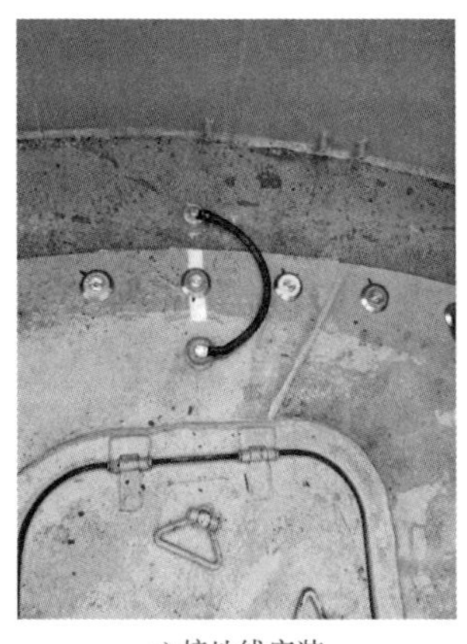

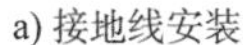

a) 接地线安装

b) 接地母排安装

图 3-47　接地线及接地母排安装

(6)缓慢下放副钩,防止发生摩擦、磕碰,避免造成套笼及桩基保护层的损伤。在套笼下放至与单桩顶平齐时,从起重机平台引出一根缆风绳到套笼顶部,通过缆风绳旋转套笼的方向,根据桩身及套笼上的塔筒门标识线,使其安装方向与塔筒门方向一致,套笼方位调整完后下放副钩,使燕尾槽担在桩身的牛腿上,如图 3-49 所示。

图 3-48　套笼钢丝绳挂设

图 3-49　套笼下放方位调整

(7)套笼下放完成后,进行紧固装置的安装。采用履带起重机起吊操作平台,起吊前先将紧固装置及配套螺栓、油漆等放至操作平台内。吊起操作平台靠至套笼圈梁上,套笼顶上施工人员拉拽绳子,操作平台上施工人员进行紧固装置的对位安装,安装完成后使用电动扳手将螺栓拧紧,使用同样的方法依次安装剩余紧固装置,同时施工人员对桩身及套笼油漆进行修补，如图 3-50 所示。

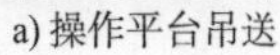
a) 操作平台吊送

b) 紧固装置对位安装

图 3-50　套笼紧固装置安装

(8)施工人员将接地线一端安装于套笼接地柱上，并用电动扳手拧紧，对于无法拧紧的，采用丝锥进行攻丝。

(9)内平台安装完成后，相关单位人员、测量人员、超声检测(Ultrasonic Testing, UT)探伤人员及操作人员乘吊笼到达桩顶进行验收，主要验收接地线安装、油漆修补、套笼紧固装置安装、桩顶法兰水平度及法兰表面损伤情况等。

3.4　大直径单桩基础拖泥施工技术

本项目单桩桩长较长、桩径较大，部分机位在吊高计算阶段及实际施工过程中出现不同程度的拖泥情况。鉴于此，在本项目建设中，结合项目工程特点，根据现有船舶资源配置，结合已有的单船单钩施工工艺对其进行优化，使其更好地为工程所用。

采用单艘全回转起重船，在完成大直径单桩的起吊工作后，通过移船缩短单桩与稳桩平台距离，完成单桩的翻身；并通过起重臂架的旋转、抬升、下趴，以及起重船舶不同方位的绞锚移动，灵活带动单桩进行旋转，将单桩调整至最佳方位及倾斜角度；调整完成后在船身与单桩连接处放置靠球，并将单桩喂入稳桩平台龙口中；最后合龙稳桩平台上层抱臂，借助起重臂架，以稳桩平台为支撑点，使单桩达到竖直状态，辅助单桩进入龙口，实现拖泥机位单桩沉桩。拖泥施工工艺流程如图 3-51 所示。

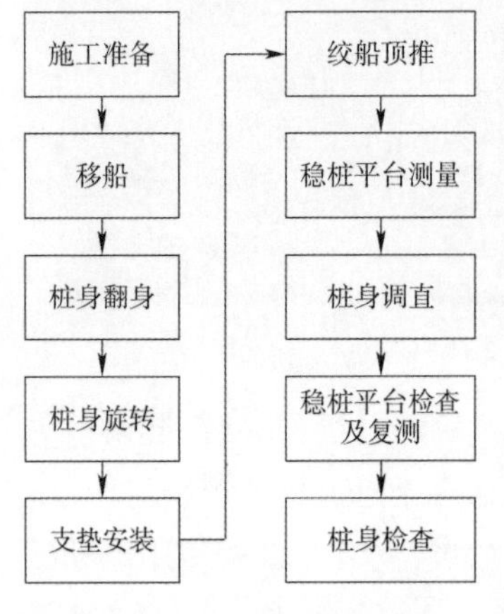

图 3-51　拖泥施工工艺流程

对于存在单桩拖泥情况的机位，可以通过以下措施减小拖泥深度。

1)通过吊耳位置变更、吊索具配置等减少单桩拖泥深度

(1)吊耳位置设计变更。

结合设计图纸及起重船吊高、吊重参数，提前对单桩主吊

索具的配置进行分析。在满足吊高、吊重的要求下，为减少主吊索的配套数量，降低成本，结合各机位水深及地质条件，对设计吊耳的位置进行一定范围内的调整。

(2)平衡梁上下吊点调节。

本项目单桩起吊所用平衡梁尺寸为10.16m×1.7m×3.05m；平衡梁上下吊点可调节距离为1.7m，下部吊点纵向距离为9.3m。为灵活运用平衡梁进行单桩起吊，平衡梁下部配备有51m及55m长的无接头钢丝绳，平衡梁上下吊点的选择，可根据机位桩长、水深及计算入泥深度进行灵活调整，以达到减少桩底拖泥的目的。

2)根据潮水合理安排施工顺序

苍南县东部海域主要受东海潮波影响，潮汐具有规则半日潮特征，平均潮差4.4m，最大潮差7.3m。为合理利用潮差带来的有利影响，对于吊耳调整及平衡梁更换为上吊点后仍存在拖泥的机位，尽量选择高潮位进行单桩拖泥入龙口施工，以减小单桩拖泥深度。

3)反向调载压载水

在起吊单桩时，为了使船舶处于适合起重作业的浮态，必须反向加载大量压载水，以部分抵消起吊重物时产生的横倾力矩。同理，在安全范围内灵活调整压载水，使起重船向起吊另一侧一定程度倾斜，从而提高主起重机的起升高度，以减小单桩拖泥深度。

3.4.1 施工准备

起重船起吊稳桩平台，利用RTX进行精确定位；稳桩平台安装完成后，起重船绞锚远离稳桩平台，运输船开始进位；将平衡梁上的吊点更换为上吊点后，起重船起吊钢丝绳对单桩进行吊点挂设；待所有钢丝绳挂设完毕后，主副钩缓慢起升，并通过起重机大臂补偿来找桩重心位置，溜尾钢丝绳受力完全后，单桩开始水平起升，直至单桩起升至合适高度后，运输船解除缆绳驶离主作业船。运输船进位及出位如图3-52所示。

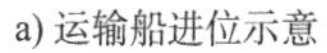

a)运输船进位示意

b)单桩起吊

图3-52 运输船进位及出位

3.4.2 起重船移位

单桩起吊完成后，起重船通过绞左前及左后锚靠近稳桩平台，如图3-53所示。通过载波相位差分技术(RTK)或测距仪，对船舶实时位置进行动态监测，当船艏距离稳桩平台约

50m 位置后停止移船。起重船绞锚到位后，再通过调节起重船前中锚或后中锚，使起吊状态下的单桩桩底对准稳桩平台抱臂中心，同时起重船船身与稳桩平台保持垂直，为后续顶推单桩入龙口做准备。

3.4.3 单桩入水翻身

起重船定位完成后，主钩缓慢下降(副钩跟随主钩同步升降)，使单桩入水。在单桩缓慢落入泥面的过程中，起重指挥人员通过对讲机随时与起重机操作员保持联系观察主钩吨位，当主钩的吨位降低约溜尾重量时，开始提升副钩，进行溜尾钢丝绳脱钩作业，牵引绳在副钩的提升下将溜尾钢丝绳从主钩的钩槽里拖拽出来完成下吊点脱钩，如图 3-54 所示。

图 3-53　起重船移位

图 3-54　单桩入水翻身

3.4.4 桩身旋转

单桩翻身完成后，因桩底触泥影响，桩身会产生一定的倾斜，桩顶靠近起重船船尾、桩尾靠近起重船船头方向，且倾斜方向平行于船体。为便于后续旋转桩身调整桩身倾斜方向，立桩完成后，通过上下调节主钩保持单桩倾斜度在 10°左右为宜。倾斜度调整完成后开始进行桩身旋转，如图 3-55 所示。

1)绞锚移船

起重船通过绞左前锚及左后锚，相应地放松右前及右后方的锚缆，使起重船向靠近稳桩平台方向横移，如图 3-56 所示。横移过程中，起重臂架保持不动，将起重船与起重臂架视为一个整体，以单桩入泥桩底为旋转中心，借助起重船绞锚带来的垂直于船体方向的力，单桩可以被主钩及钢丝绳上传来的力带动，从而以顺时针缓慢旋转。

当起重船船舷距离单桩约 5m 位置时，起重船停止绞锚，保持一定的安全距离，此时单桩顺时针旋转约 35°。绞船过程中控制移船速度为 2m/min，并安排专人观察船身及臂架钢丝绳受力状态，避免桩身旋转过快，旋转过程中臂架产生斜向拉力，引发臂架钢丝绳脱轨等安全问题。

图 3-55 桩身旋转

图 3-56 绞锚移船

2）臂架旋转

绞锚移船至最大限度后，起重船所有锚缆收紧保持船身稳定。此时，从船尾方向开始，顺时针向船头方向旋转起重臂架，如图 3-57 所示。以单桩桩底为旋转中心，单桩借助起重臂架传来的力，带动吊梁及吊索系统一同进行旋转，旋转过程中注意控制臂架旋转速度在 3°/min 以内。为保证后续顶推施工过程中臂架受力在安全范围内，当起重臂架旋转至与船舷夹角约 50°时停止旋转臂架，此时桩身旋转角度大小与臂架旋转角度大小基本相同，桩身整体旋转约 75°。

3）移船及臂架微调

为保证单桩倾斜方向旋转至垂直于船舷方向，当起重臂架旋转至最大受力角度后，若桩身旋转仍未到位，此时绞起重船船首的 3 根锚缆，使起重船向前移动。因起重臂架靠近船首方向，且桩身与起重船夹角远大于 45°，当起重船绞锚向前后，起重臂架将带动桩体沿桩底顺时针旋转，旋转到位后，停止绞船，如图 3-58 所示。此外，在桩身旋转最后调整阶段，起升臂架顺时针旋转桩身。

图 3-57 臂架旋转

图 3-58 移船及臂架微调

因后续单桩入龙口时桩身倾斜角度不宜过大，否则上层抱臂难以合龙，需在顶推或顶推前将桩身倾斜度由 10°调整至 5°左右。因此，在桩身旋转的最后调整阶段，需同时结合移船及臂架抬升带来的角度影响,根据现场实际需求进行综合处理。

3.4.5 靠球安装

采用起重船船体进行顶推,顶推时会对起重船船舷局部产生较大的压力,因此顶推点需在船体强构件处(例如在船尾横舱壁、船体外侧横舱壁处安装防撞木)选择,以保证船身整体构件不受损坏。因此,在桩身旋转过程中,需考虑顶推点的位置,在保证单桩旋转角度的同时,对相应的臂架旋转角度或者船位进行适当修改。

顶推位置处悬挂靠球,确保顶推点、靠球、稳桩平台抱臂中心“三点一线”,且船身垂直于该直线,如图 3-59 所示。若船身与其有夹角,则通过调整锚缆旋转船身,以保证船身与该线垂直。确定完成后将靠球通过自身锁链及钢丝绳固定在起重船上,靠球两端松紧适度,防止挤压不当产生错位。

3.4.6 绞锚移船顶推

靠球安装完成后,起重船绞锚向稳桩平台方向移船,使桩身紧贴靠球,同时起重臂架缓慢抬升,将单桩桩身倾斜度控制在 5°左右,继续绞锚开始单桩拖泥入龙口,如图 3-60 所示。入龙口前抱桩器上下抱臂提前打开,内侧上下层油缸顶升收回防止被碰损。

图 3-59 靠球安装

图 3-60 绞锚移船顶推

若靠球、桩身及抱臂处于一条直线时,可直接开始使用起重船顶推单桩进入龙口;若由于前期翻桩导致单桩桩底未对准稳桩平台抱臂,在顶推入龙口时,先调整起重船船位,即:以单桩和稳桩平台抱臂为一条固定直线,起重船通过调整锚缆,以单桩为转动中心、靠球为接触点进行船位调整,使三者处于同一直线上。调整过程中注意桩身倾斜方向正对稳桩平台抱臂。调整完成后,开始绞锚移船顶推单桩进入龙口。

1)控制锚缆受力

起重船通过绞左前锚及左后锚,向靠近稳桩平台方向处移船。绞锚移船过程中,需时刻观察锚缆受力情况。为保证施工安全防止走锚情况发生,主受力锚缆最大不超过其承载力的80%。

2)控制移船速度

采用单桩顶推入龙口方式,桩身整体缺少水平方向的固定控制,受桩底拖泥影响容易与靠球产生滑移,因此,顶推过程中绞锚移船速度控制在1m/min。顶推过程中桩底淤泥会产生一定的堆积,使臂架受到的力不断增加,为保证施工过程的安全性,控制臂架受力不超过单桩吊重总量的10%。当起重臂架受力增加到最大受力后停止绞锚移船,待起重臂架受力变小后,继续绞锚移船顶推单桩,直至单桩进入龙口。

3.4.7 稳桩平台测量

单桩在起重船的顶推下移动至稳桩平台龙口处,此时因桩底拖泥影响,桩底附近淤泥产生堆积。因此,在单桩进入龙口前以及单桩彻底进入龙口后,需要使用全站仪对稳桩平台水平度进行两次测量,防止因淤泥堆积导致平台前端隆起或平台滑移,保证机位中心偏差不变,同时稳桩平台水平度控制在要求范围以内。若稳桩平台水平度过大,则需安排潜水员下水进行水下摸查,查明水下淤泥堆积程度及堆积位置,并采取相应的解决方式进行处理。

3.4.8 桩身调直

单桩进入龙口后,桩身仍处于倾斜状态,导致下层抱桩器难以合龙。首先进行上层抱臂的合龙及销轴安装,同时将抱臂靠近起重船一侧的两个油缸顶出,如图3-61所示;以稳桩平台上抱臂外侧油缸为支点,缓慢提升臂架收起变幅,可以借助桩顶向外的力使桩底靠近稳桩平台,在降低单桩拖泥深度的同时,使桩身进入下层抱臂达到竖直,过程中注意主钩及钢丝绳受力情况。单桩竖直后,将下层抱桩器合龙,并安装好销轴。

下层抱臂合龙后,上下顶推油缸顶出,对桩身整体垂直度进行初步调直,如图3-62所示。

图3-61 上抱臂合龙

图3-62 桩身调直

3.4.9 稳桩平台检查及复测

桩身调直结束后,使用全站仪测量稳桩平台水平度,观察平台是否因桩身调直受到影响;同时平台人员检查4根辅助桩马板是否存在开裂、变形。

3.4.10 桩身检查

确保稳桩平台无误后,对单桩吊耳进行检查,防止其受力过大产生变形,或钢丝绳摩擦导致防腐涂层大片脱落;检查主钩钢丝绳及吊索具是否正常,有无脱钩或较大磨损;检查桩身整体垂直度,是否因起重船顶推产生弯曲;检查桩身与靠球接触部位椭圆度,是否产生变形。

待桩身垂直度调整完成且桩身及稳桩平台检查无误后,开始调整塔筒门方向,并进行后续单桩沉桩施工,工艺见大直径单桩基础常规施工技术。

3.5 施工测量技术

单桩基础施工测量内容包括稳桩平台定位、桩身方向测量、桩顶高程测量、桩顶法兰水平度测量,其中定位可使用RTX高精度星站差分或RTK进行,高程测量使用RTK和全站仪进行,垂直度测量使用全站仪,水平度测量使用水准仪进行。

3.5.1 稳桩平台定位

测量人员在稳桩平台上布设两个定位放样点A、B,并沿稳桩平台短边(横向)方向安装两个全站仪固定支架。桩中心坐标点为C点,A、B、C三点同在稳桩平台中轴线上,A、B两点的距离为10m,B、C两点距离为7.13m,稳桩平台布点示意图如图3-63所示。

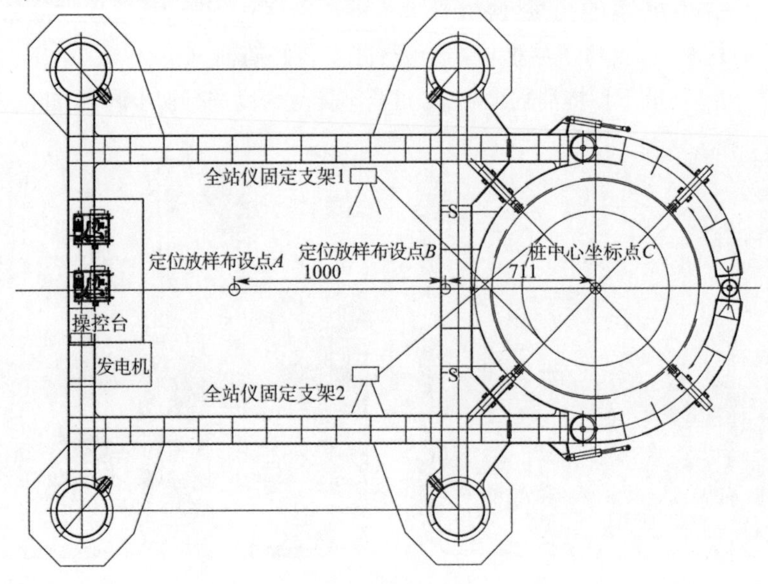

图3-63 稳桩平台布点示意图(尺寸单位:cm)

根据稳桩平台实际方位以及桩心设计坐标，画出稳桩平台的CAD图纸，在CAD中标出定位放样点A和B的设计坐标。

将A、B两点设计坐标输入RTK移动站对两点进行放样，对比放样坐标与设计坐标，计算出稳桩平台的偏差值，根据偏差值对稳桩平台位置进行调整。

稳桩平台下放稳定后，使用RTK移动站读取A、B点的实际坐标，然后在CAD中绘出图3-64所示的A'、B'点，推导出桩中心的实际坐标$C'(x'_c, y'_c)$。桩中心偏距l计算公式见式(3-20)：

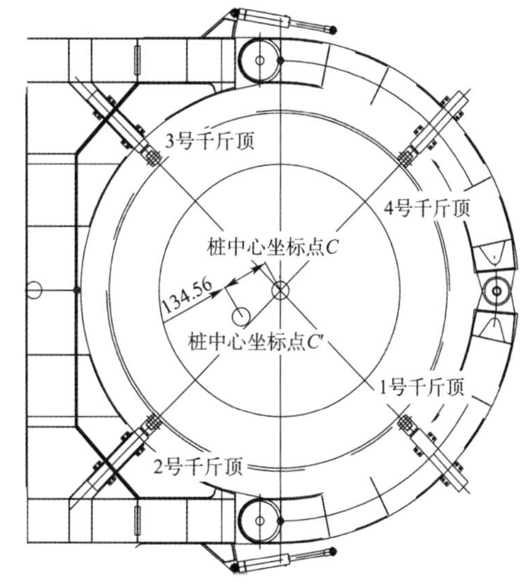

图3-64 桩中心偏距示意图

$$l = \sqrt{(x'_c - x_c)^2 + (y'_c - y_c)^2} \tag{3-20}$$

式中：x_c、y_c——桩中心设计坐标；

x'_c、y'_c——桩中心实际坐标；

l——桩中心偏距。

3.5.2 桩身方向测量

单桩入稳桩平台抱桩器后，通过转桩完成塔筒门方向调位。量出塔筒门方向标识线与千斤顶中心的弧长L，根据稳桩平台的扭角对塔筒门偏差角度进行修正，计算塔筒门的偏差角度。塔筒门方向偏差示意图如图3-65所示。

若稳桩平台实际定位走向为正南北方向时，塔筒门偏差角度θ_1计算公式见式(3-21)：

$$\theta_1 = \frac{L}{2\pi R} \times 360° \tag{3-21}$$

式中：L——弧长；

R——代表桩身半径；

θ_1——塔筒门偏差角度。

当稳桩平台未能定位在正南北方向上，与正北方向存在一定的偏角α，如图3-66所示，稳桩平台偏差角度α计算公式见式(3-22)：

$$\alpha = \arctan \frac{x_2 - x_1}{y_2 - y_1} \tag{3-22}$$

式中：x_1、y_1——A_1点的纵向、横向坐标；

x_2、y_2——B_1点的纵向、横向坐标。

此时塔筒门累计偏差角度θ计算公式见式(3-23)：

$$\theta = \theta_1 + \alpha \tag{3-23}$$

式中：θ——塔筒门累计偏差角度，若为负数则在塔筒门逆时针方向，若为正数则在塔筒门顺时针方向；

θ_1——塔筒门偏差角度；

α——稳桩平台偏差角度。

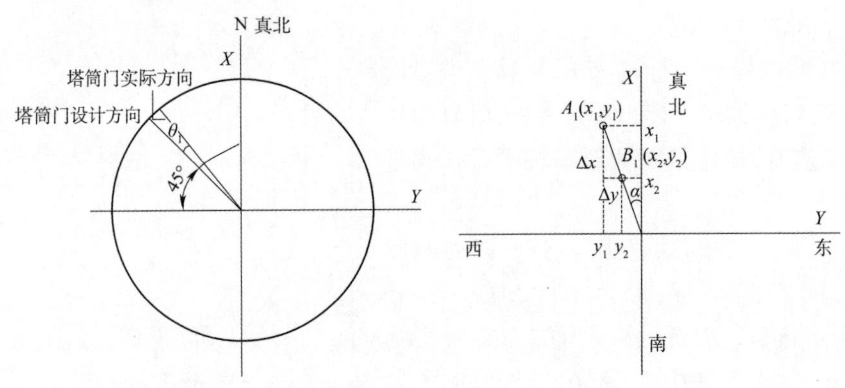

图 3-65　塔筒门方向偏差示意图　　　　图 3-66　稳桩平台与正北方向扭角示意图

3.5.3　桩身垂直度测量方法

单桩垂直度测量包括自沉和锤击沉桩两阶段，两阶段的测量方式相同。单桩自沉时，使用两台全站仪同时正交扫测变径段上部直线段边缘母线，桩身垂直度测量示意如图 3-67 所示。单桩每下沉 3m 进行一次垂直度测量，直至自沉结束。桩身垂直度计算公式见式(3-26)：

$$L^2 = L_1{}^2 + L_2{}^2 - 2L_1 \times L_2 \cos A \tag{3-24}$$

$$D = L'\tan C \tag{3-25}$$

$$B = \arcsin\left(\frac{D}{L}\right) \tag{3-26}$$

式中：L——上下观测点的距离；

L_1——全站仪至下部观测点距离；

L_2——全站仪至上部观测点距离；

A——全站仪垂直角度差；

D——上下观测点的水平距离；

L'——全站仪至观测点平距；

C——全站仪水平角度差；

B——桩身垂直度。

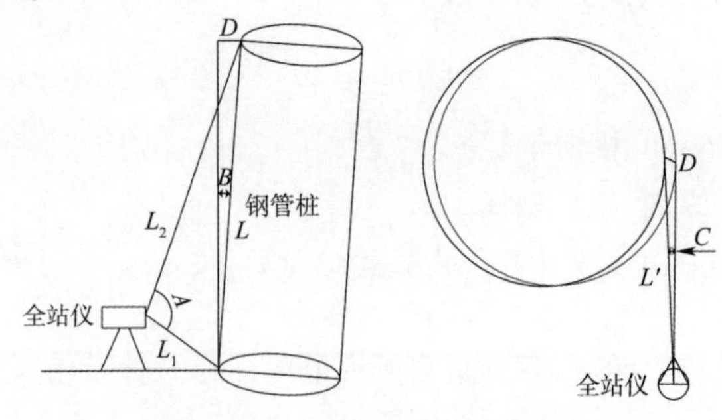

图 3-67　桩身垂直度测量示意图

单桩自沉完成及工艺法兰安装完成后，测量人员使用水准仪进行桩顶法兰水平度测量。若桩顶法兰水平度偏差在允许范围内，则进行沉桩施工；若桩顶法兰水平度偏差值超出允许范围，则通过稳桩平台抱桩器上的液压千斤顶调整，直至桩顶法兰水平度满足要求。桩顶法兰水平度调整完成后再次进行桩身垂直度测量，若测得桩身垂直度大于偏差允许范围，存在角度为 θ 的倾角时，后续沉桩过程中应保持桩身垂直度为 θ，如图 3-68 所示，以保持桩顶法兰面平整。桩身垂直度 θ 的计算原理同上。

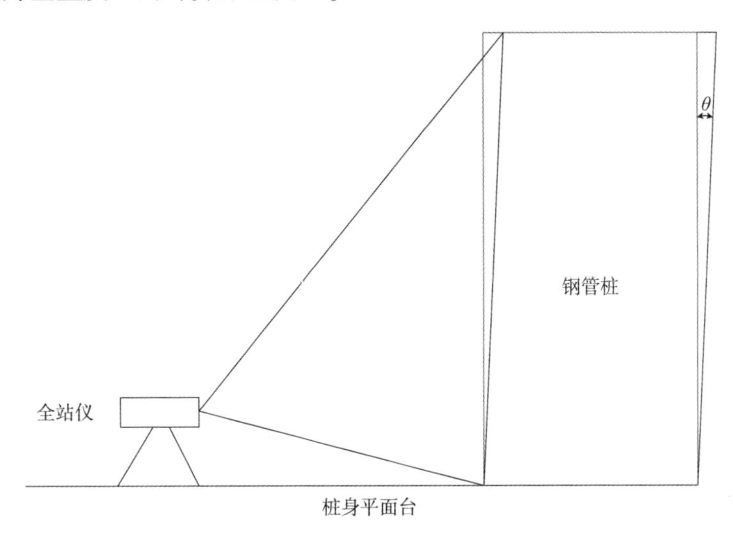

图 3-68　桩身垂直度偏差示意图

锤击沉桩过程中，单桩每打入 2～3m 进行一次垂直度测量，桩底突破不同岩层及溜桩后也需进行垂直度测量。当桩身垂直度偏差超出控制范围时，通过液压千斤顶调整单桩垂直度，测量人员复测单桩垂直度，直至垂直度偏差调整到允许范围内再继续沉桩。

3.5.4　桩顶高程测量方法

在单桩将要打至最后 3m 刻线时，使用 RTK 移动站测量固定架的高程，以固定架为高程测量控制点，然后使用全站仪测量标志点高程，计算出桩顶的实时高程，与设计高程对比确定是否打到高程。

由于液压锤锤套套在桩顶上，无法直接测得桩顶高程，故采用高程传递法进行测量。具体方法为：

（1）立桩前在桩顶以下 3m 位置标测量标志点 1，使用全站仪测量标志点 1 的高程，测量标志点 1 的高程加上 3m 可得出桩顶高程。

（2）随着单桩下沉，测量标志点 1 被稳桩平台遮挡，需提前在液压打桩锤锤帽底边以上位置标测量标志点 2。桩顶高程测量示意图如图 3-69 所示。

通过全站仪测得标志点 1 和标志点 2 的高程，计算出测量标志点 2 与桩顶的高差 H_0[见式(3-27)]。在后续沉桩过程中 H_0 为固定值，H_A 和 H_2 是变化值，通过测量标志点 2 的实时高程 H_2，计算出桩顶高程 H_A[见式(3-28)]。

$$H_0 = H_2 - H_1 - 3 \tag{3-27}$$

$$H_A = H_2 - H_0 \tag{3-28}$$

式中：H_A——桩顶高程；

H_1——标志点 1 的高程；

H_2——标志点 2 的高程；

H_0——桩顶与测量标志点 2 的高差。

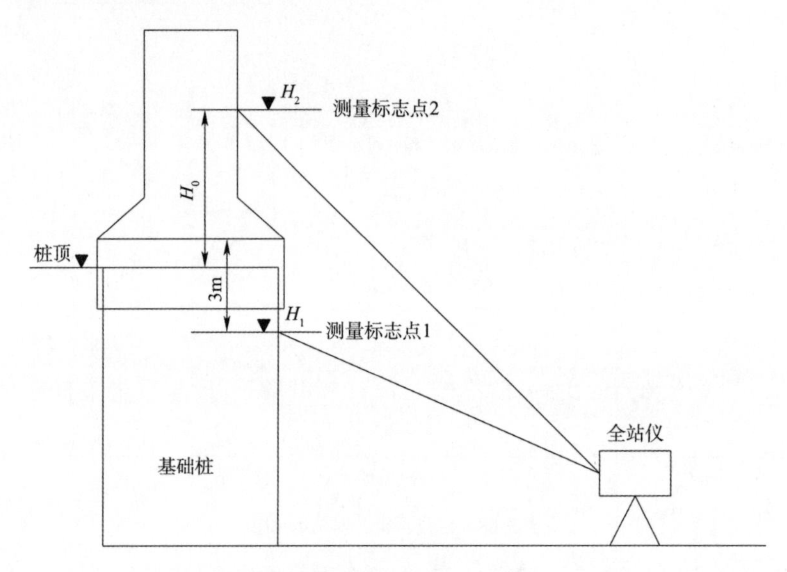

图 3-69　桩顶高程测量示意图

3.5.5　桩顶法兰水平度测量方法

沉桩完成后，使用水准仪测量桩顶法兰水平度。以正北方向为编号 1，按顺时针方向在法兰盘上选取等距的 8 个测点并用记号笔标记。将 8 个点分为 4 组，在同一直径上的两个点为一组，4 组分别为 1 与 5、2 与 6、3 与 7、4 与 8，如图 3-70 所示。水准仪架设在单桩内平台上对中调平，将塔尺立在选取的测点上，分别测得 8 个测点的高程，如图 3-71 所示。每组测点的差值为 h，见式(3-29)。取 4 组测点差值中的最大值进行桩顶法兰水平度计算，桩顶法兰水平度计算公式见式(3-30)。

$$h = h_d - h_x \tag{3-29}$$

$$i = \frac{h}{d} \tag{3-30}$$

式中：h_d——每组测点高程最大值；

h_x——每组测点高程最小值；

d——法兰直径；

i——法兰水平度。

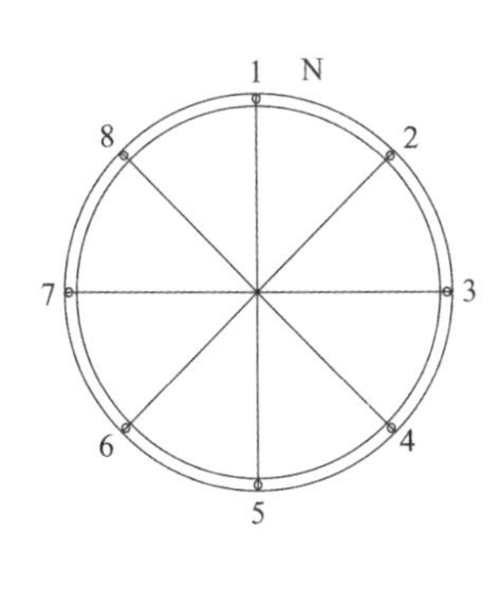

图 3-70　测点布设图

图 3-71　法兰水平度测量

4 风机堆存与装船运输技术

4.1 风机堆存技术

4.1.1 堆场场地及堆存规则

项目风电机组设备堆场主要用于风电机组的塔筒、轮毂、机舱(含发电机)、叶片、机组配套升压设备及相关附件等所有设备场内转运与临时堆存,如图4-1所示,堆场内组拼装与装船运至施工现场,能满足同时堆存5套风电机组的要求。

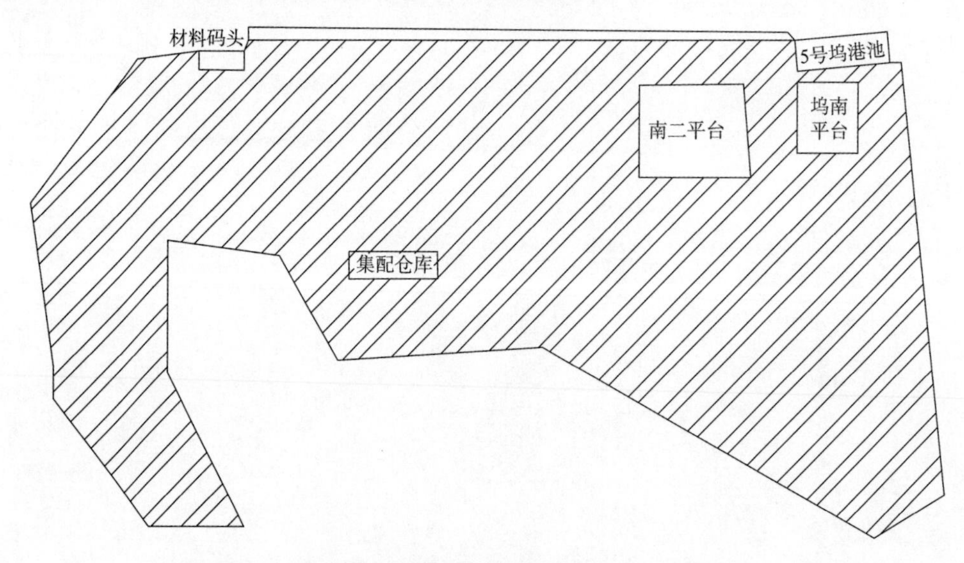

图4-1 堆场总体布置图(图中深色填充部分为可堆存面积)

图4-1中的堆存场地分区具体参数见表4-1、图4-2~图4-6。

场地规划布置情况表 表4-1

区域名称	占地面积(m×m)	场地用途	设备
材料码头	140×30	叶片及配件卸船及装船	25t门座式起重机1台、50t门座式起重机1台

续上表

区域名称	占地面积(m×m)	场地用途	设备
集配仓库	50×20	螺栓、电缆等配件的卸车及堆存	桥式 50t 门式起重机 1 台、半门式 5t 起重机 2 台、10t1 台、16t1 台
南二平台	230×285	塔筒及叶片的堆存	无固定设备,可配备汽车起重机
坞南平台	160×80	机舱轮毂的堆存、机舱的装配及底塔的扣装	800t 门式起重机 2 台、150t 门座式起重机 1 台
5 号坞港池	190×62	机舱轮毂、塔筒的卸船及装船	

图 4-2　材料码头现场

图 4-3　集配仓库现场

图 4-4　南二平台现场

图 4-5　坞南平台现场

图 4-6　5 号坞港池现场

4.1.2　风机设备移交堆存

1) 塔筒移交堆存

塔筒运输船靠泊 5 号坞港池后，堆场使用门式起重机起吊塔筒完成卸船(图 4-7)，吊放至码头的运输车上，运输车将塔筒转运至南二平台塔筒堆存工装处(图 4-8)，通过汽车起重机起吊塔筒完成卸车(图 4-9)，吊放至工装上，完成塔筒的移交堆存。

图 4-7 塔筒起吊卸船示意图

图 4-8 塔筒转运示意图

图 4-9 塔筒起吊卸车示意图

2)机舱、轮毂移交堆存

机舱、轮毂运输船靠泊 5 号坞港池后,使用门式起重机起吊机舱完成机舱的卸船(图 4-10),使用门座式起重机起吊轮毂完成轮毂的卸船(图 4-11)。

图 4-10 机舱起吊卸船示意图

图 4-11 轮毂起吊卸船示意图

起吊机舱后,门式起重机通过滑轨移动至坞南平台处,吊放机舱至指定位置,完成机舱的堆存,如图 4-12a)所示。

起吊轮毂后,起重机通过滑轨移动至坞南平台处,吊放轮毂至指定位置,完成轮毂的堆存,如图 4-12b)所示。

a) 机舱堆存

b) 轮毂堆存

图 4-12　机舱轮毂堆存示意图

3) 叶片移交堆存

叶片运输船靠泊物资码头后，使用 2 台门座式起重机抬吊叶片完成叶片的卸船(图 4-13)，吊放至码头液压平板车上(图 4-14)。

图 4-13　叶片抬吊卸船示意图

图 4-14　叶片吊放至堆存工装示意图

叶片转运至南二平台指定位置后，使用 2 台汽车起重机共同抬吊叶片，完成叶片的卸车，液压平板车驶离叶片，2 台汽车起重机同时把叶片下放至平整地面上，完成叶片的堆存(图 4-15)。

图 4-15　将叶片吊放至堆存工装示意图

4) 附件移交堆存

(1) 附件跟随风电机组运输船运输，靠泊 5 号坞港池后，使用起重机起吊附件完成附件的卸船(图 4-16)，吊放至指定位置，完成堆存。

(2) 附件通过车运到达级配仓库后，使用叉车等进行附件的卸车(图 4-17)，并吊放至指定位置，完成堆存。

图 4-16 附件起吊卸船示意图

图 4-17 附件卸车示意图

4.1.3 底塔扣装技术

底塔的扣装施工在坞南平台进行施工作业。所使用的主要设备有汽车起重机 1 台、150t 门座式起重机 1 台、800t 门式起重机 1 台、高架车 1 辆。

1)变压器平台安装

在坞南平台的安装区域准备好底塔工装(图 4-18),考虑后续门外平台安装施工的方向进行摆放,并提前在塔筒门方向处做好标志(喷漆或涂油漆)。

变压器吊装前先拆除变压器平台防雨布,用卸货时的吊装方式进行吊装。150t 门座式起重机起吊变压器平台受力,再拆除变压器平台与运输工装之间的工装连接螺栓,然后将变压器平台吊装至底塔工装上(图 4-19),再用 24 颗工装螺栓紧固至规定力矩值,最后拆除吊具完成安装。

图 4-18 底塔工装摆放示意图

图 4-19 变压器平台与底塔工装对接安装示意图

2)变流器安装

变压器单元吊装至底段塔筒框架型工装上并按要求紧固连接螺栓后,再进行变流器单元的吊装。

吊装前先拆除变流器平台防雨布,起吊前在吊索具下方的卸扣处先系好缆风绳,150t 门座式起重机起吊变流器平台受力后,拆除变压器平台与运输工装之间的工装连接螺栓。将变流器平台吊至变压器平台上方,观察变流器电缆或变压器平缆竖向电缆桥架所在位置,通过拉动缆风绳使变流器平台电缆朝向塔筒门方向。然后对接四侧立柱螺栓安装孔(图 4-20),安装孔对齐后,统一由变压器一侧(从下往上)穿入 16 颗连接螺栓并紧固至规定力矩值。在对位安装过程中,可以提前准备撬棍进行辅助对位安装螺栓。

3)底塔扣装

(1)底塔扣装前准备。

将变压器和变流器平台的所有外侧围板向上翻转竖直并做好绑扎,如图 4-21 所示。

图 4-20 变流器平台与变压器平台对接安装示意图

图 4-21 平台外侧围板上翻及绑扎示意图

变压器平台上电梯护栏后的平台外围板对底段塔筒下落时与爬梯有干涉影响,需提前拆掉该处的外侧围板,如图 4-22 所示。

考虑后续轴流风扇的危险性,一般在底塔翻身前进行底塔顶部平台下方轴流风扇的安装施工,如图 4-23 所示。

图 4-22 变压器平台外侧围板(已)拆除示意图

图 4-23 轴流风扇安装完成图

(2)底塔翻身与扣装。

使用塔筒吊索具将塔筒起吊并翻身竖直,在底塔的上下法兰分别安装塔筒吊座。上法兰安装4个吊座，吊点为45°、135°、225°、315°，如图4-24所示；下法兰安装2个吊座，吊点为135°、225°（夹角小于或等于90°），如图4-25所示，上、下吊座的螺栓紧固至规定力矩值。

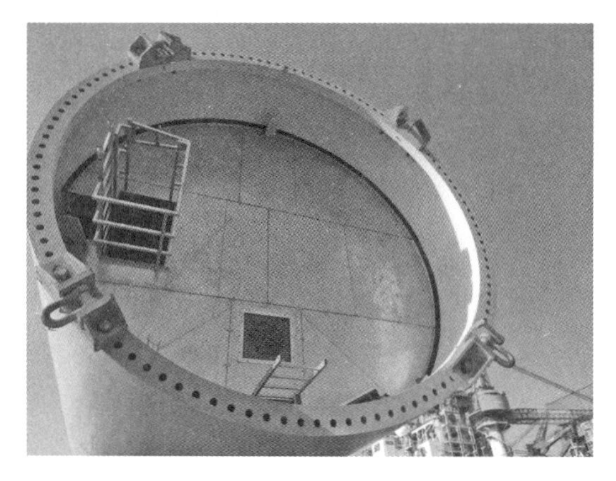

图4-24　底塔上吊座安装位置现场图

图4-25　底塔溜尾吊座安装位置现场图

使用门式起重机起吊吊索具挂设吊座，挂设完成后起吊底塔翻转直至竖直，如图4-26所示，再拆除底塔下法兰上的吊装工装，在塔筒底法兰上呈180°方向系两根不小于15m的缆风绳。

将底段塔筒起吊至已安装好的设备构架上方，用缆风绳调整塔筒旋转，调整方位，目视塔筒爬梯位置，使爬梯对准电梯孔位置缓慢下落，注意拉缆风绳稳定塔筒，如图4-27所示，塔筒内人员观察并指挥800t门式起重机，避免塔筒法兰及附件与底部设备构架边缘剐蹭和碰撞。

图4-26　底塔翻身竖直现场图

图4-27　底塔对位下放进行套扣

在进行塔筒法兰螺栓孔与工装螺栓孔的精确对位时,可以使用手拉葫芦进行调整对位,如图 4-28 所示。

底塔底部法兰与底塔工装的连接螺栓打紧安装完成后,门式起重机解钩,起重机配合拆除底塔上法兰吊座后,将底塔防雨盖吊至底塔顶部安装(图 4-29),并使用螺栓将防雨盖与底塔上法兰连接,防止堆存期间被大风吹落。

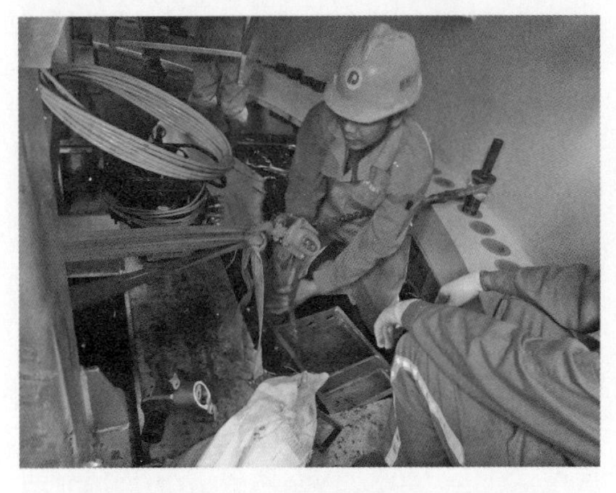

图 4-28　使用手扳葫芦进行底塔法兰孔对位

图 4-29　防雨盖起吊示意图

(3)底塔内部构件恢复安装。

变流器平台底部四侧立柱上安装 8 根钢丝绳拉索,将拉索的两头分别连接立柱和塔筒壁连接点,如图 4-30 所示。

变流器平台内的两个吊点孔恢复安装孔盖,如图 4-31 所示。

图 4-30　钢丝绳拉索安装现场

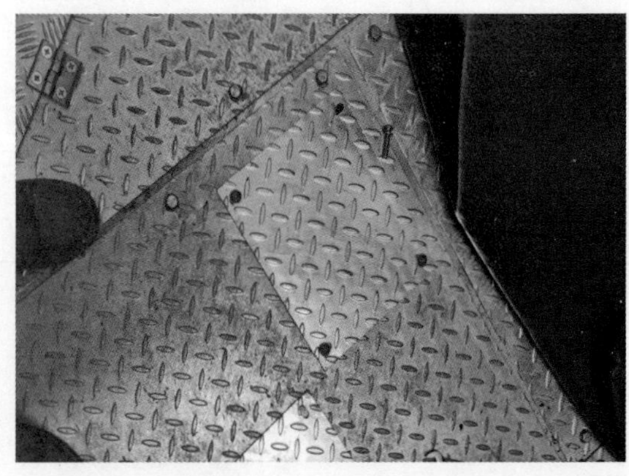

图 4-31　吊点孔盖安装现场图

在塔筒门上方安装 L 形通风管路桥架,如图 4-32 所示,按要求连接紧固螺栓。

在变流器平台上,将除湿、盐雾系统的管路未装的一端套进对应的管口,紧固卡箍。1、2、3 管路顺着 L 形通风管路桥架铺设连接在塔筒门上方的管道上,然后用扎带将其捆绑在桥架上,如图 4-33 所示。

变压器平台的变压器隔板、竖向电缆桥架与变流器平台底部的横梁进行螺栓连接安装,如图 4-34 所示。

图 4-32 L 形通风管路桥架安装现场

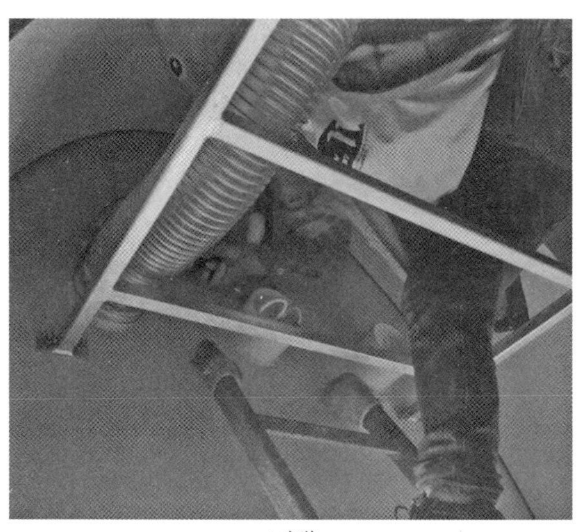

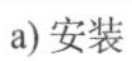

a) 安装

b) 安装完成

图 4-33 L 形通风管路桥架管路连接安装现场

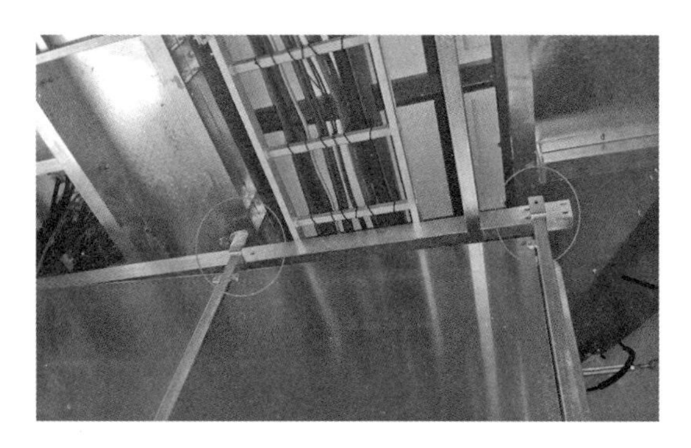

图 4-34 变压器隔板顶部与变流器平台底部横梁连接安装现场

4.2　风机装船及海绑运输技术

项目风电机组参数见表4-2。

项目风电机组主要参数　　表4-2

名称	规格(mm×mm×mm)	技术参数(t)
第一段塔筒	ϕ6000×ϕ5962.3×20000	157
第二段塔筒	ϕ5962.3×ϕ5958.5×20000	77
第三段塔筒	ϕ5958.5×ϕ4966.3×25000	75
第四段塔筒	ϕ4966.3×ϕ3985×24643	67
机舱	10300×4950×4900	150
叶片	87000×4798×3858	3×25
轮毂	ϕ5680×4700	46

根据风电机组各构件的规格尺寸及质量进行运输船船型尺寸的选型。

项目风场的地质为深厚淤泥较弱地质,其表层淤泥层厚度可达23~33.5m,根据施工风场的地质条件进行船舶锚缆规格的选型。

4.2.1　运输船选型

1)选型要求

风电机组运输船船型尺寸的选择,需要考虑如下几点要求:

(1)船舶载重量。

考虑风电机组的装船布置(一船一套)形式,要满足一套风电机组及附属件的质量,结合风电机组参数进行计算并考虑2.0的安全系数,船舶载重量至少为:

$$(650+50)\times2.0=1400(\mathrm{t})$$

船舶载重量要求较低,市面上基本为3000t运输船,实际选型时可不考虑此要求。

(2)甲板面有效尺寸。

①甲板面有效长度。

考虑风电机组叶片的长度、塔筒的直径及机舱轮毂的宽度,同时站在安全角度,运输航行时叶片伸出船尾的长度不超过总长的15%,结合风电机组参数进行计算并考虑装船时叶片之间、叶片与塔筒或机舱轮毂之间、叶片与船生活区的安全距离2m,运输船甲板面有效长度至少为:

$$2+6+2+5+2+87-87\times15\%=91(\mathrm{m})$$

②甲板面有效宽度。

考虑风电机组塔筒、叶片等构件的直径,结合风电机组参数进行计算并考虑装船时塔筒与叶片之间、塔筒或叶片与船舷护栏的安全距离1.5m(考虑塔筒及叶片形状的影响因素),

运输船甲板面有效宽度至少为：

$$1.5+5+1.5+4.8\times3+3\times1.5=26.9(\mathrm{m})$$

(3)抗风浪能力。

考虑施工现场的允许施工条件，所需配合的运输船也需要满足在允许施工条件下的抗风浪能力，具体表现为船舶在施工时的摇摆幅度，一般不超过船宽的5%。

对于风电机组运输船锚缆规格的选择，需要考虑如下几点要求：

(4)锚缆规格。

考虑淤泥层厚度及水深，同时结合已有项目的累积经验，运输船的锚重不小于4.5t，锚缆尺寸不小于ϕ40mm×400m。

(5)对于其他与实际施工相关的要求，依据实际施工进行船舶的选型，如：

①根据风电机组装船方式确定船尾的要求，若叶片伸出船尾，则船尾需要满足装船时烟囱或其他结构高度低于叶片高度的要求。

②根据码头的潮水及水深条件确定船舶吃水深度的选择，为保证装船进度，船舶的吃水深度应比码头的最低水深小2m以上，保证装船时间的连续。

2)运输船选择

根据前述选型要求中的条件，同时结合项目实际施工可行性、便利性、经济性及进度要求等因素，对目前国内可用的运输船进行筛选，项目选择的运输船见表4-3。

项目选择的运输船一览表 表4-3

序号	船名	甲板有效尺寸(m×m)	抗风浪等级	锚缆
1	风电机组运输船1	120×30	3级	锚重5t 锚缆ϕ46mm×500m
2	风电机组运输船2	115×30	3级	锚重5.1t 锚缆ϕ43mm×450m
3	风电机组运输船3	93×28	3级	锚重7t 锚缆ϕ48mm×800m
4	风电机组运输船4	118×35	3级	锚重7t 锚缆ϕ50mm×400m

(1)风电机组运输船1。

风电机组运输船1参数、实物见表4-4、图4-35。

风电机组运输船1参数 表4-4

船长	133.00m	船宽	30.00m
型深	7.38m	吃水	4.653~5.10m
锚重	5t	锚缆	ϕ46mm×500m

图 4-35　风电机组运输船 1 运输风电机组示意图

(2)风电机组运输船 2。

风电机组运输船 2 参数、实物见表 4-5、图 4-36。

风电机组运输船 2 参数　　表 4-5

船长	123.30m	船宽	30.00m
型深	7.38m	吃水	4.962 ~ 5.18m
锚重	5.1t	锚缆	ϕ43mm × 450m

图 4-36　风电机组运输船 2 运输风电机组示意图

(3)风电机组运输船 3。

风电机组运输船 3 参数、实物见表 4-6、图 4-37。

风电机组运输船 3 参数　　表 4-6

船长	112.80m	船宽	28.00m
型深	8.00m	吃水	1.611 ~ 5.80m
锚重	7t	锚缆	ϕ48mm × 800m

图 4-37　风电机组运输船 3 运输风电机组示意图

(4)风电机组运输船 4。

风电机组运输船 4 参数、实物见表 4-7、图 4-38。

风电机组运输船 4 参数　　表 4-7

船长	138.10m	船宽	33.00m
型深	7.80m	吃水	3.042 ~ 5.45m
锚重	7t	锚缆	ϕ50mm × 400m

图 4-38　风电机组运输船 4 运输风电机组示意图

3)装船布置

运输船单次运输一套风电机组及附属件,具体布置图如图 4-39 ~ 图 4-42 所示。

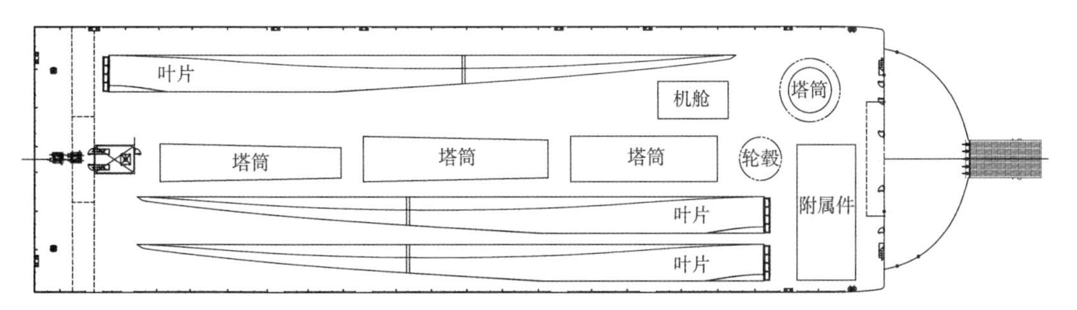

图 4-39　风电机组运输船 1 布置图

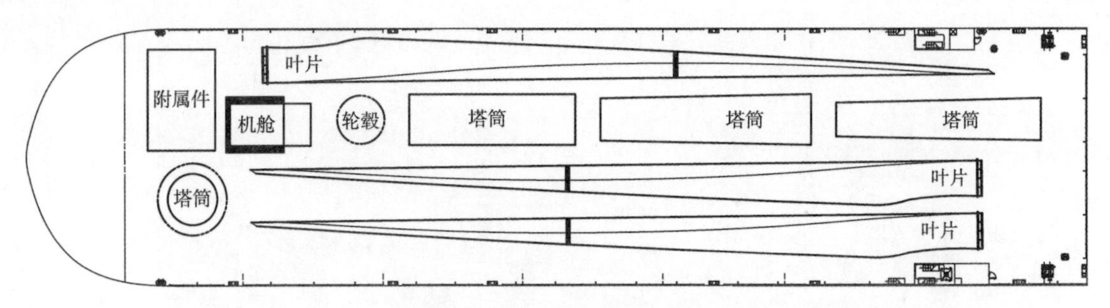

图4-40 风电机组运输船2布置图

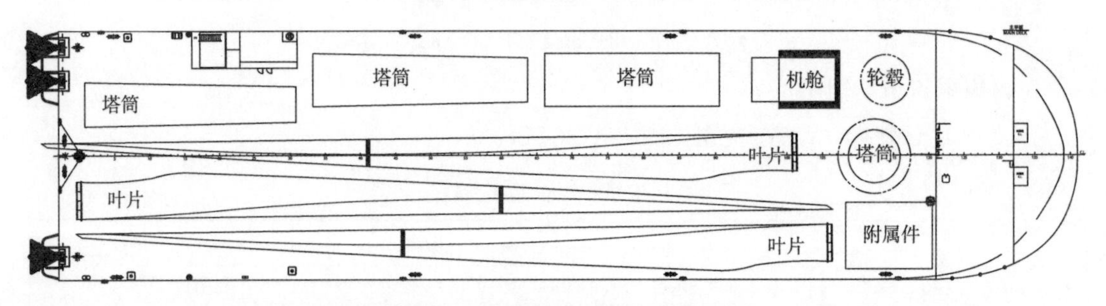

图4-41 风电机组运输船3布置图

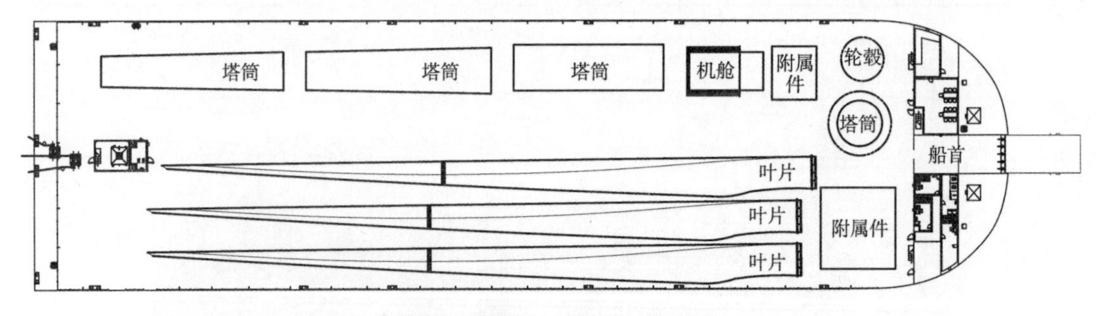

图4-42 风电机组运输船4布置图

4.2.2 装船及海绑

图4-43 叶片抬吊装船

风电机组装船时,为减少底段塔筒高度及叶片长度在装船时的干涉,一般先进行叶片的装船,后进行塔筒、机舱及轮毂的装船。

1)叶片装船及绑扎

液压平板车将叶片转运至物资码头后,使用2台起重机抬吊叶片,将叶片连同工装一起起吊放至运输船甲板指定位置上,如图4-43所示,完成叶片的装船。

叶片吊放至指定位置后,使用钢丝绳、地

令、花篮螺栓进行叶片的海绑加固,如图 4-44、图 4-45 所示。

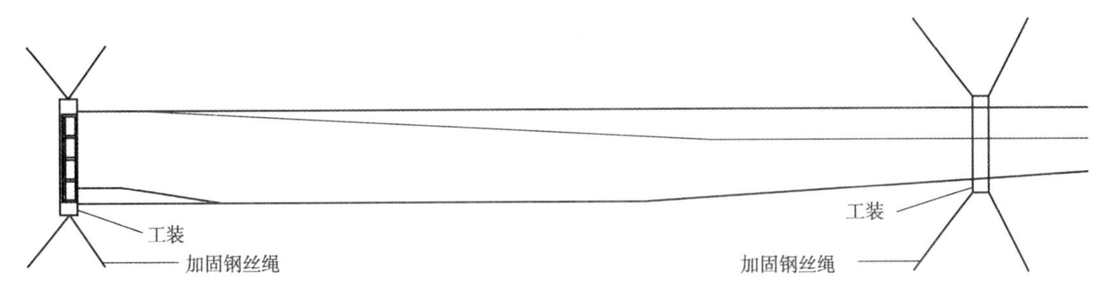

图 4-44 叶片海绑示意图

2)塔筒装船及海绑

(1)底段塔筒(立装)装船及海绑。

起吊底塔前,先使用门座式起重机将防雨盖吊开,再使用门式起重机挂设滑车吊索具起吊底塔,连同底塔工装一起起吊放至运输船甲板指定位置上解钩,如图 4-46 所示,再使用起重机将防雨盖重新安装至底塔顶部法兰上,完成底段塔筒的装船。

图 4-45 叶片海绑现场图

图 4-46 底段塔筒装船

底段塔筒防雨盖固定完成后,防雨盖通过缆风绳、花篮螺栓及地令与运输船甲板连接,同时,底塔工装通过焊接 8 块马板(均布)与运输船甲板连接,如图 4-47、图 4-48 所示。

(2)第二、三、四段塔筒(卧装)装船及海绑。

液压平板车将第二、三、四段塔筒转运至 5 号坞港池码头处后,使用门式起重机按照卸船方式挂设塔筒起吊,将塔筒吊放在放置卧运工装的运输船上,如图 4-49 所示,完成塔筒的装船。

塔筒吊放完成后,通过焊接马板将塔筒工装连接在运输船甲板上,同时,使用钢丝绳分别穿过塔筒上下法兰孔的连接板,配套花篮螺栓固定在运输船甲板吊环或地令上,如图 4-50、图 4-51 所示。

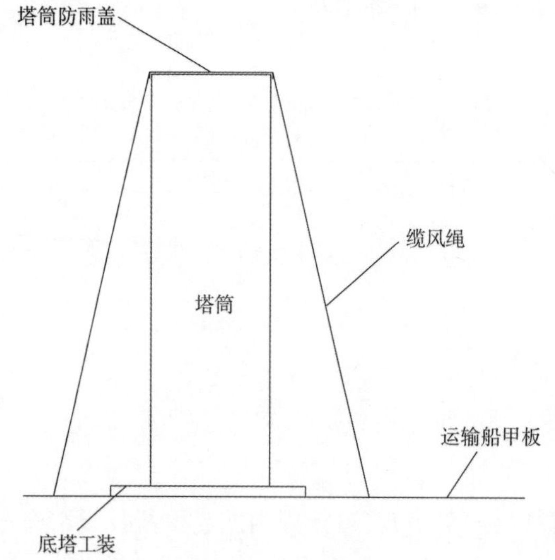

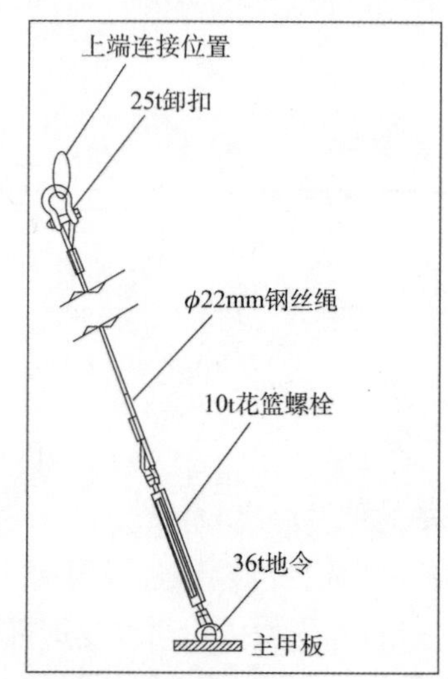

图 4-47　底段塔筒海绑示意图

图 4-48　底段塔筒海绑现场图

图 4-49　第三段塔筒装船

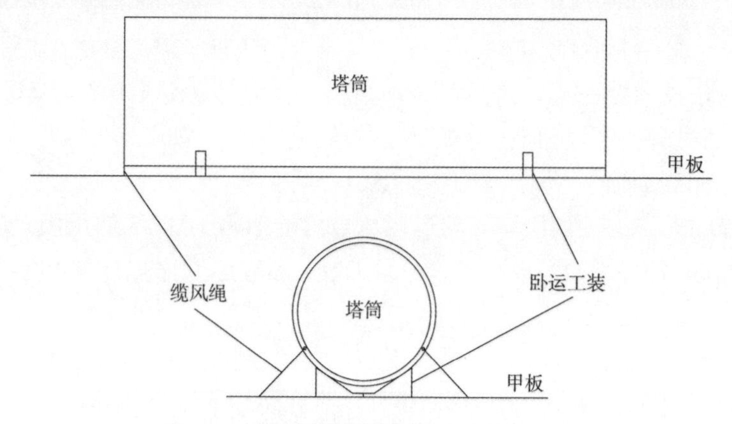

图 4-50　卧装塔筒海绑示意图(尺寸单位:mm)

3)机舱轮毂装船及海绑

(1)机舱装船及海绑。

使用门式起重机按照卸船的方式挂设机舱吊梁起吊机舱,吊放至运输船指定位置后,如图4-52所示,完成机舱的装船。

图4-51 卧装塔筒海绑现场图

图4-52 机舱装船

机舱吊装上船后,机舱底部工装通过焊接8块马板(均布)与运输船甲板连接,同时,在工装吊耳上通过加固钢丝绳、花篮螺栓及地令与运输船甲板连接进行海绑加固,如图4-53、图4-54所示。

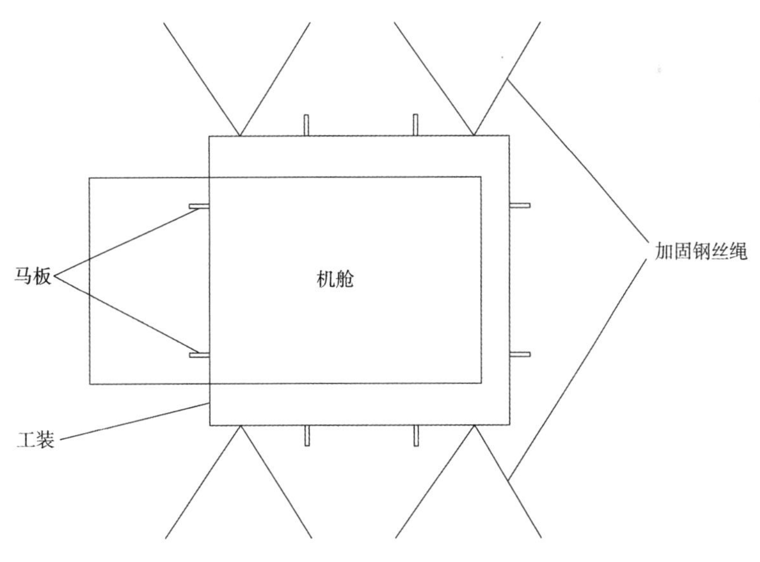

图4-53 机舱海绑示意图

(2)轮毂装船及海绑。

使用起重机挂设轮毂吊具起吊轮毂,吊放至运输船指定位置后,如图4-55所示,完成装船。

轮毂吊装上船后,轮毂底部工装通过焊接8块马板(均布)与运输船甲板连接,同时,在工装吊耳上通过加固钢丝绳、花篮螺栓及地令与运输船甲板连接进行海绑加固,如图4-56、图4-57所示。

图4-54　机舱海绑现场图

图4-55　轮毂装船

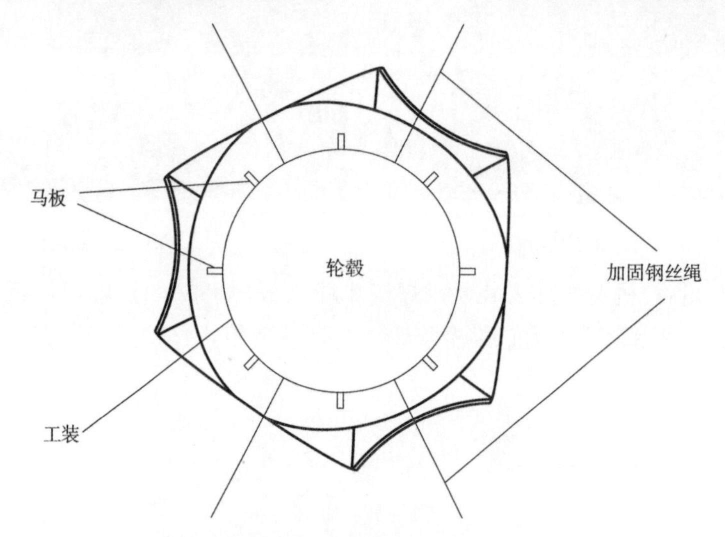

图4-56　轮毂海绑示意图

图4-57　轮毂海绑现场图

4.2.3　运输稳性分析

1)情况说明

运输船以风电机组运输船1为例,运输区域为近海区域,运输货物为风机塔筒、机舱轮毂及叶片等，货物清单见表4-8。

风电机组质量清单　　表4-8

风电机组构件	质量(t)	尺寸(mm)	备注
底段塔筒	157	$\phi6000 \times \phi5962.3 \times 20000$	
第二段塔筒	77	$\phi5962.3 \times \phi5958.5 \times 20000$	
第三段塔筒	75	$\phi5958.5 \times \phi4966.3 \times 25000$	
第四段塔筒	67	$\phi4966.3 \times \phi3985 \times 24643$	
机舱	150	$10300 \times 4950 \times 4900$	
轮毂	46	$\phi5680 \times 4700$	
第一片叶片	25	$87000 \times 4798 \times 3858$	
第二片叶片	25	$87000 \times 4798 \times 3858$	
第三片叶片	25	$87000 \times 4798 \times 3858$	

2)作用力计算

在纵、横、垂三个方向作用在货物单元上的外力应使用式(4-1)求得：

$$F_{(x,y,z)} = m \cdot a_{(x,y,z)} + F_{w(x,y)} + F_{s(x,y)} \tag{4-1}$$

式中：$F_{(x,y,z)}$——纵、横、垂向力；

m——货物单元的质量；

$a_{(x,y,z)}$——纵、横、垂向加速度，基本加速度值见表4-9；

$F_{w(x,y)}$——由风压造成的纵、横向力；

$F_{s(x,y)}$——由浪的拍击造成的纵、横向力。

表4-9在同时满足以下条件时方有效或适用。

基本加速度值　　表4-9

位置	横向加速度 a_y									纵向加速度 a_x
甲二层	7.1	6.9	6.8	6.7	6.7	6.8	6.9	7.1	7.4	3.8
甲一层	6.5	6.3	6.1	6.1	6.1	6.1	6.3	6.5	6.7	2.9
二甲板	5.9	5.6	5.5	5.4	5.4	5.4	5.6	5.9	6.2	2.0
低货舱	5.5	5.3	5.1	5.0	5.0	5.1	5.3	5.5	5.9	1.5
X/船长	0.1	0.2	0.3	0.4	0.5	0.6	0.7	0.8	0.9	—
垂向加速度 a_z										
运输船	7.6	6.2	5.0	4.3	4.3	5.0	6.2	7.6	9.2	—

注：横向加速度值包括因重力、纵摇和垂荡而引起的平行于甲板的分力；垂向加速度值不包括重力分力，X为货物单元的重心距运输船甲板的距离。

(1)在无限航区全年运营;

(2)全年运营;

(3)25d 为一个航次;

(4)船长为 100m;

(5)服务航速为 15kN;

(6)$B/GM_o \geqslant 13$ (B-船宽;GM_o-初稳性高度)。

①对于第(1)点,若在限制航区运营,表 4-9 中数值可在考虑季节和航次的航行时间后减小。若船长并非 100m 且服务航速并非 15kn,应根据表 4-10 修正加速度值。

与船长、航速有关的修正系数 表 4-10

航速(kn)	船长(m)								
	50	60	70	80	90	100	120	140	160
	修正系数								
9	1.20	1.09	1.00	0.92	0.85	0. 79	0.70	0.63	0.57
12	1.34	1.22	1.12	1.03	0. 96	0.00	0.79	0.72	0.65
15	1.49	1.36	1.24	1.15	1.07	1.00	0.89	0.80	0.73
18	1.64	1.49	1.37	1. 27	1.18	1. 10	0. 98	0.89	0.82
21	1.78	1.62	1.49	1. 38	1. 29	1.21	1.08	0.98	0.90
24	1.93	1.76	1.62	1.50	1. 40	1.31	1.17	1.07	0.98

对于表 4-10 中没有列出的船长与航速组合,修正系数可通过式(4-2)求得:

$$\text{系数} = \frac{0.345 \cdot v}{\sqrt{L}} + \frac{58.62 \cdot L - 1034.5}{L^2} \tag{4-2}$$

式中:v——航速(kN);

L——船舶垂线间长(m)。

式(4-2)不适用于垂线间长小于 50m 或大于 300m 的船舶。

②对于第(6)点,$B/GM_o < 13$ 的情况,按表 4-11 对横向加速度值进行修正。

$B/GM_o < 13$ 时的修正系数 表 4-11

B/GM_o	7	8	C	10	11	12	13
甲二层	1.56	1.40	1.27	1.19	1.11	1.05	1.00
甲一层	1.42	1.30	1.21	1.14	1.09	1.04	1.00
二甲板	1.26	1.19	1.14	1 09	1.06	1.03	1.00
低货舱	1.15	1.12	1.09	1.06	1.04	1.02	1.00

3)分析计算结果

(1)机舱分析计算结果。

机舱在运输过程中的分析计算结果见表 4-12。

机舱在运输过程中的分析计算结果 表4-12

船舶及货物参数		外力计算	
垂线间长(m)	123.6	横向修正加速度(m/s^2)	6.53
船宽(m)	30	纵向修正加速度(m/s^2)	4.07
初稳性高(m)	21.694	横向滑移外力(kN)	1052.10
航速(kn)	9	横向翻转力矩(kN·m)	3187 .80
货重(t)	150	纵向滑移外力(kN)	645.00
刚性系固参数		抗滑力计算	
止移块参数	300mm×100mm×16mm,Q235	横向单侧止移块抗滑力(kN)	3073.10
双面2/单面1角焊缝	2	纵向单侧止移块抗滑力(kN)	2458.48
角焊缝设计强度(MPa)	200	横向单侧柔性系索抗滑力(kN)	8756
安全系数	1.5	纵向单侧柔性系索抗滑力(kN)	
焊缝长度(mm)	300		
焊脚高度(mm)	12		
单侧横向止移块数量(抗滑+抗倾)	2		
单侧纵向止移块数量(抗滑)	2		
柔性系固参数		抗倾覆计算	
破断强度(kN)	192.00	重力抗倾覆力矩(kN·m)	3638.25
最大系固负荷(kN)	96.00	刚性止移块抗倾力矩(kN·m)	636.98
安全系数	150	单侧柔性系索横向抗倾力矩(kN·m)	25259
计算强度(kN)	64 00		
单侧横向链条个数	4.00		
单侧纵向链条个数	000		
单侧近似抗倾力臂(mm)	15000		
系固校核			
横向外力合力(kN)	1052.10		
横向抗滑移力(kN)	3160.66	满足	
横向倾覆力矩(kN·m)	318780		
横向抗倾覆力矩(kN·m)	452782	满足	
纵向外力合力(kN)	645.00		
纵向抗滑移力(kN)	2458.48	满足	

结论:机舱在运输过程中的稳性满足安全要求。

(2)轮毂分析计算结果。

轮毂在运输过程中的分析计算结果见表4-13。

轮毂在运输过程中的分析计算结果　　表4-13

船舶及货物参数		外力计算	
垂线间长(m)	123.6	横向修正加速度(m/s^2)	6.53
船宽(m)	30	纵向修正加速度(m/s^2)	4.07
初稳性高(m)	21.694	横向滑移外力(kN)	332.59
航速(kn)	9	横向翻转力矩(kN·m)	773.93
货重(t)	46	纵向滑移外力(kN)	219.40
刚性系固参数		抗滑力计算	
止移块参数	300mm×100mm×16mm,Q235	横向单侧止移块抗滑力(kN)	3073.10
双面2/单面/1角焊缝	2	纵向单侧止移块抗滑力(kN)	2458.48
角焊缝设计强度(MPa)	200	横向单侧柔性系索抗滑力(kN)	664.13
安全系数	15	纵向单侧柔性系索抗滑力(kN)	
焊缝长度(mm)	300		
焊脚高度/mm	12		
单侧横向止移块数量(抗滑+抗倾)	2		
单侧纵向止移块数量(抗滑)	2		
柔性系固参数		抗倾覆计算	
破断强度(kN)	6000	重力抗倾覆力矩(kN·m)	128027
MSL(kN)	10000	刚性止移块抗倾力矩(kN·m)	73092
安全系数	150	单侧柔性系索横向抗倾力矩(kN·m)	9659
计算强度(kN)	6667		
单侧横向链条个数	2.00		
单侧纵向链条个数	0.00		
单侧近似抗倾力臂(mm)	150.00		
系固校核			
横向外力合力(kN)	332 59		
横向抗滑移力(kN)	3737.23	满足	
横向倾覆力矩(kN·m)	773.93		
横向抗倾覆力矩(kN·m)	2107.79	满足	
纵向外力合力(kN)	21940		
纵向抗滑移力(kN)	2458.48	满足	

结论：轮毂在运输过程中的稳性满足安全要求。

(3)叶片分析计算结果。

叶片在运输过程中的分析计算结果见表4-14。

叶片在运输过程中的分析计算结果　　表4-14

船舶及货物参数		外力计算	
垂线间长(m)	123.6	横向修正加速度(m/s^2)	7.92
船宽(m)	30	纵向修正加速度(m/s^2)	4.07
初稳性高(m)	21.694	横向滑移外力(kN)	388.94
航速(kn)	9	横向翻转力矩(kN·m)	1370.63
货重(t)	25	纵向滑移外力(kN)	142.88
刚性系固参数		抗滑力计算	
止移块参数	200mm×100mm×16mm Q345	横向单侧止移块抗滑力(kN)	655.76
双面2/单面1角焊缝	2	纵向单侧止移块抗滑力(kN)	327.88
角焊缝设计强度(MPa)	200	横向单侧柔性系索抗滑力(kN)	67.97
安全系数	1.5	纵向单侧柔性系索抗滑力(kN)	
焊缝长度(mm)	150		
焊脚高度(mm)	12		
柔性系固参数		抗倾覆计算	
破断强度(kN)	200	重力抗倾覆力矩(kN·m)	526.75
MSL(kN)	100	刚性止移块抗倾力矩(kN·m)	0
翻转安全系数	1.5	单侧柔性系索横向抗倾力矩(kN·m)	1399.53
计算强度(kN)	66.67		
单侧横向链条个数	4		
系固校核			
横向外力合力(kN)	388.94		
横向抗滑移力(kN)	723.73	满足	
横向倾覆力矩(kN·m)	1370.63		
横向抗倾覆力矩(kN·m)	1926.28	满足	
纵向外力合力(kN)	142.88		
纵向抗滑移力(kN)	327.88	满足	

结论：叶片在运输过程中的稳性满足安全要求。

(4)立运塔筒分析计算结果。

立运塔筒在运输过程中的分析计算结果见表4-15。

立运塔筒在运输过程中的分析计算结果　　表 4-15

船舶及货物参数		外力计算	
垂线间长(m)	123.6	横向修正加速度(m/s^2)	6.53
船宽(m)	30	纵向修正加速度(m/s^2)	4.07
初稳性高(m)	21.694	横向滑移外力(kN)	1189.72
航速(kn)	9	横向翻转力矩(kN ·m)	11826.44
货重(t)	157	纵向滑移外力(kN)	803.37
刚性系固参数		抗滑力计算	
止移块参数	300mm×100mm×16mm Q235	横向单侧止移块抗滑力(kN)	3073.10
双面 2/单面 1 角焊缝	2	纵向单侧止移块抗滑力(kN)	2458.48
角焊缝设计强度(MPa)	200	横向单侧柔性系索抗滑力(kN)	68.40
安全系数	15	纵向单侧柔性系索抗滑力(kN)	
焊缝长度(mm)	300		
焊脚高度(mm)	12		
单侧横向止移块数量(抗滑+抗倾)	5		
单侧纵向止移块数量(抗滑)	3		
柔性系固参数		抗倾覆计算	
破断强度(kN)	200 00	重力抗倾覆力矩(kN·m)	604670
MSL(kN)	10000	刚性止移块抗倾力矩(kN·m)	303436
安全系数	150	单侧柔性系索横向抗倾力矩(kN·m)	5231.87
计算强度(kN)	66 67		
单侧横向链条个数	3		
单侧纵向链条个数	1		
单侧近似抗倾力臂(mm)	150.00		
系固校核			
横向外力合力(kN)	118972		
横向抗滑移力(kN)	3141.50	满足	
横向倾覆力矩(kN·m)	11826.44		
横向抗倾覆力矩(kN·m)	14312.93	满足	
纵向外力合力(kN)	803 37		

结论:底段塔筒(立运)在运输过程中的稳性满足安全要求。

(5)卧运塔筒分析计算结果。

卧运塔筒(以第二段塔筒为例)在运输过程中的分析计算结果见表4-16。

卧运塔筒(以第二段塔筒为例)在运输过程中的分析计算结果 表4-16

横向作用力 F_v 计算			
序号	项目	单位	数值
1	第二段塔筒塔筒质量 $M(t)$	t	77.00
2	第二段塔筒质量中心至水线处假定的旋转中心的距离	m	4.50
3	最大横摇角 P_0	°	15.00
4	横摇周期 T_0	s	10.00
5	重力加速度 g	m/s^2	9.81
6	横向加速度 $A = r_{\varphi} - \cos\alpha \cdot \varphi_0 \cdot \pi/180 + (2n/T_{\varphi}^2)g \cdot \text{singo}$	m/s^2	3.00
7	第二段塔筒横向受风面积 A_1	m	150.00
8	风作用力 $F_a = MA_1$;	kN	150.00
9	第二段塔筒距主甲板2m以货物侧投影面积 A_2	m	0.00
10	海水飞溅冲击力 $F_w = MA_2$	kN	0.00
11	横向作用力 $F_y = MA_y + F_q + F_w$	kN	381.26
纵向作用力 F_x			
1	第二段塔筒质量 $M(t)$	t	77.00
2	质量中心至水线处假定的旋转中心的距离 r_{φ}	m	4.50
3	最大纵摇角 ψ_0	°	5.00
4	纵摇周期 T_{φ}	s	10.00
5	重力加速度 g	m/s^2	9.81
6	纵向加速度 $Ax = r_y \cdot \cos\beta \cdot \psi_o \cdot \pi/180 + (2\pi/T_{\varphi})^2 g \cdot \sin\psi_o$	m/s^2	0.96
7	第二段塔筒纵向受风面积 A_1	m^2	20.00
8	风作用力 $F = MA_1$	kN	20.00
9	第二段塔筒距主甲板2m以下受风面积 A_2		0.00
10	海水飞激冲击力 $F_0 = MA_2$	kN	0.00
11	纵向作用力 $F_x = MA_x + F_q + F_w$	kN	94.26
垂向作用力 $F_z(-)$			
1	第二段塔筒质量 M (t)	t	77.00
2	船长 L	m	108.66
3	重力加速度 g	m/s^2	9.81
横向滑动 $F_y \leq uF_z(-) + \min[CS_i(\cos\alpha\cos\beta)]$			
1	横向作用力 F_y	kN	381.26
2	摩擦力计算		

续上表

序号	项目	单位	数值
横向滑动 $F_y \leqslant uF_z(-)+\min[CS_i(\cos\alpha\cos\beta)]$			
3	圆弧利底应阻挡系数		0.30
4	垂向作用力	kN	546.94
5	摩擦力 $\mu Fz(-)$	kN	164.08
6	绳索的安全工作负荷 CSC	kN	282.84
7	绳索拉力	kN	200.00
8	绳索与水平面的夹角 α	°	45.00
9	绳索与纵向面的夹角 β	°	0.00
10	绳索的数量		2.00
11	$\mu Fa(-)+\sum CS_i(\mu\sin\alpha+\cos\alpha\sin\beta)$	kN	829.79
12	横向滑动 $F_y \leqslant \mu F_z(-)+\min[CS_i(\cos\alpha\cos\beta)]$		满足要求
横向翻转 $F_y \cdot a \leqslant b \cdot F_z(-)$			
1	横向作用力 F_y	kN	381.26
2	横向力 P_y 绕转动中心翻转的力臂		20
3	倾覆力矩 $F_y \cdot a$	kN · m	838.28
4	横向翻转力矩		
5	垂向作用力 $F_z(-)$	kN	546.94
6	垂向力 $F_z(-)$ 绕转动中心翻转的力臂 b	m	9,90
7	批倾力矩 $F_z(-) \cdot b$	kN · m	5414.75
8	$F_z(-) \cdot b$	kN · m	5414.75
9	横向翻转 $F_y \cdot a \leqslant F_z(-) \cdot b$		满足要求
纵向滑动 $F_x \leqslant uF_z(-)+\min[CS_i(\cos\alpha\cos\beta)]$			
1	纵向作用力 F_x	kN	94.26
2	摩擦力计算		
3	摩擦因数		0.30
4	垂向作用力	kN	546.94
5	摩擦力 $\mu Fz(-)$	kN	164.08
6	$\mu Fa(-)+\sum CS_i(\mu\sin\alpha+\cos\alpha\sin\beta)$	kN	164.08
7	纵向滑动 $F_x \leqslant \mu F_z(-)+\min[CS_i(\cos\alpha\cos\beta)]$		满足要求
结论			
横向滑动	计算值 = 381.26kN < 抵抗值 = 829.79kN	满足要求	
横向翻转	计算值 = 838.78kN < 抵抗值 = 5414.75kN	满足要求	
纵向滑动	计算值 = 94.26kN < 抵抗值 = 164.08kN	满足要求	

综上所述，风电机组运输船 1 在运输塔筒、机舱轮毂、叶片等风电机组时，船舶稳性满足安全要求。

5

风机安装施工技术

5.1 风机结构参数及技术标准

5.1.1 风机结构参数

本项目采用 H176-6.25MW 风电机组，均为非嵌岩单桩基础，由塔筒、机舱、叶轮等主要部件组成。H176-6.25MW 风电机组参数见表 5-1。

H176-6.25MW 风电机组参数 表 5-1

名称	单位	技术参数	名称	单位	技术参数
额定功率	kW	6250	设计风区等级	IEC	Ⅱ
切入风速	m/s	3	切出风速(10min 平均值)	m/s	25
额定风速	m/s	10.2	机组运行温度(低/常)	℃	-30 ~ +40/-20 ~ +40
设计使用寿命	年	≥20	机组生存温度(低/常)	℃	-40 ~ +50/-30 ~ +50

1)塔筒

塔筒由 4 个分段组成，分为顶段、中上段、中下段及底段塔筒，其中底段塔筒与基础法兰连接，内设变压器、变流器单元。此外，底段塔筒内部有爬梯、电气柜，外部有进门爬梯、散热器支架及散热器等。每段塔筒内都有维护平台、维护爬梯、照明系统、电缆桥架等附件，各段塔筒参数见表 5-2。

塔筒参数 表 5-2

名称	附属件	尺寸参数(mm)	重量(t)	备注
第一段塔筒	塔段	$\phi6000 \times \phi5962.3 \times 20000$	122	总重 157t，变压器及变流器单元须在风机堆场进行组装
	变压器单元	$\phi5310 \times 5200$	23	
	变流器单元	$\phi5310 \times 3100$	12	
第二段塔筒	筒段	$\phi5962.3 \times \phi5958.5 \times 20000$	77	含附件
第三段塔筒	筒段	$\phi5958.5 \times \phi4966.3 \times 25000$	75	含附件
第四段塔筒	筒段	$\phi4966.3 \times \phi3985 \times 24643$	67	含附件

2)机舱

机舱由机舱主体及发电机散热外置总成组成。其中,机舱主体由发电机、齿轮箱、偏航电机等主要部件组成,发电机散热外置总成包括避雷针、风速风向仪、驱鸟器及连接电缆等附件,机舱主要参数见表5-3。

机舱参数 表5-3

名称	附属件	尺寸参数/规格型号	重量(t)	备注
机舱主体	机舱罩	10300mm×4950mm×4900mm	147	出厂前已预装好
	发电机	中速永磁,额定电压1140V		
散热外置总成	—	2200mm×5600mm×2300mm	3	风机堆场进行吊装

3)叶轮

叶轮由轮毂和3片叶片连接组成,连接方式为高强螺栓紧固连接,3片叶片之间均为120°角,风轮主要参数见表5-4。

叶轮主要参数表 表5-4

名称	附属件	尺寸参数(mm)	技术参数	重量(t)	备注
叶轮	轮毂	ϕ5680×4700	直径176m,扫风面积24328m^2	46	叶轮在施工现场进行组装
	叶片	87000		25	

5.1.2 技术标准

1)作业条件风速要求

(1)在平均风速大于8m/s时不得进行受风。

(2)面积大的起吊作业,如风轮吊装,叶片吊装;在平均风速大于10m/s、瞬时风速大于14m/s时不得进行吊装工作。

(3)遇有大雪、大雾、雷雨等恶劣气候,或夜间照明视野不好,指挥人员看不清工作地点,操作人员看不清信号时,不得进行起重作业。现场作业条件见表5-5。

现场作业条件 表5-5

工序	风速(m/s)	有义波高H_s(m)	备注
船舶靠泊		≤1	
塔筒吊装	平均风速≤10或阵风≤14		起吊对接时
机舱吊装	≤10		起吊对接时
风轮拼装及吊装	≤8		起吊对接时
叶轮内及在机舱外工作	≤12		
攀爬风机及在风机内	≤15		

2）基础法兰验收

（1）使用水准仪对单桩基础法兰面水平度复测，要求法兰水平度不大于3‰。

（2）要求单桩基础法兰面、桩体表面及套笼外平台无划痕或掉漆，保证法兰面平整，存在划痕及掉漆情况及时修补。

3）螺栓规格及力矩要求

螺栓规格及螺栓力矩要求见表5-6。

螺栓规格及螺栓力矩要求 表5-6

序号	螺栓位置	螺栓规格（mm × mm）	额定力矩（N · m）	压力值百分比（%）	压力表值（Pa）
1	塔基与底端塔筒	M64 × 450	12688	50	2.15×10^7
				80	3.45×10^7
				100	4.35×10^7
2	底端与中下段塔筒	M64 × 410	12688	50	2.15×10^7
				80	3.45×10^7
				100	4.35×10^7
3	中下段与中上段塔筒	M56 × 400	8422	50	1.9×10^7
				80	3.05×10^7
				100	3.8×10^7
4	中上段与顶段塔筒	M45 × 365	4354	50	2.1×10^7
				80	3.4×10^7
				100	4.25×10^7
5	顶段塔筒与机舱	M36 × 495	2178	50	1.9×10^7
				80	3.0×10^7
				100	3.75×10^7
6	机舱与轮毂	双头螺栓 M42 × 340	3488	50	1.7×10^7
				80	2.7×10^7
				100	3.4×10^7
7	叶根与变桨轴承	双头螺栓 M36 × 651	1400	64	2.62×10^7
				100	4.05×10^7
8	套笼与悬臂吊立柱	M24 × 120	435	100	1.65×10^7
9	悬臂吊立柱与臂架	M16 × 55	147.5	100	
10	叶片与轮毂	双头螺柱 M36 × 651	440kN（拉力）	100	8.82×10^7
11	轮毂与风轮风场安装支架连接	M42 × 120	2500	100	4.25×10^7
				100	2.4×10^7

续上表

序号	螺栓位置	螺栓规格(mm×mm)	额定力矩(N·m)	压力值百分比(%)	压力表值(Pa)
12	轮毂与风轮吊座	M52×160	2500	100	4.25×10^7
13	塔筒吊座工装螺栓	M64×420	2000	100	
		M56×400	1600	100	
		M45×380	1000	100	
		M36×520	500	100	
14	轮毂转运吊具螺栓	M42×120	1670	100	
15	叶片锁螺栓	M24×75	626	100	
16	风轮工装与延伸架螺栓	M36×70	300	100	

注：1psi = 6.895kPa。

4）电缆安装通用技术要求

（1）电缆布置应排列整齐、走线美观，应尽量避免交叉，在进入柜体或终端设备时在连接口处应随形留有自然弧度（有特殊规定要求的除外），电缆最小弯曲半径不小于10D（D为电缆外径），电缆绑扎应选用大小长度与线缆束相适合的扎带。

（2）布线时控制电缆与动力电缆应分开，当信号电缆与供电电缆并列平行敷设时其净距不应小于100mm，留有适当的间距，避免因大电流产生的磁场造成信号干扰。

（3）电缆沿梯形桥架敷设时绑扎间距为500mm（或每间隔一支踏柜），沿笼型桥架敷设时绑扎间距为300～500mm，敷设轮毂内电缆时须使用不锈钢扎带（配合U形橡胶条）和尼龙扎带交替绑扎，绑扎间距为100～300mm，电缆在转弯处应增加绑扎次数。

（4）电缆在过锐边或过孔时（或与其他棱角接触部位）应衬垫胶皮或边缘保护条，用来保护在此穿过的电缆。

（5）电缆在进入柜体时，应根据电缆外径选择相匹配的电缆穿线孔，原则上选择柜内接线端子正对的电缆孔进行穿线，动力电缆应注意电缆各相位与铜（母）排各相位对应一致，相序对应正确。

（6）柜体进线的橡胶穿线孔用美工刀呈十字形划开，十字孔不能超过穿线孔圆周，电缆从十字孔穿入柜内，待电缆端子压接完成后统一进行接线。

（7）控制柜/箱/盒（或设备）接线完成后将电缆防水接头拧紧，在防水接头位置吹缩热缩管进行防尘防潮防护，柜内多出的电缆需做好绝缘防护并布置到线槽内，柜外多出的电缆需捆扎成圈并绑扎固定在就近的桥架（支架）或其固定件上，悬空的电缆用扎带扎成线缆束。

（8）布置塔筒外部的电缆时需使用波纹管进行防护，在接入外部设备之前，应先在电缆上套入适当大小的热缩管，连接完成后将热缩管吹缩在电缆与防水接头上，电缆经塔筒壁过孔位置处使用密封胶进行密封防护。

(9)安装完成后检查要求(所有):再次核对电缆规格型号、电压等级等参数符合项目配置要求,电缆终端、电缆接头、安装牢固,电缆相序相色正确、连接和接线正确,电缆排布、绑扎方法、弯曲半径、绝缘阻值符合要求,电缆金属保护层、铠装、金属屏蔽层等接地良好,电缆无机械损伤、无外部设备干涉或挤压等情况。

5.2　主要船机设备选型

5.2.1　安装船初步选型

1)吊高吊重分析

(1)最大吊高分析。

最大吊高为安装船主起重机起吊机舱的高度,故只需分析机舱吊高是否满足要求。

机舱吊高(自法兰面计算)=第一段塔筒高度+第二段塔筒高度+第三段塔筒高度+第四段塔筒高度+机舱吊高+2m吊装安全余量。

机舱吊高 $h=20+20+25+24.6+12+2=103.6$m。

单桩基础高程为19m,考虑到登风梯的安全搭设高度差,安装船甲板面高程取18~20m,下面取不利高程18m进行分析。

所需安装船甲板以上吊高为:$H \geqslant 103.6+19-18=104.6$m。

(2)叶轮翻身吊高分析。

叶轮翻身所需吊高:h_1=叶片长度+轮毂直径+有效吊索具长度+2m吊装安装余量。

轮毂直径为5.7m,叶片长度为87m,吊带长度为12m。

故安装船极限吊高:$h_1 \geqslant 87+5.7+12+2=106.7$m。

(3)吊重分析。

最大吊重为安装船主起重机起吊第一段塔筒的重量,故只需分析第一段塔筒吊重是否满足要求。

第一段塔筒吊重:t=1.15(安全系数)×第一段塔筒总重(含吊索具)。

故所需吊重:$t \geqslant 1.15 \times 161=185.15$t。

(4)吊距分析。

运输船距安装船安全距离取2m,叶片有效宽度为5m,塔筒最大有效宽度为5.96m,机舱宽度为4.95m,各部件间及部件与船舷安全距离为1m。

运输船采用整机运输,若按图5-1进行装船,所需吊距为:$L_1 \geqslant 2+1+5 \times 3+5.96+1 \times 3=26.96$m。

若按图5-2进行装船,所需吊距为:$L_2 \geqslant 2+1+5 \times 3+5.96+4.95+1 \times 4=32.91$m。

2)初步确定安装船选型

初步考虑风机安装船吊距为35m时的吊高、吊重进行初步选船,见表5-7。

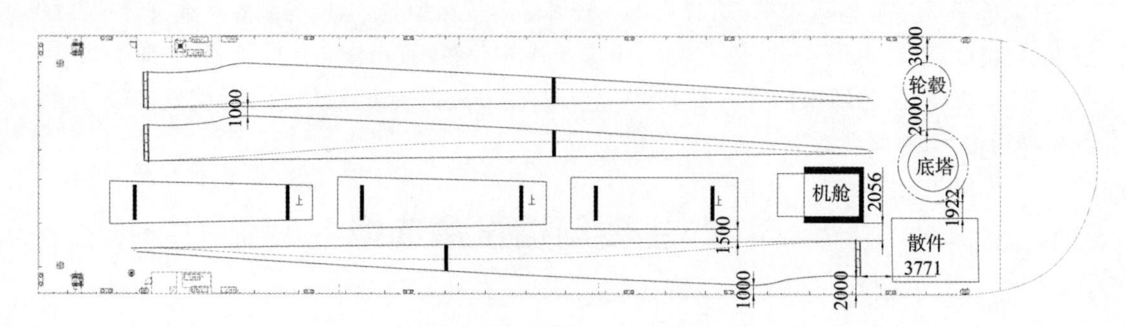

图 5-1　装船布置示意图 1(尺寸单位:mm)

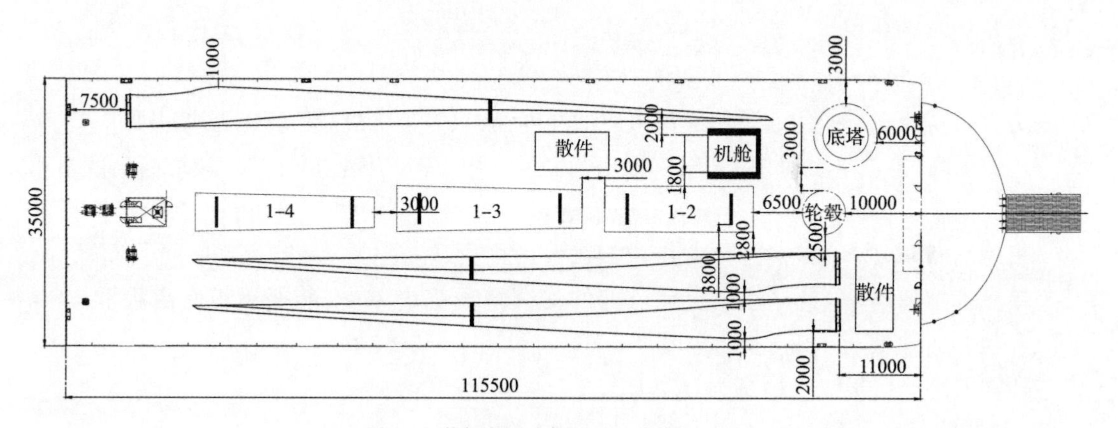

图 5-2　装船布置示意图 2(尺寸单位:mm)

安装船初步选用表　　表 5-7

船名	主起重机吊重(吊高)	35m 主起重机吊重(吊高)	辅起重机吊重	型深(m)	支腿长(m)
风电机组安装船 1	600t/108m	400t/106m	400t(履带起重机)	6.6	85
风电机组运输船 6	600t/118m	450t/114.6m	120t	7.0	91

(1)风电机组安装船 1。

风电机组安装船 1 主要技术参数见表 5-8、图 5-3、图 5-4。

风电机组安装船 1 主要技术参数　　表 5-8

船长(m)	78	型长(m)	78
型宽(m)	38.4	型深(m)	6.6
吃水(m)	4	桩腿数	4
桩腿长(含桩靴)(m)	85	主起重机吊重(t)	600
履带起重机吊重(t)	400	起重机极限吊高	108

图 5-3 风电机组安装船 1 示意图

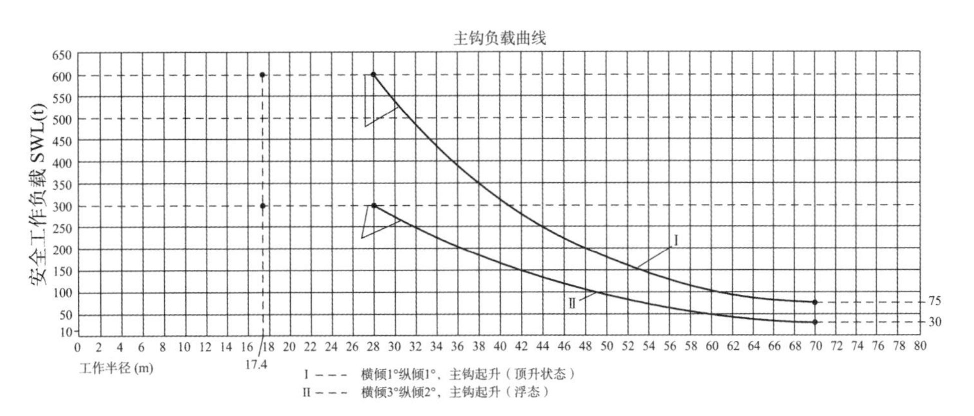

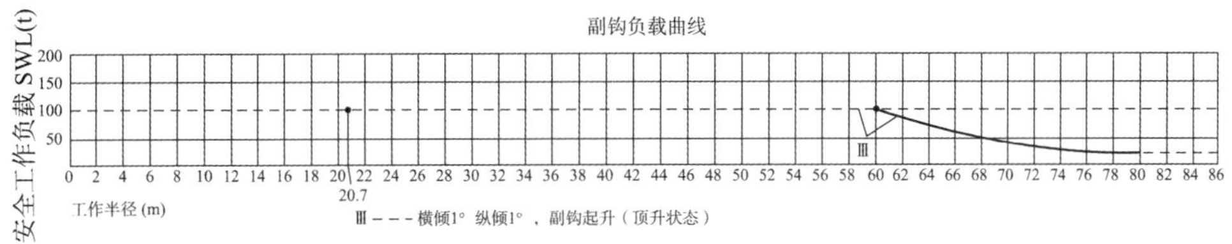

图 5-4 风电机组安装船 1 主起重机吊高、吊重曲线示意图

(2)风电机组安装船 2。

风电机组安装船 2 主要技术参数见表 5-9、图 5-5、图 5-6。

风电机组安装船 2 主要技术参数 表 5-9

支腿船底最大伸出长度(m)	71	型长(m)	75.6
型宽(m)	39.6	型深(m)	7.00
吃水(m)	4.4	桩腿数	4
桩腿长(含桩靴)(m)	91	主/辅起重机吊重(t)	600/120
单根桩腿重量(t)	800	起重机极限吊高(m)	118

图 5-5　风电机组安装船 2 示意图

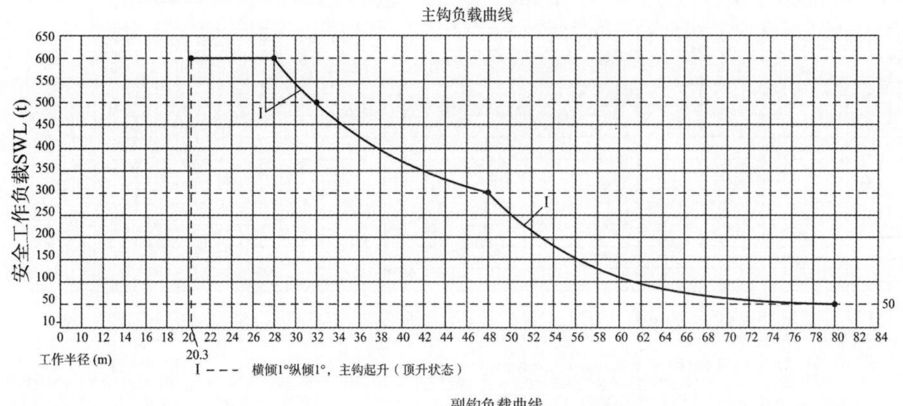

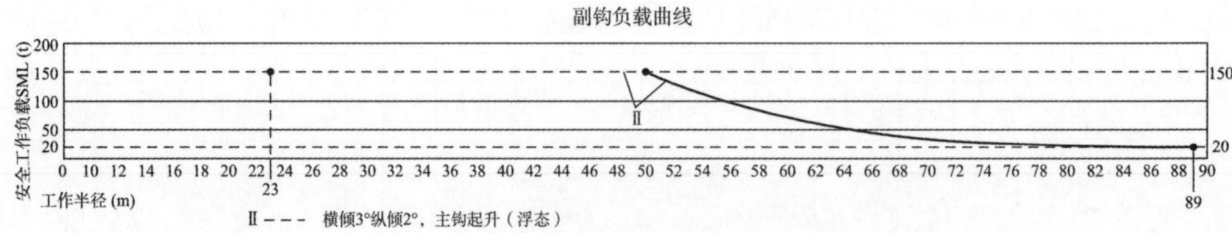

图 5-6　风电机组安装船 2 主起重机吊高吊重曲线示意图

5.2.2　选型确定

对所选安装船进一步进行插深分析，确保满足施工要求。

1）分析概述

由于风电机组安装船 1 的插拔腿性能比风电机组安装船 2 差，因此，选用风电机组安装船 1 进行插拔腿的分析。其每条桩腿的最大预压载为 3200t，即地基土对单根桩腿的最大承载力为 32000kN，桩靴面积为 103.552m^2。

以 2 号机位为例进行计算，2 号机位地质参数见表 5-10。

2号机位地质参数表(部分) 表5-10

层底深度(m)	层厚(m)	土层编号	岩土名称	土层描述	浮重度 γ(kN/m³)	未扰动的黏土不排水不固结抗剪强度 s(kPa)	砂土的内摩擦角 φ(°)
27.30	27.3	①	淤泥	流塑	6.5	8	
31.60	4.3	②	淤泥质黏土	流塑	6.8	25	
36.7	5.1	③-2	粉质黏土	软塑	7.8	30	

2)插腿计算公式

对于水下地基土对桩靴承载力的计算,不同性质的土层分别使不同规范中的公式来计算,一般分为三种性质的土,即黏性土、砂质土及粉土,其计算承载力的公式如下。

(1)黏性土。

对于不排水条件(海水中土的含水率饱和)的黏性土,美国造船与轮机工程师协会(SNAME)相关规范通过将传统桩靴基础等效成圆盘模型(图5-7),并进一步考虑桩靴基础的上覆土层压力,计算基础在黏性土中的垂向承载力。

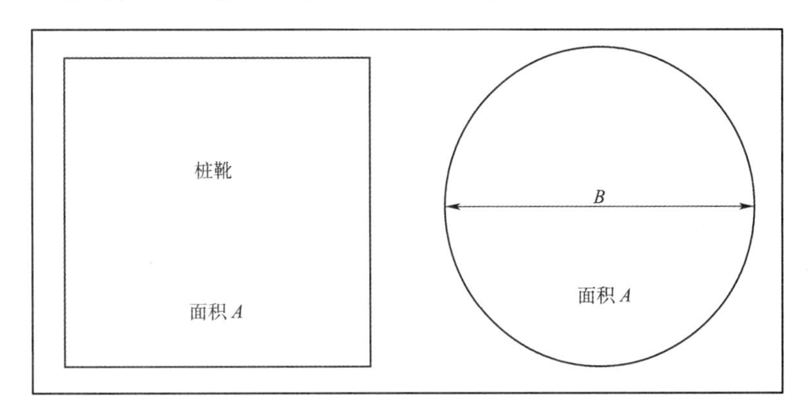

图5-7 等效(面积)圆盘模型示意图

SNAME相关规范中,计算土层垂向地基极限承载力的修正公式为:

$$F_v = (c_u N_c S_c d_c + P'_0)A \tag{5-1}$$

式中,F_v为桩靴基础垂向地基极限承载力;c_u为泥面D深度内土体不排水抗剪强度,D为桩腿插深;N_c为承载能力系数,承载能力系数只与内摩擦角φ成一定的正比例关系,见表5-11。黏性土的内摩擦角$\varphi=0$,从表5-11中可知,$N_c=5.14$。

太沙基公式承载力系数表 表5-11

内摩擦角 φ(°)	0	5	10	15	20	25	30	35	40	45
N_c	5.14	6.52	8.35	11.21	14.83	21.32	30.14	46.58	75.31	132.56
N_q	1	1.64	2.69	4.45	7.42	12.7	22.5	41.4	81.3	173.3
N_γ	0	0.51	1.2	1.8	4	11	21.8	45.3	125	326

S_c为桩靴形状系数，桩靴形状系数与形状的关系见表5-12。

桩靴形状系数　　表5-12

桩靴形状	形状系数		
	S_c	S_q	S_γ
条形	1.0	1.0	1.0
矩形(长L,宽b)	$1+b/L\times N_q/N_c$	$1+b/L\tan\varphi$	$1-0.4b/L$
圆形与方形	$1+N_q/N_c$	$1+\tan\varphi$	0.6

注：φ为土层的内摩擦角。

风电机组安装船1的桩靴形状为矩形，$L=12.8\text{m}$，$b=8.09\text{m}$，黏性土的内摩擦角$\varphi=0$，$N_q=1$，$N_c=5.14$，则：

$$S_C=1+8.09\div12.8\times1\div5.14=1.123$$

P'_0为有效上覆应力，$P'_0=\gamma\cdot(D-h)$，其中γ为土层重度，D为支腿插深，h为桩靴高度。

A为桩靴底面接触土层有效横截面积，$A=12.8\times8.09=103.552\text{m}^2$。

d_c为垂向承载力深度系数，d_c的计算公式为：

$$d_c=1+0.86D/B-0.16\,(D/B)^2 \tag{5-2}$$

式中：D——支腿插深；

B——桩靴面积的等效面积圆的直径，$B=\sqrt{103.552\div3.14}\times2=11.485\text{m}$。

当$D/B<3$时，随着D的增大，d_c值成一定的正比例关系增大；

当$D/B\geq3$时，随着D的增大，d_c值成仍会增大，但增长比例减小，使用式(5-2)计算所得的d_c值偏小。

因此，式(5-2)的计算适用范围为$D/B<3$，计算可知，风电机组安装船1的插深$D<B\times3=34.455\text{m}$时，可使用式(5-2)计算$d_c$值。

(2)砂质土。

对于砂质土，采用《海洋井场调查规范》(SY/T 6707—2016)中的公式来计算，由于极限垂向承载力大，因此考虑桩靴顶面被完全覆土回填，计算公式为：

$$F_v=(\gamma_1S_qDN_q+0.5\gamma_2S_\gamma DN_\gamma)\cdot A \tag{5-3}$$

式中：F_v——桩靴基础垂向地基极限承载力；

γ_1——桩靴基线以上土的有效重度；

γ_2——桩靴基线以下深度B内土的有效重度，B为桩靴宽度；

S_q、S_γ——桩靴底面形状系数，见表5-12，海龙瑞彩桩靴为矩形，故此处S_q取$1+b/\tan\varphi$，S_γ取$1-0.4b/L=0.747$；

D——插深；

A——有效横截面积；

N_q、N_γ——承载能力系数，根据土体内摩擦角按太沙基极限承载能力系数表确定，见表5-2。

(3)粉土。

对于粉土,考虑砂土和黏粒土的成分占比,一般通过土工试验进行确定,表现为不排水性时,按黏性土的承载力式(5-1)和式(5-2)进行计算;表现为排水性时,按砂质土的承载力式(5-3)进行计算。

实际计算时,可根据已得到的地勘参数进行判断,若参数中内摩擦角值为0,不排水抗剪强度值为0时,则表明为黏性土,按黏性土的承载力式(5-1)和式(5-2)进行计算;若参数中的不排水抗剪强度值为0,内摩擦角值不为0时,则表明为砂质土,按砂质土的承载力式(5-3)进行计算。

(4)穿刺破坏判断。

①穿刺破坏原因。

对于存有软弱下卧层的海洋地基,上部坚实土层提供的承载力受软弱下卧层的影响。在平台吊装作业或风暴自存状态下,受环境荷载影响,桩靴对地压力可能暂时超过设定的对地压力值,或桩靴地基因处于偏心受荷状态而导致地基承载力有所下降。此时,若坚实土层提供的极限承载力不足,桩靴地基可能会发生穿刺破坏。

在桩靴地基极限承载力随桩靴贯入深度的变化曲线上出现承载力随贯入深度下降段(图5-8),当桩靴承担的最大荷载超过上部土层的最大极限承载力时,桩靴地基会发生穿刺破坏。

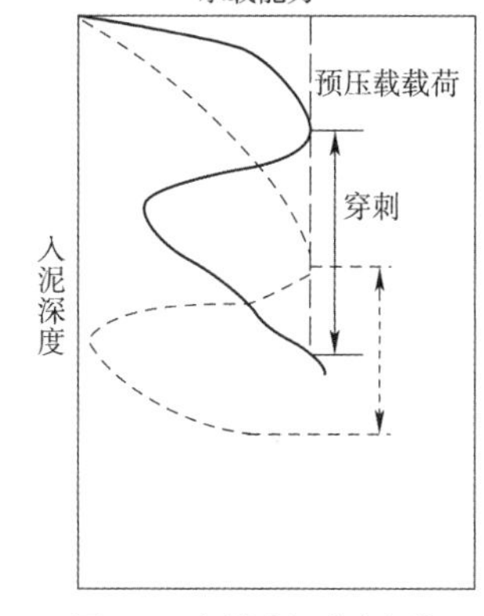

图5-8 穿刺破坏形成条件

②穿刺破坏判断。

由于环境荷载的不确定性,难以给出桩靴可能出现的最大对地压力及荷载偏心程度的确定值,一般采用以下两种方式进行穿刺破坏的校核。

a.采用在平台设计工况下得到的最大桩腿荷载乘以一定的安全系数K进行穿刺破坏的校核。

$$K=\frac{F_{\max}}{F_{D\max}} \tag{5-4}$$

式中:$F_{\max}$——桩靴位于坚实土层中计算出的最大承载力(kN);

$F_{D\max}$——设计指定(预计)的桩腿预压力(kN);

K——极限承载力安全系数。

根据SNAME的推荐,当硬土层提供的极限承载力安全系数$K \geqslant 1.5$且桩靴底部距离持力层底部的高度大于2.5m时,穿刺不会发生,则该位置适合平台插腿。

b.通过计算持力层下层土层的承载力明确承载力随深度的变化,从而判断是否会发生穿刺。

$$F_{\mathrm{D}+1}>F_{\mathrm{D}} \tag{5-5}$$

式中:F_{D}——持力层所计算的地基最大承载力(kN);

$F_{\mathrm{D}+1}$——持力层下一土层的地基最大承载力(kN)。

当式(5-5)成立且下一土层的层厚大于2.5m时,穿刺不会发生,此时该持力层适合平台插腿。

实际进行插腿计算时,通常使用第二种方法进行穿刺破坏的判断。

③穿刺破坏的应对。

若通过上述两种方法计算所得的结果进行判断,结果都表明会发生穿刺时,在插腿时应穿过该穿刺层,并进行下一持力层的穿刺分析,直到桩腿不会发生穿刺为止。

3)拔腿计算公式

支腿船起拔桩靴时的拔腿阻力主要由桩靴底面吸附力、桩靴上覆土对桩靴的压力、桩靴的侧摩阻力几部分阻力叠加形成。以风电机组安装船1为例进行计算分析。

(1)桩靴底面吸附力。

对于泥土中结构物提升过程中出现的吸附力的计算,有研究认为可以转化为浸没于介质中的刚体被提升时的塑性极限问题,结合斯肯普顿计算模型、太沙基极限承载理论,可推导出结构物离底的吸附力计算公式。根据验证,在插深较小的情况下,该公式的计算结果比试验结果大25%左右,误差随桩靴的插深增加而减小。下列计算公式,可应用于计算自升式平台拔腿过程中的桩靴吸附力:

$$F_{\mathrm{t}} = 5AS_{\mathrm{u}}\left(1.0 + 0.2\frac{D}{B}\right)\left(1.0 + 0.2\frac{B}{L}\right) \tag{5-6}$$

式中:F_{t}——土的理论吸附力(kN);

A——桩靴的水平投影面积,风电机组安装船1桩靴的投影面积为$103.552\mathrm{m}^2$;

S_{u}——桩靴所在土层的不排水抗剪强度(kPa);

D——桩靴入泥深度(m);

B——桩靴的宽度(圆形桩靴则为半径),风电机组安装船1的桩靴宽度为8.09m;

L——桩靴的长度(圆形桩靴则为半径),风电机组安装船1的桩靴长度为12.8m。

(2)桩靴上覆土对桩靴的压力。

海底表层土基本是饱和土,计算土体的重量时应使用土的有效重度,即消除水浮力的影响。当桩靴入泥较深时,如果土质随深度增加有明显的性质(即有效重度)变化,应根据勘探结果将地质数据分层列出以减小误差,其泥土对桩靴的压力也应按各层地质数据分别计算后相加:

$$F_{\mathrm{V}} = \sum \gamma_i A h_i \tag{5-7}$$

式中:F_{V}——第i层上覆土压力(kN);

γ_i——第i层上覆土有效重度($\mathrm{kN/m^3}$);

h_i——第i层上覆土厚度,$\sum h_i = D - h$,D为插深,h为桩靴高度(m);

A——桩靴上覆土的水平投影面积,风电机组安装船1桩靴上覆土的水平投影面积为$103.552 - 3.14 \times 1.8 \times 1.8 = 93.38\mathrm{m}^2$。

(3)桩腿重力。

风电机组安装船1单根桩腿重量为750t,则桩腿重力为$G = 7500\mathrm{kN}$。

(4)桩靴的侧摩阻力。

自升式平台桩靴的侧摩擦阻力计算,应结合实际情况保守考虑:桩靴处于较弱土与弱土的边界时,应按照桩靴完全与弱土接触,通过弱土相对应的地基参数进行桩靴侧摩阻力的计算,计算值较实际值偏大,保证安全性。

①黏性土桩侧摩擦阻力计算:

$$f(z) = \sum \alpha A S_u \tag{5-8}$$

式中:$f(z)$——桩侧轴向摩擦阻力(kN);

A——桩靴侧面与土层接触的表面积(下同),风电机组安装船1桩靴侧面与土层接触的表面积 $A = (12.8 + 8.09) \times 2 \times 2.1 = 87.738\text{m}^2$;

S_u——对应桩靴底部所在土层的不排水抗剪强度(kPa);

α——桩侧黏土摩擦阻力系数,按下式计算:

$$\varphi = \frac{S_u}{P_0'} \tag{5-9}$$

$$\alpha = 0.5\varphi^{-0.5} (\varphi \leqslant 1.0) \tag{5-10}$$

$$\alpha = 0.5\varphi^{-0.25} (\varphi \geqslant 1.0) \tag{5-11}$$

式中:P_0'——上覆土有效应力(下同)(kPa),$P_0' = \gamma \cdot (D - h)$,其中 γ 为土层重度,D 为支腿插深,h 为桩靴高度。

②砂质土桩侧摩擦阻力计算。

$$f(z) = \sum \beta A P_0' \tag{5-12}$$

式中:$f(z)$——桩侧轴向摩擦阻力(kN);

β——桩侧砂土摩擦阻力系数,其取值与土质类型有关,见表5-13。

API2GEO 推荐的(砂质土)土质参数 表5-13

土质类型	桩侧摩擦阻力系数 β	土质类型	桩侧摩擦阻力系数 β
中密的砂粉	0.37	密实的砂	0.46
中密的砂	0.37	非常密的砂粉	0.46
密实的砂粉	0.37	非常密的砂	0.56

4)计算过程

(1)插腿计算过程。

①支腿插深在泥面下27m的计算。

支腿插深在第一层黏性土中,其土层承载力采用式(5-1)和式(5-2)式计算,式中:

D 取27m,c_u 取8;

$B = 11.485$,$D/B = 2.351 < 3$,$d_c = 2.14$;

$\gamma = 6.5\text{kN/m}^2$,$p'_0 = \gamma(D - 2) = 6.5 \times (27 - 2.1) = 161.85$,得:

$$F_v = 26981\text{kN} < 32000\text{kN}$$

②支腿插深在泥面下28m的计算。

支腿插深在第二层黏性土中，其土层承载力采用式(5-1)和式(5-2)式计算，式中：

D取28m，c_u取25；

$B=11.485$，$D/B=2.438<3$，$d_c=2.15$；

$\gamma=6.8\text{kN/m}^2$，$p_0'=\gamma(D-2)=6.8\times(28-2.1)=176.12$，得：

$F_v=50300\text{kN}>32000\text{kN}$

③支腿插深在泥面下31.6m的计算。

支腿插深在第三层黏性土中，其土层承载力采用式(5-1)和式(5-2)式计算，式中：

D取31.6m，c_u取30；

$B=11.485$，$D/B=2.769<3$，$d_c=2.15$；

$\gamma=7.8\text{kN/m}^2$，$p_0'=\gamma(D-2)=7.8\times(31.6-2.1)=230.10$，得：

$$F_v=62470\text{kN}>32000\text{kN}$$

由计算可知，插深在28m时，土层承载力为50300kN，大于32000kN，满足支腿的承载力要求，且持力层下层土层对桩靴的承载力为62470kN，大于1.5倍的支腿最大承载力，且下方无软弱土层，因此，2号机位支腿插深大于28m时，桩靴无穿刺风险。

(2)拔腿计算过程。

①桩靴底面吸附力。

对于计算桩靴地面吸附力的式(5-6)中：

$A=103.552\text{m}^2$，$S_u=25\text{kPa}$，$D=28\text{m}$，$B=8.09\text{m}$，$L=12.8\text{m}$，则单根桩腿桩靴的底面吸附力为：

$$F_t=5\times103.552\times25\times(1.0+0.2\times28\div8.09)\times(1.0+0.2\times8.09\div12.8)=24672.803(\text{kN})$$

②桩靴上覆土对桩靴的压力。

对于计算桩靴上覆土对桩靴的压力的式(5-7)中：

$$\sum h_i=D-h=28-2.1=25.9(\text{m})$$

第一层淤泥质土厚27.3m>25.9m，因此，上覆土为第一层的淤泥质土。其中，有效重度$\gamma_1=6.5\text{kN/m}^3$，$A=93.38\text{m}^2$，上覆土厚度$h_1=25.9\text{m}$，则：

$$F_v=6.5\times93.38\times25.9=15720.523(\text{kN})$$

③桩腿重力。

桩腿重力为$G=7500\text{kN}$。

④桩靴的侧摩阻力。

已知2号机位桩靴入泥土层为第2层淤泥质黏土，其土层性质为黏性土，因此，使用桩靴在黏性土中侧摩阻力的式(5-8)～式(5-11)来进行计算，上述各式中：

$$S_u=25\text{kPa},P_0'=\gamma\cdot(D-h)=6.8\times(28-2.1)=176.12\text{kPa},A=87.738\text{m}^2,$$

$$\varphi=25\div176.12=0.1419<1.0,\text{则}\ \alpha=0.5\times0.1419^{-0.5}=1.32710$$

$$f(z)=1.32710\times87.738\times25=2910.932(\text{kN})$$

⑤拔腿总阻力。

拔腿总阻力为桩靴底面吸附力、桩靴上覆土对桩靴的压力、桩腿重力与桩腿及桩靴的侧摩阻力之和，即2号机位的拔腿总阻力为：

$$F = F_t + F_V + G + f(z) = 24672.803 + 15720.523 + 7500 + 2910.932 = 50804.258(kN)$$

5）可行性分析

（1）插腿可行性分析。

风电机组安装船1型深6.6m，甲板顶升高程为18m，则气隙高度为：18－6.6＝11.4m。

水下支腿最大长度＝支腿长度－船底以上支腿最小长度－船底至水面高度，即风电机组安装船1的水下支腿最大长度＝85－20－11.4＝53.6m。

可通过下式进行判断“海龙瑞彩”是否可施工：

$$D + h < L \tag{5-13}$$

式中：D——插腿深度（m）；

h——机位水深（m）；

L——水下支腿最大长度（m）。

当式（5-13）成立时，风电机组安装船1满足施工要求，可在该机位进行施工，反之则不满足施工要求，不能在该机位进行施工。

（2）拔腿可行性分析。

①冲桩系统。

实际拔腿过程中，风电机组安装船1可使用冲桩系统，单根桩腿冲桩系统的冲力M为：

$$M = 4.8 \div 4 = 1.2MPa = 1200(kPa)$$

而拔腿过程中单根桩腿的桩靴底面吸附力为：

$$F_t' = F_t / A = 24672.803 \div 103.552 = 238.265(kPa)$$

由于238.265kPa＜1200kPa，因此，拔腿过程中无桩靴底面吸附力。

②实际拔腿条件。

实际拔腿过程中各种力的作用极其复杂，目前暂未有明确的公式可进行推算，上述计算公式仅供参考，具体拔腿时需时刻关注支腿桩腿及船的动态，保证安全施工。

5.3 风机分体安装施工技术

大型风机整体重量可达1000多吨，无论是在岸上还是现场整体组装后再进行吊装，对起重船机设备要求都非常高，施工难度大。因此，风机分体安装施工才是被认可的主流的施工方法。顾名思义，风机分体安装施工就是将风机进行分体后进行安装。常见的风机分体式安装方法有两种：风机安装船及运输船就位后，依次将四段塔筒、机舱、风轮或四段塔筒、机舱、轮毂、叶片起吊进行安装。下面以风机安装船风电机组安装船1为例，阐述风机分体安装施工工艺。

5.3.1 风机分体安装施工工艺流程

两种常见的风机分体安装施工工艺流程分别如图5-9、图5-10所示。

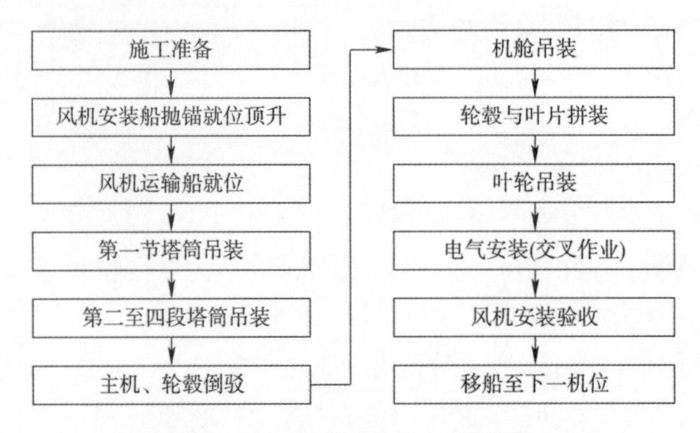

图 5-9　叶轮整体吊装施工工艺流程

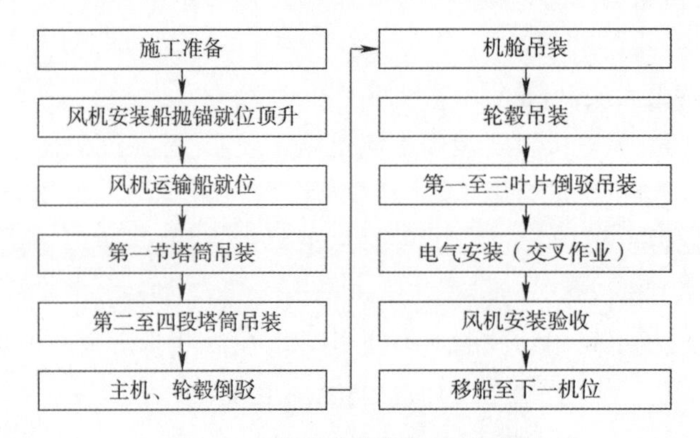

图 5-10　叶轮分体吊装施工工艺流程

5.3.2　船舶就位工艺

1)风机安装船

(1)风机安装船就位顶升。

安装船根据船上自带的全球定位系统(Global Positioning System,GPS),通过拖轮拖航至施工机位附近,顺水流方向布置,采用锚艇在平台船首跟船尾抛 4 个锚,锚缆长度不小于 450m(如有海缆,需避开),锚位如图 5-11 所示,通过 4 个锚调整平台位置距离单桩基础中心大约 20m 的距离,且风机安装船首成夹角顶涌顶浪。

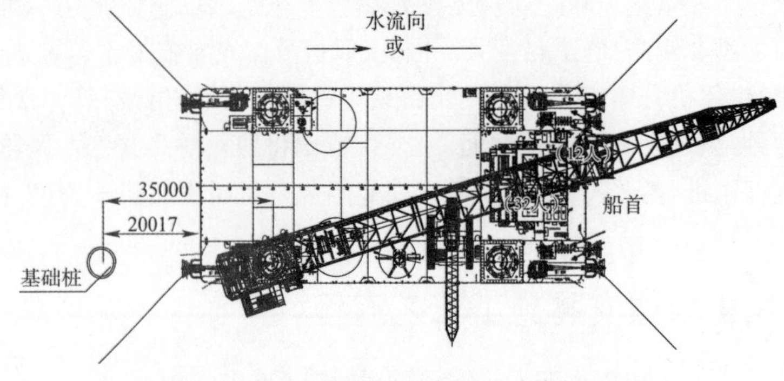

图 5-11　风机安装船锚位示意图(尺寸单位:mm)

根据船上的支腿插桩操作手册，按照放桩、压桩、平台抬升的顺序进行风机船插桩作业。平台抬升过程中适时放松锚缆，待平台压桩完成后（图5-12），将左舷两根锚缆全部松掉。安装船在抬升完成后安排人员24h监控4个桩腿的承载情况，若发现异常，需立刻进行抬腿或压腿操作。安装船顶升完成后做搭设登风梯、基础验收等准备工作。

图5-12　风机安装船顶升示意图

（2）安装船插拔桩腿施工。

①插腿施工。

a. 支腿与平台衔接处拔出插销。

安装船到达机位并完成定位后，安排人员到支腿与平台衔接处，听从驾驶台操作人员（支腿操控及显示页面位于驾驶台）的指令将插销拔出，准备开始插桩。插桩工作尽量在高平潮时进行，确保施工安全。

b. 支腿下放。

插销拔出后，由驾驶台处操控，将4条支腿同时进行下放至触泥，如图5-13所示。

c. 同步压腿。

支腿下放至泥面后，通过驾驶台处操控，进行同步压腿，如图5-14所示。

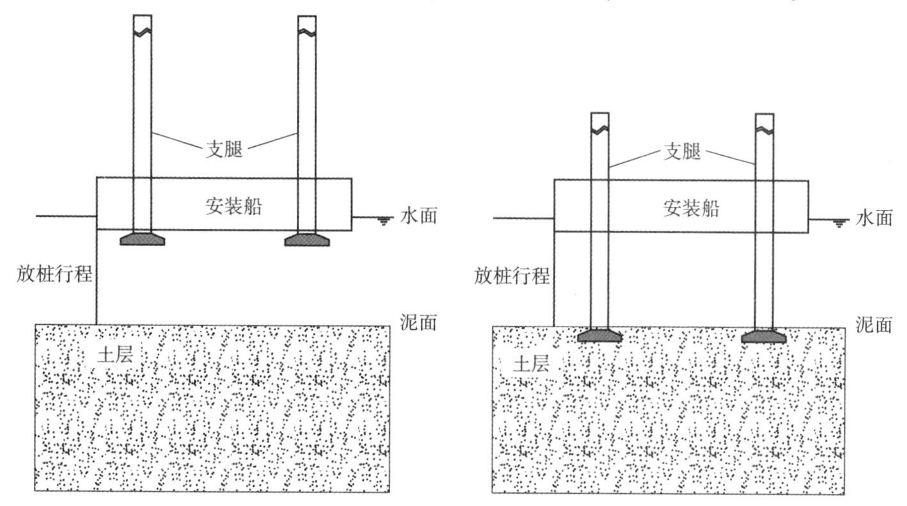

图5-13　支腿下放示意图　　图5-14　同步压腿示意图

同步压腿变成对角压腿的判断：当同步压腿到一定深度后，再进行同步压腿时，四条支腿的入泥深度出现较大出入时，使用对角压腿，保证施工安全。

d. 对角压腿。

依次进行1号→3号→2号→4号支腿的压载入泥，禁止同步进行压腿或不按顺序进行压腿，压腿入泥2m为对角压腿的一次循环。

循环进行对角压腿，至桩靴到达预定位置。风电机组安装船1插腿操控显示页面如图5-15所示。

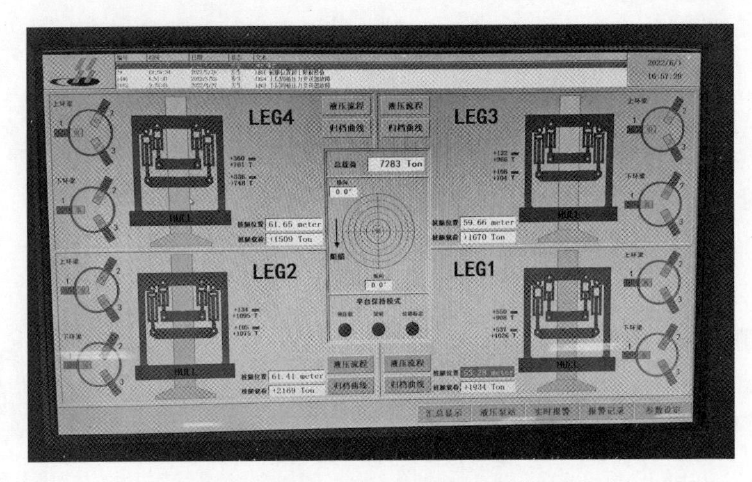

图 5-15　风电机组安装船 1 插腿操控显示页面

e. 支腿保压。

对角压腿至支腿在压载下不再下沉时，同时结合地质勘探参数确认此时支腿所在土层为支腿承力层时，按 1 号→3 号→2 号→4 号的顺序进行支腿保压，即继续进行压载一定时间(一般为 30min)后，确保支腿在该土层不会出现穿刺的情况。

f. 支腿与平台衔接处插入插销。

当保压后支腿不再出现下沉时，支腿与平台衔接处人员将插销插入桩腿，完成插桩。

插桩过程中，安排人员在 4 个支腿与平台衔接处随时进行查看与记录，出现问题时及时与驾驶台的操作人员进行联系，确保插桩过程中的问题能够及时得到解决。

插桩完成后，及时将定位锚缆放松，以免对锚缆造成损伤，同时保证平台的顺利顶升。

②拔腿施工。

a. 支腿与平台衔接处拔出插销。

施工完成后，安排人员到支腿与平台衔接处，听从驾驶台操作人员的指令将插销拔出，待安装船平台降至水面后，准备开始拔桩。

拔腿尽可能在高平潮时进行，禁止在涨潮时进行拔桩，降低拔桩风险。

b. 高压冲水。

同时对 4 根支腿侧面及桩靴底部进行高压冲水，尽量减少桩靴底部的吸附力和支腿侧面的侧摩阻力，降低拔腿难度。高压冲水的时间一般为 30min。

c. 对角拔腿。

按 1 号→3 号→2 号→4 号的顺序进行支腿的加载提升，禁止同步进行拔腿或不按顺序进行拔腿，拔腿提升 2m 为对角拔腿的一次循环。

对角拔腿变成同步拔腿的判断：当对角拔腿到一定深度后，再进行加载拔腿时，支腿的提升速度有较大提升时，可进行同步拔腿。

注意：对于地质较好的机位，或同步拔腿存在一定的施工风险时，可对角拔腿至支腿离开泥面,确保施工安全。

d. 同步拔腿。

同步拔腿至支腿离开泥面,同步拔腿过程中需时刻关注安装船的吃水情况,若吃水深度超出预期,需立即停止拔腿,确定原因并解决问题后再进行拔腿。

e. 同步收腿。

支腿离开泥面后,进行同步收腿。同步收腿过程中,安装船可进行移船;当移船距离较短且下个机位需要插腿时,支腿可不完全收起,减少下个机位插腿时的放腿时间,提高施工工效。

f. 支腿与平台衔接处插入插销。

同步收腿完成后,支腿与平台衔接处人员将插销插入桩腿,完成拔桩。拔桩过程中,须安排人员在 4 个支腿与平台衔接处随时进行查看与记录,若出现问题要及时与驾驶台的操作人员进行联系,确保插桩过程中的问题及时得到解决。

在支腿拔出泥面前,及时将安装船锚缆拉紧,确保支腿拔出泥面后,安装船不发生走锚,涌浪较大时,安装船先绞锚远离单桩基础后,再进行起锚移位。

2)风机运输船就位

运输船到达距离风机安装船附近 50m 左右位置后,靠近基础桩侧船首或船尾抛交叉锚,另一侧抛八字锚,锚缆长度不小于 300m,遇海缆需调整锚位避开。定位后,运输船绞锚至待安装位置,需保证安装船吊装范围全覆盖运输船,且运输船与机位平台及吊装船保持 2m 以上的安全距离,如图 5-16 所示。

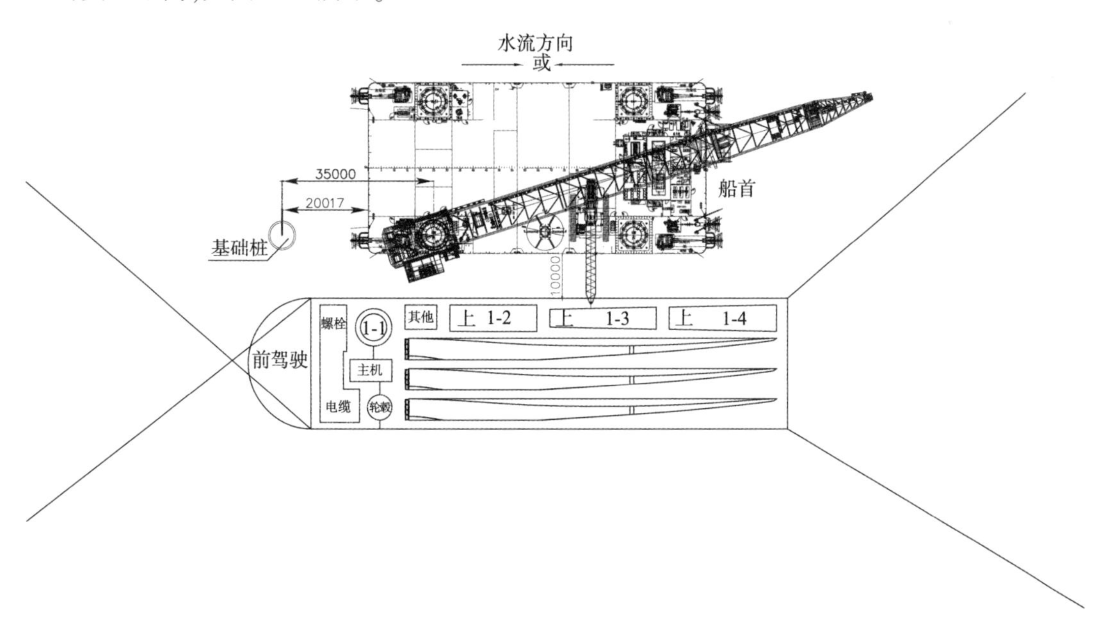

图 5-16　运输船就位示意图(尺寸单位:mm)

5.3.3 塔筒吊装工艺

1)施工前联合验收

船舶就位后,经业主、监理、施工方等联合验收合格后方可进行后续安装作业。主要验收内容如下:

(1)基础法兰验收。

①施工技术人员使用水准仪、三脚架和塔尺进行单桩基础法兰面水平度的复测,确保法兰水平度不大于3‰,并记录数据。

②检查单桩基础法兰面、桩体表面及套笼外平台是否有划痕或掉漆,使用清洗剂清理面上的污渍等杂物,使用砂轮机、锉刀或砂纸清除毛刺、凸点或锈蚀等,保证法兰面平整,存在划痕及掉漆情况及时修补。

③使用M16内六角扳手进行单桩基础内平台固定螺栓的检查,发现未紧固的螺栓及时进行紧固。

(2)风电机组部件验收。

①检查塔筒筒体、机舱轮毂叶片外表面,确认无损伤、裂缝、凹陷(深度大于2.5mm)等缺陷,检查塔筒、轮毂防雨盖或防雨布是否有效覆盖设备内部,塔筒、轮毂内是否有积水或污渍。

②检查塔筒内平台支撑、电缆桥架支撑、爬梯支撑,确认连接可靠、安装无缺陷。

③对于采用钢丝绳防坠落系统的塔筒,在起吊前,检查确认分段塔筒的临时防坠落钢丝绳安装完毕。

④检查塔筒、机舱轮毂内外表面、叶片外表面,确认油漆表面完好。

2)第一段塔筒安装

第一段塔筒采用立运,只需要在上法兰安装吊座及吊具,采用安装船主起重机进行吊装。

(1)塔筒清理与标识准备。

①清理塔筒内部杂物,检查塔筒法兰对接面,使用清洗剂清理面上的污渍等杂物,使用锉刀或砂纸清除毛刺、凸点或锈蚀等,保证法兰面平整。

②安装吊座前可提前对塔筒法兰中的安装吊孔进行标识。

③用记号笔将基础法兰上正对门外平台安装基础的零位(用钢印或红线标识的地方)标记出来。

④在基础内平台上6根支撑柱上提前安装6个调节支撑板(图5-17),待塔筒对位完成后再进行紧固。

⑤安装船甲板上的通风机连接通风管,待塔筒对位完成后,将通风管口放至在底塔内,使用通风机对塔筒内部进行除湿及降温。

(2)下一段塔筒安装物料准备。

采用履带起重机将第二段塔筒安装所需的物料(包括紧固件、电缆连接桥架等)和工具用可靠的包装及绑扎吊放到第一段塔筒上端平台，并做好防护。每段塔筒爬梯上下端固定一条临时安全保护钢丝绳，确保操作人员的人身安全，吊装完成后拆卸。

(3)螺栓准备与润滑剂涂抹。

将准备好的第一段塔筒与单桩基础法兰连接的螺栓吊运至风机单桩基础内平台上，且安装前需按工艺要求在螺栓、垫片、螺母处充分且均匀地涂抹螺纹润滑剂 MoS_2(图 5-18)。

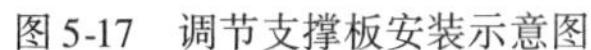

图 5-17　调节支撑板安装示意图

图 5-18　塔筒螺栓涂抹螺纹润滑剂

(4)塔筒法兰面密封胶涂抹。

在螺栓孔与法兰内外边缘中间位置涂抹 2 圈密封胶，同时在法兰孔之间涂抹硅胶连接内外圈形成"口"字形。硅胶宽度不超过法兰对接面边界，连续无断点，硅胶位置紧靠法兰通孔，硅胶宽度约 5mm，如图 5-19 所示。需要注意，密封胶涂抹不到位会导致塔筒法兰进水，螺栓生锈。

(5)安装塔筒吊具。

在运输船舶上，将上法兰塔筒吊具：吊座、法兰、钢丝绳、吊带、卸扣、外六角螺栓、六角螺母、平垫圈、单轨滑车等按图 5-20 组装起来。

图 5-19　密封胶涂抹示意图

在第一段塔筒上法兰上使用 8 颗工装螺栓 M64 × 380、8 个螺母 M64 和 16 个平垫圈 64 安装 4 个塔筒上吊座，安装吊座前可提前对法兰安装吊孔进行标识，保证吊钩左边 2 个吊座和右边 2 个吊座关于中心线对称。吊钩应挂住圆环吊带中心位置，起吊时保证两组吊座平衡，防止吊座随单轨滑车滑动。

吊座安装完成后，使用 2 根 ϕ86mm × 12m 压制钢丝绳分别与两个 120t 单轮滑车和上法兰的 4 个吊座相连接，用 2 根 60t × 4m 圆环吊带的两端分别挂住 120t 单轮滑车的卸扣和主起重机主钩。安装完成后，拆除塔筒法兰上的支撑架、运输工装以及其他固定装置，准备起吊塔筒，如图 5-21 所示。

注意：塔筒吊座安装时工装螺栓必须按润滑方式涂抹螺纹润滑剂 MoS_2，并按要求用电动扳手紧固螺栓。安装塔筒吊具的操作人员必须佩戴安全带和安全双钩。

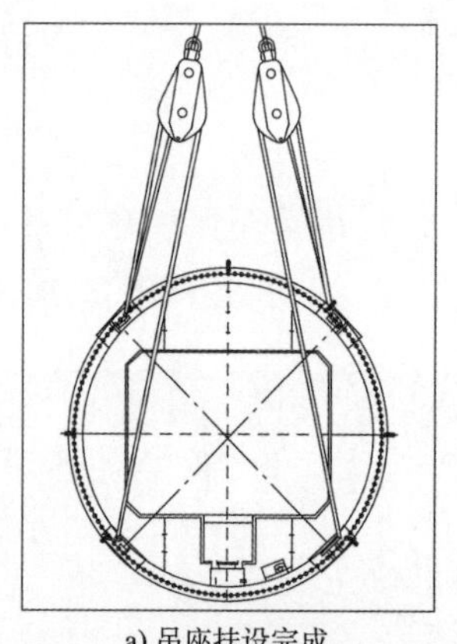

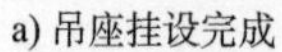

a) 吊座挂设完成

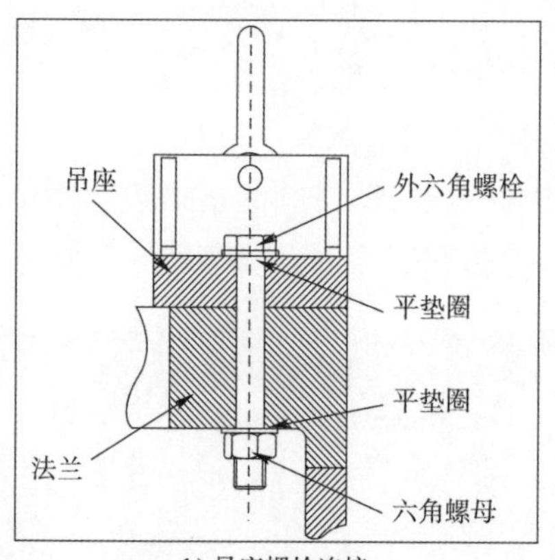

b) 吊座螺栓连接

图 5-20　塔筒顶部吊具安装示意图

图 5-21　塔筒顶部吊具安装示意图

(6)塔筒起吊。

将塔筒起吊,待塔筒离开地面大约 1m 后,清理塔筒下法兰的灰尘杂质,呈 180°方向在塔筒下法兰上系两根不短于 15m 的导向风绳,用来引导塔筒下落并对准过渡段的安装孔位。必须确保塔筒门朝向与标记一致。

主起重机继续平稳提升,塔筒起吊过程要缓慢进行,防止塔筒摆动过大,影响塔筒内部的电气柜,且不允许晃动或磕碰到船上的设备。

将塔筒缓慢平稳吊至塔基正上方,然后再缓缓下降。在下降过程中注意塔筒门、内爬梯和动力电缆夹板的正确位置,用缆风绳调节塔筒角度,快要下落到既定位置时,在基础法兰上穿入 3 个锥销,然后缓慢对准空位落下塔筒,如图 5-22 所示,对齐法兰面后,拧入螺栓、螺母和垫圈,当环形均布 12 颗螺栓穿孔后,将塔筒继续落下安装于基础上,手动拧紧剩余的螺母。

注意:①每段塔筒连接螺栓从下往上穿,如图 5-23 所示,螺母处垫片倒角朝向螺母,螺母带钢印的一面朝向外侧,按工艺要求充分且均匀地涂抹螺纹润滑剂;②安装塔筒过程中拆除的部件需妥善保管防止坠落,拆除吊具时,人员必须做好防坠落保护。

(7)螺栓紧固。

①电动扳手紧固螺栓。

先用 2000N · m 电动扳手打紧所有连接螺栓(仅允许十字交叉、对称逐颗紧固),如图 5-24 所示。紧固时,按照十字对角顺序紧固所有螺栓,依次紧固上 1、下 2、左 3、右 4 螺栓为一个紧固循环,然后顺时针进行下一循环。如果两个工组同时作业,同时紧固上 1、下 2 两颗螺栓,接着紧固左 3、右 4 两颗螺栓,如图 5-24b)所示(图中外圈数字为螺栓紧固顺序,采用十字交叉法,1 ~ 4 为 1 个循环)。然后顺时针进行下一循环。所有螺栓用 2000N · m 电动扳手预紧后即可摘钩。

图 5-22　第一段塔筒吊装对位示意图

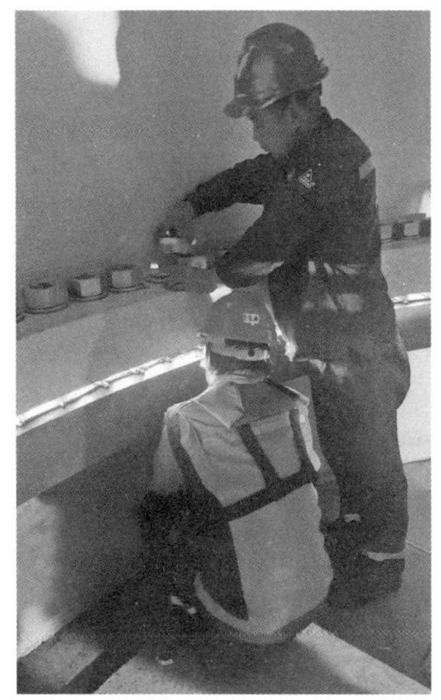

图 5-23　螺栓安装示意图

a) 电动扳手紧固螺栓

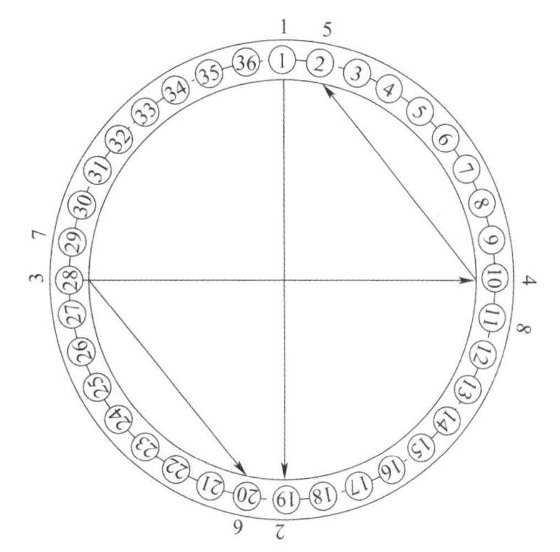

b) 螺栓紧固顺序

图 5-24　电动扳手紧固螺栓示意图

②螺栓力矩紧固(液压扳手)。

电动扳手预紧之后开始进行液压扳手紧固,液压扳手螺栓紧固(图 5-25)顺序和电动扳手紧固顺序一致,塔筒法兰连接螺栓紧固力矩按要求分三次进行,第一次紧固力矩为规定值的 50%(即 6344N·m),第二次紧固力矩为规定力矩值的 80%(即 10150.4N·m),达到额定值的 80% 后即可进行下一段塔筒吊装。最后以终拧力矩值(即 12688N·m)全部校验一遍,力矩打完后检测塔筒连接法兰处无间隙。

注意:打完最终力矩后在螺栓所有外露表面充分且均匀地涂抹水性防腐涂料,做好螺栓防腐,并使用马克笔做一字贯穿标记。完成后填写《机械安装检查清单》,当白天吊装完成或

图 5-25 液压扳手紧固螺栓示意图

不进行吊装后，就需要从上到下重新冲击一次，然后把螺栓力矩打到最终力矩。如果不能按照要求(24h内)打到最终力矩，须立即停止安装。

3)第二段塔筒安装

当第一段塔筒螺栓预紧力矩达到额定值的80%后，即可进行第二段塔筒吊装。第二至四段塔筒均采用卧运至现场，故需在下法兰安装溜尾吊座进行塔筒翻身竖直，后续安装方法与底塔安装基本一致。

(1)连接螺栓及其他准备。

①采用履带起重机将包装好的下一段塔筒安装所需的物料(包括紧固件、电缆连接桥架等)和工具放入塔筒上部平台并固定好。

②每段塔筒连接螺栓在塔筒安装前要涂抹螺栓润滑剂，涂抹方法与第一段塔筒安装螺栓相同。

③塔筒安装前，需在上一段塔筒上法兰面上涂抹密封胶，涂抹前先用可赛新高效清洗剂清理法兰面上的混凝土渣及垃圾、灰尘。

(2)塔筒吊具安装。

上法兰塔筒吊具安装方式及安装位置与立运时相同，不过吊座需采用 M56 调整套及配套工装螺栓 M56×380 进行安装，然后使用 2 根 ϕ86mm×12m 压制钢丝绳分别与两个 120t 单轮滑车和上法兰的 4 个吊座相连接，用 2 根 60t×4m 圆环吊带的两端分别挂住 120t 单轮滑车的卸扣和主起重机主钩；下部法兰采用 2 个 90t 溜尾吊座起吊，配 4 套工装螺栓 M64×380、4 个螺母 M64 和 8 个平垫圈 64 安装吊座，螺栓使用 2000N·m 电动扳手紧固，两个吊座相对中轴线对称分布(夹角小于或等于 90°)，安装吊座前可提前对法兰安装吊孔进行标识，通过 2 根 45t×7m 环形吊带分别连接履带起重机主钩和两个溜尾吊座的卸扣，如图 5-26 所示。

图 5-26 塔筒上下法兰吊具安装示意图

(3)塔筒翻身起吊。

主起重机和履带起重机同时起吊，起重机要匀速起吊，避免突然加速和突然减速。主起重机继续提升，履带起重机调整塔筒底端和甲板的距离，直至塔筒最低处距离地面大于 1.5m，翻转塔筒直至竖直，如图 5-27 所示，翻身过程中避免塔筒与任何物体发生碰撞。翻身完成后，在地面放置呈正三角形分布的三块枕木用于放置塔筒，枕木高度不小于 0.5m，拆除塔筒下法兰的吊座。

在塔筒下法兰安装两根导向风绳，用来引导塔筒的下落方向。主起重机继续平稳提升，将塔筒缓慢平稳吊至塔基正上方，然后再缓缓下降，用缆风绳调节塔筒角度，快要下落到既定位置时，在第一段塔筒法兰上穿入 3 个锥销，然后缓慢对准空位落下塔筒，对好螺栓孔位，完成塔筒对位,如图 5-28 所示。

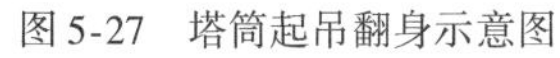

图 5-27 塔筒起吊翻身示意图

图 5-28 第二段塔筒对位完成示意图

(4)塔筒法兰安装螺栓。

塔筒缓慢落下,快下落至既定位置时,用记号笔标记出第二段塔筒下法兰零位,引出标记线,用缆风绳调节塔筒角度,零位对齐后再检查塔筒底法兰和第一段塔筒法兰孔对齐不错位,对齐后塔筒缓慢下落到法兰上。对好螺栓孔位,然后穿入 3 ~ 4 个螺栓定位,要求螺栓能自由通过,螺栓从下往上穿过两个法兰(螺母在上侧),手动将螺母旋入到螺栓上,手动拧上所有螺栓后,将起重机的负载调到 5t 左右。

(5)螺栓紧固。

先使用电动扳手紧固螺栓(仅允许十字交叉、对称逐颗紧固),所有螺栓用 2000N · m 电动扳手预紧后,起重机即可松钩并拆除吊具。电动扳手预紧之后开始进行液压扳手紧固,液压扳手螺栓紧固顺序和电动扳手紧固顺序一致,紧固力矩按要求分三次进行,第一次紧固力矩为规定值的 50%(即 6344N · m),第二次紧固力矩为规定力矩值的 80%(即 10150.4N · m),达到额定值的 80% 后即可进行第三段塔筒吊装,最后以终拧力矩值(即 12688N · m)全部校验一遍,力矩打完后检测塔筒连接法兰处无间隙。

注意:第一段或第一、二段塔筒吊装完成后,若因为现场气候等因素,第三、四段塔筒吊装与第一、二段塔筒吊装时间相隔很长,需要在第一段或第二段塔筒法兰上盖上防雨盖,防雨盖通过螺栓与法兰螺栓孔连接固定。

4)第三、四段塔筒安装

当上一段塔筒螺栓预紧力矩达到额定值的 80% 后,即可进行下一段塔筒吊装。第三、四段塔筒吊具及吊装方法与第二段塔筒相同,只需注意以下几点:

①吊座安装。

第三段塔筒上法兰吊座采用4套M45吊座调整套及配套工装螺栓M45×340进行安装,下法兰溜尾吊座采用2套M56吊座调整套及配套工装螺栓M56×360进行安装;第四段塔筒上法兰吊座采用4套M36吊座调整套及配套工装螺栓M36×480进行安装。吊座安装均使用2000N·m电动扳手紧固。第三段塔筒起吊翻身如图5-29所示。

图5-29　第三段塔筒起吊翻身示意图

②连接螺栓紧固。

螺栓安装完成后,先使用2000N·m电动扳手预紧,后使用液压扳手分三次紧固(仅允许十字交叉、对称逐颗紧固)。

第三段塔筒法兰连接螺栓第一次紧固力矩为规定值的50%(即4211N·m),第二次紧固力矩为规定力矩值的80%(即6738N·m),最后以终拧力矩值(即8422N·m)全部校验一遍;第四段塔筒法兰连接螺栓第一次紧固力矩为规定值的50%(即2177N·m),第二次紧固力矩为规定力矩值的80%(即3483.2N·m),最后以终拧力矩值4354N·m全部校验一遍。力矩打完后检测塔筒连接法兰处有无间隙。

③第四段塔筒和机舱不能在12h内完成吊装时,应停止第四段塔筒吊装,并对第三段塔筒采取防雨措施。

5)塔筒吊装不同工艺

根据风机安装船的不同,安装船不满足双机抬吊翻身,或当海况较差时,第二至四段塔筒无法在运输船上直接抬吊翻身,可选择使用吊梁转运吊具将塔筒转运至安装船甲板,然后在甲板上进行塔筒翻身吊装。

将吊带、吊梁、卸扣(参数见表5-14)组装起来,扁担梁上部吊带挂设于主起重机主钩,扁担梁下部两根吊带分别套于塔筒两端,环眼距两端2.5m,同时在塔筒两端各挂设缆风绳。所有吊具挂设完成后,起吊塔筒将塔筒倒驳上安装船甲板,如图5-30所示,横放于甲板上预先放置的楔形枕木沙袋或制作专用的工装上,防止塔筒滚动及避免塔筒直接接触地面刮伤表面。

第二至四段塔筒倒驳需用吊具表　　表5-14

序号	名称	规格	数量	单位	备注
1	高强环形吊带	RH01-60,$L=16$m	2	条	双折使用
2	扁平卸扣	BK120	2	件	
3	吊梁		1	件	
4	弓形卸扣	S-BX85-3	4	件	
5	防护型吊带	R02-70,$L=25$m,环眼长2.5m	2	条	塔筒转运吊带

6)塔筒附件安装

按工艺要求安装塔筒各法兰防雷接地铜带、塔门外爬梯、基础环延伸段爬梯等。

图 5-30 塔筒倒驳示意图

5.3.4 机舱吊装工艺

当第四段塔筒螺栓预紧力矩达到额定值的80%后,即可进行机舱吊装,吊装机舱采用主起重机主钩。

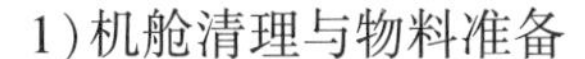

1)机舱清理与物料准备

(1)拆除机舱主轴防雨布,使用高效清洗剂清洗机舱罩外表面及主轴前端面,保证主轴前端面无破损、无异物、无油污,检查主轴前端面法兰表面是否存在毛刺或磕碰等造成的凸起,如有存在需使用锉刀砂纸打磨平整,检查机舱是否完好无损。清洁及检查完成后再将防雨布盖上,待风轮吊装前再拆除。

(2)塔筒及机舱连接所用物料已在第四段塔筒吊装时放置在塔筒顶部平台,只需将机舱与轮毂对接所用的紧固件、风轮锁紧销、电缆吊装工装、平台爬梯、需要使用的工具等放入机舱并可靠固定。清理机舱内部杂物,确认所有部件都可靠固定。

2)机舱吊具安装

(1)机舱吊梁上部连接1根120t×4m环形吊带,并将环形吊带与起重机吊钩可靠连接。

(2)在机舱吊梁下部连接4个55t弓形卸扣,吊梁前部(连接机舱前端轴承吊耳处)卸扣分别连接25t×5.3m防护型吊带,后部卸扣分别通过1个50t特制花篮螺栓连接1根25t×3.2m防护型吊带,吊梁下部连接吊带均双折使用,吊带另一端分别连接一个50t卸扣,机舱吊具组装完成后,起吊整个机舱吊具。

(3)打开机舱罩顶端盖板,将吊具吊至机舱顶上,4根索具缓慢落入机舱内部,将索具卸扣与前端轴承吊耳连接,后端吊带与机架吊耳连接,如图5-31所示。注意,吊具安装时不得与机舱内部附件干涉。机舱吊具安装时,操作人员必须佩戴安全带和安全双钩。

3)机舱轮毂倒驳

采用主起重机把机舱倒驳到安装船平台上,如图5-32所示,同时,履带起重机进行轮毂及螺栓等零部件的倒驳。

倒驳轮毂时,先拆除轮毂上方导流罩,在轮毂上方转运吊座安装位置上用6颗M42×120螺栓安装3个轮毂转运吊座。

注意:①如果海况较差,涌浪较大时,主机可增加50t×5.3m的吊带进行加长倒驳。倒驳时通过使用缆风绳保证机舱转运平稳。②当海况条件较好时,为了提高安装效率,可直接在运输船上拆除机舱运输工装后直接吊装。③未拆除机舱运输工装起吊前须通过调整机舱花篮螺栓长度,避免机舱重心偏移主钩中心线而导致机舱前倾。

图5-31　机舱吊具安装示意图

图5-32　机舱倒驳示意图

(4)倒驳后如不能及时吊装则需关闭天窗孔,并做好防护措施。

4)机舱吊装

(1)风绳悬挂。

在机舱内前端及后端分别悬挂1根缆风绳,缆风绳的另一端分别通过机舱逃生口和机舱主轴处与安装船甲板上地令和叉车相连,如图5-33所示,通过人员和叉车牵引来控制机舱的方向。

图5-33　缆风绳悬挂示意图

(2)机舱运输工装拆卸。

机舱吊具安装完成后,使用液压扳手或电动扳手松开机舱运输工装与偏航轴承连接双头螺栓,并密封后支架盖板,撕掉机舱后侧及右侧两个窗口的密封胶带。

(3)机舱试吊。

机舱起吊前,需检查机舱表面,对掉漆处进行补漆,由 2 ~ 3 名工作人员站在第四段塔筒上平台,清理上法兰面,清除锈迹毛刺。

试吊机舱至 0.1m 高,观察基座底面水平度和吊具情况。静置 10min,如无异常提升至 1m 高。在机舱法兰面正下方放置 6 块高度大于 0.5m 的垫块,清理机舱底部法兰,如图 5-34 所示。同时确保吊具特别是吊带安全且捋顺,以使得偏航法兰面(与塔筒连接的法兰面)方便与塔筒法兰对接。

(4)机舱起吊与塔筒对接。

将机舱提升到超过顶段塔筒的上法兰后,按照塔筒平台工作人员的指挥缓慢移动起重机,吊装过程中,必须使用缆风绳控制机舱的转动,待机舱在塔筒的正上方时,缓慢下降机舱,使机舱法兰与塔筒法兰对齐并接触,如图 5-35 所示,将机舱与塔筒连接的 M36 ×495 外六角螺栓手动拧入对应的孔位中,再按十字对称方式用 2000N · m 电动扳手进行紧固。

图5-34　机舱底部法兰清洁示意图

图 5-35　机舱与塔筒连接示意图

注意:机舱齿轮箱端面要调整到尽可能面向主起重机的吊臂方向。

电动扳手预紧之后,开始进行液压扳手加套筒头紧固,按十字对称、逐颗预紧方式使用液压扳手预紧螺栓。法兰连接螺栓紧固力矩按要求分三次进行,第一次紧固力矩为规定值的 50%(即 1089N · m),此时起重机可全部卸载;第二次紧固力矩为规定力矩值的 80%(即 1742.4N · m);最后以终拧力矩值全部校验一遍。

(5)吊具拆卸及平台盖板复装。

当拧紧力矩为额定值的 80% 时即可摘钩,将吊梁放至最低点,安装人员在机舱内拆卸吊具连接机舱吊点处的卸扣,将吊具吊至甲板。吊具拆卸完后,施工人员需要对盖板密封机舱 4 个吊点处的盖板孔进行复位。对盖板进行复装,对连接螺栓涂抹防腐面漆。机舱吊装完成如图5-36所示。

注意:①吊具拆卸过程需要注意安全,在机舱顶部作业的人员需要佩戴安全带和防坠落装置,要注意防滑,且应安排人员(甲板上)时刻关注拆卸吊具的工人;保持对讲机通信有效,一旦发生危险,立即停止作业并组织救援。②起吊吊具时,机舱吊孔下方严禁站人;降下引导绳前,必须保证塔筒附近无人逗留,确保安全。

图5-36 机舱吊装完成示意图

(6)机舱底部爬梯和电缆悬挂架安装。

机舱吊装完成后,分别用M12螺栓和M16螺栓将机舱底部爬梯和电缆悬挂架安装于机舱底部平台上,如图5-37所示。后续在放机舱电缆时,将下放的电缆一一穿入电缆吊网,并将电缆吊网悬挂在电缆悬挂架中间的吊环上。

a) 机舱底部爬梯

b) 电缆悬挂架

图5-37 机舱底部爬梯和电缆悬挂架示意图

5.3.5 叶轮整体吊装工艺

先将轮毂起吊安装在叶轮安装支架上，然后叶片采用主起重机和履带起重机抬吊的方式，与安装船甲板上的轮毂拼接成叶轮，吊装叶轮与主机主轴对位安装即可。

1）风轮组装

（1）风轮安装支架定位。

将叶轮安装支架焊接在船甲板上，与船甲板接触的位置全部满焊。在叶轮安装支架周围3m处的甲板上短支架延长线上焊接3个手拉葫芦挂点，并用3个20t葫芦将挂点与叶轮安装支架拉紧，如图5-38所示。

（2）吊装前准备。

检查所用吊具、工装、工具是否完好，以保证其可靠性，用可赛新高效清洗剂清洁轮毂导流罩表面，检查表面有无缺陷；检查轮毂变桨轴承与叶片法兰接触面有无损伤；检查轮毂变桨轴承外圈“0”位标识，检查轮毂拉伸器工艺孔应无异物；确保拉伸器能顺利通过工艺孔。

（3）轮毂起吊至支座安装。

先拆卸运输工装，然后将轮毂系统起吊至安装船甲板上的风轮安装支架上，其中两个导流罩叶片安装孔要求与支架垂直摆放。同时，风轮主吊点位置与辅吊点位置呈180°，如图5-39所示。

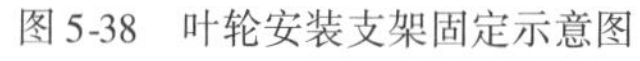

图5-38　叶轮安装支架固定示意图

图5-39　轮毂与运输工装拆卸分离示意图

用M42×120螺栓和垫片将轮毂连接在安装船甲板上的轮毂支架转接盘上（图5-40），使轮毂固定，安装前需按工艺要求充分且均匀地涂抹螺纹润滑剂 MoS_2，并用电动力矩扳手加套筒头将螺栓紧固至力矩值2000N·m。

（4）叶片起吊倒驳。

叶片采用两点抬吊方式进行吊装，即叶根吊带兜吊，叶尖吊装叶尖弧形托架，叶片拼装顺序如图5-41所示。

①第一片叶片起吊：叶根吊带挂设在主起重机副钩上，履带起重机主吊钩通过吊带连接叶尖运输支架，主起重机与履带起重机同时起吊叶片，抬升至超过轮毂高度，缓慢起吊至第

一片叶片对应的轮毂处,如图 5-42 所示。

图 5-40　拼装支座与轮毂连接图

图 5-41　叶片拼装顺序示意图

a) 叶片起吊

b) 叶片对位

图 5-42　第一片叶片起吊示意图

注意:起吊第一片叶片前,须在叶尖处预先安装风轮溜尾吊带,便于风轮起吊翻身,翻身完成后再进行拆除。

②第二片叶片起吊:叶根吊带挂设在履带起重机主吊钩上,主起重机副钩通过吊带连接叶尖运输支架,主起重机与履带起重机同时起吊叶片,抬升至超过轮毂高度,缓慢起吊至第二片叶片对应的轮毂处,如图 5-43 所示。

③第三片叶片起吊的方式与第一片叶片相同,如图 5-44 所示。

叶片抬起后,转运过程中起重机动作尽量同步,叶根叶尖保持水平平稳,禁止起重机配合不同步导致叶片姿态倾斜等状态,避免叶片滑落等风险。同时,叶尖托盘附近可增加棉被或白色泡沫防止叶片受损。

(5)拆除叶根运输工装框架。

根据海况或工艺要求,叶根运输工装可在运输船上起吊时拆除或起吊至安装船甲板拆除。拆除叶根运输工装框架及工装螺栓 M36,并在原工装螺栓处安装新的叶片双头螺杆,注意双头螺杆两端螺纹长度应保持一致,装入端螺纹涂中强度螺纹锁固胶 1243,螺栓外露与已预装螺杆露出长度一致,螺栓按要求涂抹 MoS_2。叶片工装拆卸及安装螺栓如图 5-45 所示。

a) 叶片起吊

b) 叶片对位

图 5-43　第二片叶片起吊示意图

a) 叶片起吊

b) 叶片对位

图 5-44　第三片叶片吊装过程示意图

a) 工装拆卸

b) 安装螺栓

图 5-45　叶片工装拆卸及安装螺栓示意图

(6)叶片与轮毂组对。

叶片起吊至对应轮毂处(三片叶片组对方法相同)后,在叶根螺栓上固定2根缆风绳,在叶片与轮毂对位过程中,通过缆风绳对叶片位置进行微调,如图5-46所示。

起吊叶片后,待叶片接近轮毂系统时,电气控制使风轮变桨轴承变桨至与叶片相对应的位置,保证叶片零位和变桨轴承零位重合,使轴承内圈零位孔与叶片前缘处的零刻度线相对,如图5-47所示。

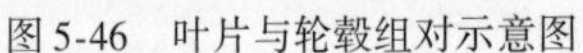

图5-46　叶片与轮毂组对示意图

图5-47　轴承零位与叶片零位配合示意图

起重机通过旋转将叶片的螺栓插入变桨轴承安装孔,法兰面完全贴合;检查叶片防雨环与导流罩防雨环轴向、径向无干涉。

先将叶片螺母和垫圈旋入螺栓,用中空扳手预紧螺栓,如图5-48所示,按80%、100%分两次预紧至1400N·m,当预紧至1400N·m的螺栓数量大于92颗时即可摘钩,取下叶片吊具。然后通过变桨用拉伸器将已预紧螺栓一次性拉伸至额定力值400kN,未预紧螺栓按50%、80%、100%分三次拉伸至额定力值。

注意:使用中空扳手时,中空扳手与变桨轴承面贴平,严禁中空扳手油管接头与变桨轴承或者轮毂腹板接触,以免中空扳手损坏。

叶片轮毂组装完成如图5-49所示。

图5-48　叶片螺栓中空扳手紧固示意图

图5-49　叶片轮毂组装完成示意图

(7)传感器线缆及连接软管安装。

叶片安装完成后,安装传感器线缆和连接软管,将连接管、夹紧法兰用M6×30螺栓将其固定在叶片中心法兰上(每支叶片都需安装),螺栓拧紧后必须保证连接管能自由旋转。然后用DN150软管连接叶片与轮毂离心风机连接管,并用管箍固定软管两端头,软管长度应比实际距离长100~200mm,保证软管不与其他部件接触。在轮毂与每支叶片之间的支架上分别用4颗内六角圆柱头螺栓和垫圈安装1个轮毂冷却维护爬梯,如图5-50所示。在轮毂外壁的集油瓶底座上安装60个集油瓶,施工人员须佩戴好安全双钩再进行安装。

(8)叶片防雷铜带连接。

通过变桨将叶片吊环螺栓位置调整至防雷铜带支点经叶片中心的最远端处,用扎带将防雷铜带固定在叶片防雷铜带支架和叶片吊环螺钉位置上,在悬空段预留50mm的自由量,如图5-51所示。

图5-50 软管及轮毂冷却维护爬梯安装完成示意图

图5-51 防雷铜带连接示意图

(9)叶片错位标识。

在每支叶片和安装位置的连接处,圆周方向每隔约90°画1条标记线(每支叶片共计4条),标记线应贯通叶片和叶片安装处。用2mm黑色记号笔标记,标记应笔直,标记完成后上下两段标记应严格对齐,便于后期判定叶片是否有错位。标记完成后在每个标记旁边用记号笔标注当前日期,如图5-52所示。

(10)恢复轮毂密封板及导流罩前盖板。

将轮毂密封板及导流罩前盖板恢复至原位,并用1921密封胶做好导流罩前盖板的密封,如图5-53所示。

2)风轮吊装

(1)安装叶片锁。

风轮吊装前,机舱以下保证所有螺栓完成第一遍100%额定值的预紧。风轮变桨,使叶片后缘(刃口)朝上,三叶片变桨角度应一致。安装叶片锁在作为辅起重机叶片的一侧(轮毂腹板上电容柜下方),并将叶片锁推入齿槽,锁紧螺栓,如图5-54所示,应确保叶片锁齿与轴承齿无侧隙,螺栓拧紧力达额定值660N·m,待风轮吊装完成后再将叶片锁及螺栓移除。

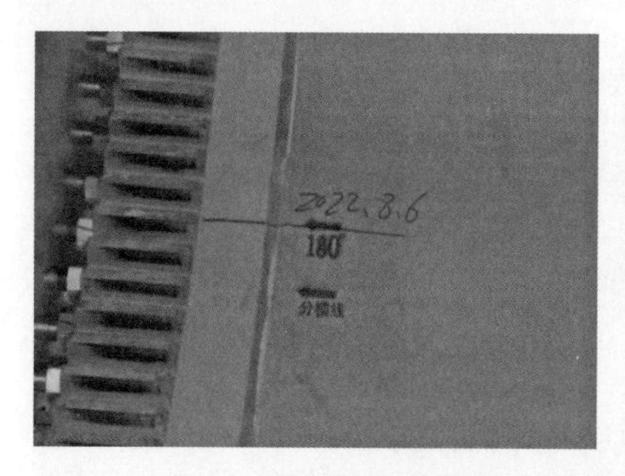

图 5-52 叶片错位标识示意图

图 5-53 风轮导流罩前盖板安装示意图

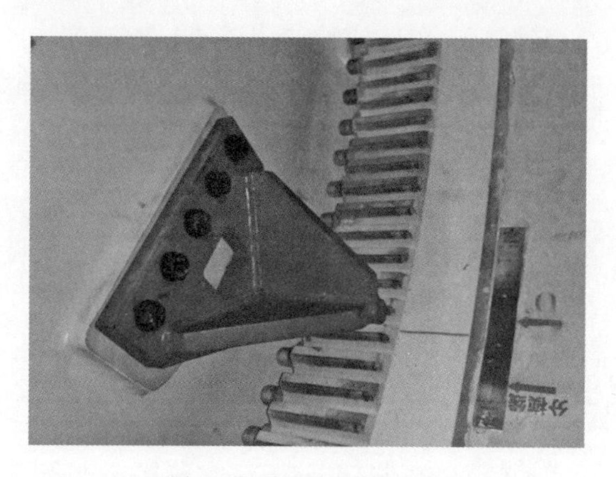

图 5-54 叶片锁安装示意图

(2)风轮吊索具挂设。

如图 5-55 所示,风轮采用单吊点吊装,但在风轮翻身过程中,仍需用到一主一辅两个吊点,主吊点位于轮毂上,使用 16 颗 M52 × 160 螺栓及垫片安装轮毂上的风轮吊座,吊座用 150t 扁平卸扣连接 1 根 80t 高强度环形吊带,吊带打双使用。辅吊点位于主吊点相对的叶片上,具体位置见叶片表面标记"△▽"的位置,叶尖吊点使用 1 根 30t 环眼吊带及 1 个叶尖溜尾护板连接履带起重机。

分别将 4 根引导绳穿过 2 个叶尖风绳牵引套,分别将 2 个叶尖风绳牵引套套入除辅吊点叶片的其他 2 片叶片叶尖上,这个工序在叶片起吊拼装时就已完成。要安装好引导绳,以便控制风轮的张口,使安装过程顺利进行,同时在风轮安装完成后可以从地面轻易地将其卸掉。

(3)风轮起吊。

拆卸风轮支架与轮毂之间的连接螺栓。主起重机和履带起重机同时平稳起吊,离开支架平面 100mm 静置观察抬吊是否平稳;确认平稳后,缓起风轮,用清洗剂 1755 清洁风轮与主轴安装面及螺孔,并对轮毂进行清丝处理。安装所有紧固双头螺栓,注意双头螺栓有六角孔的一侧连接机舱主轴,无六角孔的一侧连接轮毂,并且按要求在连接机舱主轴一侧螺栓上

涂抹 MoS_2，如图 5-56 所示。

a) 主吊点

b) 辅吊点

图 5-55 风轮吊索具挂设完成示意图

用主起重机起升风轮，同时履带起重机托引辅起重机叶片，如图 5-57 所示，并配合主起重机变幅，直到风轮达到垂直状态，将辅起重机叶片上的护板和吊带拉下。

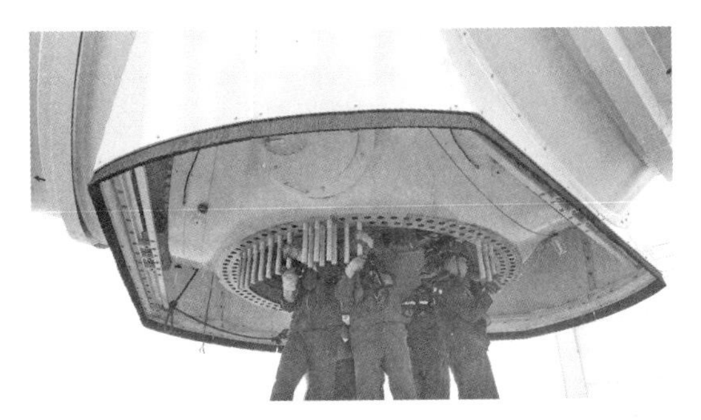

图 5-56 风轮双头螺栓安装及 MoS_2 涂抹示意图

图 5-57 风轮起吊示意图

拽住缆风绳，按照需求方向牵引风轮，在吊升过程中要保证缆风绳张紧，以避免叶片撞击他物。

如图 5-58 所示，风轮缓缓吊升至主轴法兰面高度，用主起重机和缆风绳配合，拉动风轮到主轴法兰面正前方位置；根据机舱内工作人员的无线电指示，将风轮小心向主轴法兰面靠近；调整吊钩位置控制风轮轴线和机舱轴线重合。

(4) 风轮与机舱对接。

通过机舱前挡板左右的维护通道及机架上方的观察盖、风轮及主轴零位孔是否对齐，如图 5-59 所示。观察风轮主轴法兰面上的安装孔是否跟风轮法兰上安装孔正对，不正对则松开制动器盘车调整，通过控制齿轮箱尾部的盘车装置带动主轴转动，使孔位对正。

注意：旋转主轴对风轮时，要求风轮锁紧销可以锁住。

对齐后，继续使风轮靠近主轴法兰面，两平面即将贴合前，进给过程中应小心，避免折弯甚至折断螺杆，直至两法兰面完全对齐贴合。

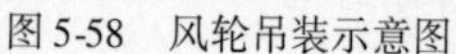
图5-58　风轮吊装示意图

图5-59　主轴轮毂零位孔对齐示意图

(5)连接螺栓紧固及吊具拆卸。

法兰盘贴合后(所有风轮螺栓与螺纹孔对正、同心)，手动拧紧螺母。然后用液压扳手将螺栓按额定力矩3488N·m的50%、80%、100%分三次预紧至额定力矩。因空间限制，紧固螺栓至额定力矩的数量不小于131颗后即可摘钩，锁紧风轮锁，高速制动盘制动，人员进入轮毂摘除风轮吊具。

注意：①必须避免将未紧固螺栓的孔位通过盘车盘到叶轮正上方。②进入轮毂内部的工作人员应做好安全防护，穿戴好防护用具，进入轮毂前锁死风轮，作业结束后解开风轮。

(6)恢复封板及剩余螺栓紧固。

风轮吊具摘除后，恢复导流罩上吊装孔封板，然后用密封胶1921从内部封住封板周边间隙，将叶片锁退出齿槽并取出，人员退回机舱，松开风轮锁，通过维护盘车，旋转风轮，将缆风绳和牵引套从叶片上拉下来，将剩余未预紧的螺栓同样按50%、80%、100%分三次预紧至3488N·m，已初次预紧的螺栓按额定力矩进行复拧。

注意：机组吊装完成，待轮毂内所有电气安装及调试完成后，使叶片顺桨，并保持风轮锁紧销处于非锁止状态。

5.3.6　叶轮分体吊装工艺

1)轮毂吊装

机舱与顶段塔筒连接螺栓全部完成额定力矩80%紧固后，可进行轮毂吊装，轮毂从安装船甲板上起吊。

先在轮毂安装上吊座(导流罩正上方，为转运吊座)与主吊座(导流罩侧方，为主吊点)，主起重机副钩挂设吊索具连接主吊座，履带起重机挂设溜尾吊索具连接上吊座。挂设好吊索具后，履带起重机先缓慢提升轮毂至1m，静置3min，检查吊具有无异常、法兰有无损伤，并使用清洁剂清洁轮毂连接法兰面，安装所有紧固双头螺栓。

主起重机缓慢起吊，双机配合完成轮毂翻身，确认无异常后从内部拆除顶部溜尾吊具。

拆卸翻身吊具时,恢复导流罩前密封板及盖板,提前安装好轮毂维护爬梯,预装传感器线缆、连接软管、叶片防雷接地铜带并固定,待叶片吊装完成再进行安装。

缓慢起吊轮毂与机舱主轴对位安装,安装完成后拆除吊索具,并恢复轮毂主吊封板(具体工艺可参考"5.3.5　叶轮整体吊装工艺")。

2)单叶片吊装

(1)叶片过驳。

叶根吊带挂设在主起重机副钩上,履带起重机主吊钩通过吊带连接叶尖运输支架,主起重机与履带起重机同时起吊叶片。抬升至超过安装船甲板高度,缓慢起吊将叶根放在甲板上,叶尖使用辅起重机在运输工装处拎住,然后拆除主吊吊索具。叶片倒驳如图5-60所示。

(2)叶片夹具安装。

主吊挂设好单叶片夹具后,缓慢移到叶片夹持区域。叶片的重心位置标记有重心符号,夹持区域一般有红色的方框标识,夹块应夹持在红色方框内。吊具缓慢夹紧,观察上下模、定位块与叶片贴合程度,确保吊具夹持在叶片吊装夹持有效区域内,如图5-61所示。

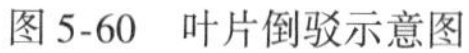
图5-60　叶片倒驳示意图

图5-61　叶片夹持示意图

(3)运输工装拆除。

叶片夹具安装完成,缓慢起吊主钩使其受力后,确保重心位置与吊钩位于同一铅垂线上,吊具用缆风绳固定牢固,叶根用缆风绳固定,用手拉葫芦将工装与船板固定牢固,叶片尖部做好防护。检查无异常后,松开叶根工装螺栓并安装叶片与轮毂双头连接螺栓,按要求涂抹 MoS_2。拆除工装时通过人工拉紧叶根缆风绳,避免叶片晃动导致叶片损伤。

在叶片叶尖套入叶尖风绳牵引套,将2根引导绳穿过叶尖风绳牵引套,这个工序在叶片起吊拼装就已完成。同时,要安装好引导绳,以便在风轮安装完成后可以从地面轻易地将其卸掉。

(4)叶片试吊。

检查遥控器参数、夹块接触面积、夹持范围、重心位置正常后,松开叶片工装,缓慢提升叶片,如图5-62所示,此时注意叶根叶尖应水平。当叶根叶尖完全脱离运输支架,稳定3~5min观察叶片姿态。调整叶片姿态,观察吊具水平或观察控制器参数轴线方向为0°,纵向方向为0°。

(5)叶片起吊与轮毂装配。

确保叶片姿态正常、遥控器数据显示正常(主要是油压、倾角),将吊装/底面按键置于吊装,即可进行吊钩平稳提升。如需调整叶片姿态,需停止提升,待姿态调整完毕观察工作正常,再进行提升。注意:叶片提升至脱钩前需注意遥控器参数是否正常、观察叶片有无倾斜。

叶片起吊至轮毂对应装配位置,如图5-63所示,使叶片0位和变桨轴承0位正对,将叶片螺栓插入变桨轴承螺栓孔,迅速手动拧紧螺母,法兰面完全贴合。此处可通过偏航、变桨进行角度调整。在叶片螺栓插入变桨轴承孔后,严禁使用吊具进行角度调整。

图5-62 叶片试吊示意图

图5-63 第一片叶片与轮毂组对示意图

先将叶片螺母和垫圈旋入螺栓,用中空扳手预紧螺栓,按80%、100%分两次预紧至1400N·m,当预紧至1400N·m的螺栓数量大于92颗时即可摘钩。人员整理工具,撤出轮毂,松开风轮锁、松开夹钳,在机舱顶上观察夹钳与叶片相对位置,夹钳张开到最大位置时,起重机先下降一点高度,尽量让叶片位于夹钳张口中间。然后趴杆,吊具脱离叶片。

通过盘车将轮毂孔旋转至下一安装位,进入下一支叶片装配流程,直至完成叶片组装。当3支叶片装配完成后(图5-64),应在12h内通过变桨用拉伸器将已预紧螺栓一次性拉伸至额定力值400kN,未预紧螺栓按50%、80%、100%分三次拉伸至额定力值。

图5-64 第三片叶片与轮毂组对示意图

所有叶片完成力矩预紧后,做好叶片错位标识、安装好传感器线缆、连接软管及叶片防雷接地铜带(具体工艺可参考“5.3.5 叶轮整体吊装工艺”),待轮毂内所有电气安装及调试完成后,人员整理工具撤离,使叶片顺桨,并保持风轮锁紧销处于非锁止状态。

(6)叶片吊装注意事项。

①叶片起吊时,吊装前派专人持续关注天气、风力、涌浪等气象信息。

②叶片起吊前,安装缆风绳系统,并确认缆风绳系统能正常运作,无异样。

③厂家人员提前对叶片夹具进行调试,避免吊装过程中出现故障。

④单叶片吊装时,要求起吊时船体平稳无晃动。

⑤单叶片吊具从前缘向后缘夹持,叶片迎风面向上,夹持时需要人员通过拉缆风绳或扶住吊具,保证夹具平缓夹持叶片,避免损伤叶片。

5.3.7 电气安装工艺

1)动力电缆吊装

在马鞍平台上安装一台卷扬机,通过滑车改变牵引方向起吊塔基电缆,电缆经塔筒门进入沿塔壁上升并依次穿过塔筒各层平台直至到达马鞍与扭转电缆对接位置处,塔筒门处可安装一台线缆传送机以减少牵引电缆的拉力,待所有电缆吊装完成后统一进行排布接线并恢复拆除的干涉件,从塔基至马鞍平台的动力电缆共计18根,1根电缆长约80m。

(1)引导放下卷扬机起重钢丝绳。

启动卷扬机,引导放下起重钢丝绳穿过起重滑车直至塔基平台,钢丝绳路径必须和电缆提升路径一致,即引导钢丝绳穿过所有已安装导向工装的导向轮,提升过程中保证在提升路线上无卡阻。

(2)电缆盘具安装布置。

在塔基外平台套笼上放置并安装电缆盘具,确保盘具固定牢靠,电缆卷筒转动方向朝向塔筒门,拉出电缆头依次穿过门外平台导向工装,塔筒门导向工装,将电缆引导至装有电缆夹块一侧的塔筒壁处。

(3)挂设电缆套网。

在电缆上穿入电缆拉紧网套(起吊电缆),网套固定在电缆头部位置(电缆头部伸出200mm),网套与电缆之间需衬垫珍珠棉做防割伤保护,网套与起重钢丝绳之间采用蝴蝶扣和卸扣连接。必须保证拉紧网套与电缆的绑扎牢固可靠,否则有电缆掉落危险。

(4)电缆提升。

确认无误后,启动卷扬机缓慢上升,电缆上升过程中需时刻观察电缆运动轨迹,保证沿正确的路径引导;电缆穿过塔筒平台时,需提前在过孔位置处铺垫胶皮,保证电缆不受损伤,不与平台孔发生干涉。必要时安排专人监护。需时刻注意上方存在电缆掉落或其他物品坠落风险,必须做好个人防护措施。

(5)电缆临时固定。

电缆提升至马鞍平台后,将电缆悬吊在马鞍下方电缆固定梁上的吊带中(防止电缆滑落),同时在挂点下方用扎带将电缆绑扎固定在桥架和或电缆夹块上,应在电缆的多个位置进行绑扎,以此分担上方电缆固定梁的承受重量,电缆被完全固定牢靠后方可松开钢丝绳与电缆的连接,其余电缆吊装方法同上。

(6)电缆夹块固定。

当一侧的临时固定电缆到达6根时,停止一侧电缆的继续吊装,开始从上往下对电缆进行夹块固定,动力电缆夹块的固定力矩值为15N·m,直到18根动力电缆全部固定。

2)机舱至塔基电缆下放

除照明回路电缆外,其余均已在总装车间安装完成并盘绕在机舱底部平台上。在每段塔筒吊装完成后,须将照明回路电缆布置连接至照明接线盒以供塔筒内照明;在机舱吊装完成后,须首先将机舱供电电缆下放至塔基变压器层进行接电,以供机舱偏航;再将动力电缆及其余通缆进行下放。

机舱至塔基电缆明细见表5-15。在堆场时已先将电缆进行初次理顺,并用白色记号笔标记电缆编号,敷设之前应检查电缆规格型号、电压等级等参数是否符合该项目配置要求。电缆外观应完好,无机械损伤,电缆封端严密。

机舱至塔基电缆明细　　表5-15

序号	电缆名称	电缆配置	备注
1	动力电缆(18根)	1×300(105℃)	机舱-马鞍平台对接 (6组电缆U、V、W)
2	机舱PE	1×300(105℃,1.8/3kV) (车间预装发货)	机舱PE-马鞍平台接地点
3	机舱供电(2根)	5G35,5G35 (车间预装发货)	机舱-塔基(A30柜-A11柜)
4	急停回路(2根)	2×1,2×1 (车间预装发货)	机舱-塔基(A30柜-A11柜)
5	控制回路电缆	12G1.5 (车间预装发货)	机舱-塔基(A30柜-A11柜)
6	光纤通信电缆	光纤 (车间预装发货)	机舱-塔基(A30柜-A11柜)
7	照明回路电缆	5G2.5 (塔筒厂预装发货)	塔筒分段连接至接线盒

(1)先对盘绕在机舱平台上的电缆进行理顺,组与组之间分开,避免放线时出现交叉、绞合现象。然后将悬挂架上的电缆夹持装置松开,捋顺的电缆一根一根地缓慢穿过机舱底部电缆悬挂架并一一对应地放入电缆夹孔及电缆吊网中。电缆悬挂架位置电缆布置如图5-65所示。

(2)当电缆接近放完时,此时将已穿在电缆中的电缆吊网移动到夹块上方适当位置并通过环形扣件将其悬挂在上方挂架上,吊网需均匀覆盖在电缆表面并处在电缆竖直段上,吊网与电缆之间衬垫自卷式纺织套管或尼龙管做防割伤保护。

(3)待电缆垂放完成,保证悬挂架上方电缆留有适当的自然弧度后,此时可紧固电缆夹持装置,螺栓涂螺纹锁固胶,力矩$T = 50$N·m,并做好螺栓力矩标记线,同时用白色记号笔在夹块上端与电缆平齐位置做一防滑移标记观察线，如图 5-66 所示。

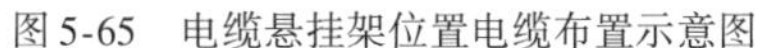

图 5-65　电缆悬挂架位置电缆布置示意图

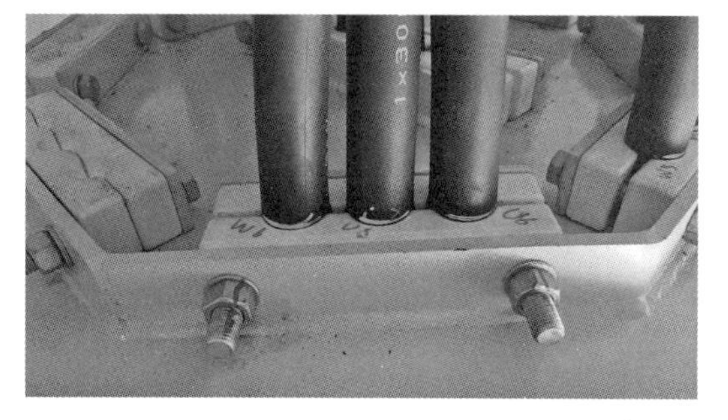

图 5-66　电缆悬挂架电缆及螺栓力矩标记线示意图

(4)将穿过电缆悬挂架的电缆依次穿过电缆分隔组件中的扭缆环，在扭缆环中动力电缆仍然按照三相一组呈三角形排布，电缆不得交叉直至到达马鞍位置。

(5)首先将机舱放下来的电缆自然悬垂数分钟，以卸掉电缆自身的拧劲，然后按要求将电缆依次穿过马鞍并一一对应进行电缆排布(图 5-67)。电缆在马鞍与扭缆环之间布置呈“U”形弯，电缆自然悬垂无扭转时，“U”形弯最低端距离平台井口面约有 200mm 的间距。

图 5-67　马鞍位置电缆布置示意图

注意：①机舱供电电缆下放马鞍平台桥架后，转至塔筒左边专用敷设路线下发至塔基接入 A11 控制柜，经过塔筒需用夹块固定。②控制回路电缆、急停回路、光纤电缆敷设经过马鞍桥架后需转至右边塔筒笼型桥架位置，沿笼型桥架布线至塔基接入 A11 控制柜。③接地电缆连接到马鞍平台接地螺柱处即可。④动力电缆需在马鞍层进行对接。

3)动力电缆连接管、端子压接

在进行压接工艺前，需对塔基至马鞍端动力电缆进行相序检测，确定动力电缆编号，并用白色记号笔做好标记。

(1)马鞍处动力电缆。

①剥除电缆护套。

剥除电缆护套前，先将每组电缆分别比对整齐至相应的对接位置，并做好裁剪或剥切位置标记，对接点应相互错开，相邻对接点间的间距应大于 30mm。使用美工刀或剥线钳将需要制作的电缆进行剥线，铝合金电缆剥线长度为(96 ± 1)mm，铜电缆剥线长度为(70 ± 1)mm，剥除电缆护套层，切口面应平整。

剥切电缆护套绝缘层时不允许损伤导体芯线，每组电缆按照相序进行对接，不同组但同相的电缆切口位置应保持整齐。

②穿入热缩套管。

根据电缆相序，将裁剪好的白色透明热缩管、相线色标热缩管、黑色热缩管依次穿入对接电缆的其中一侧上，待连接管压接完成后统一进行吹缩，每个对接位置配 1 段透明热缩管、1 段色标热缩管、2 段黑色热缩管（220mm、240mm）。

③压接电缆连接管。

将对接的铝电缆穿入铝管部至底端，电缆芯线应全部平直进入连接管，并旋转连接管 2～4 圈，使管内导电膏均匀分布在导体表面；将对接的铜电缆穿入铜管部至底端，并通过窥口处观察，导体端面应全部通过窥口且到达管部底端；使用（JMD-630）电动压线钳配合相对应压模，压接铝电缆所用压模为 AL500-630，压接铜电缆所用压模为 DT32，从连接管中间往两端依次进行压接，先压接铝管部（坑压），再压接铜管部（六角围压）。压接次数和间距按照连接管上压接位置标识进行，压接完成后连接管端口与电缆护套层切口之间的间隙应为 1～2mm。电缆连接管压接如图 5-68 所示。

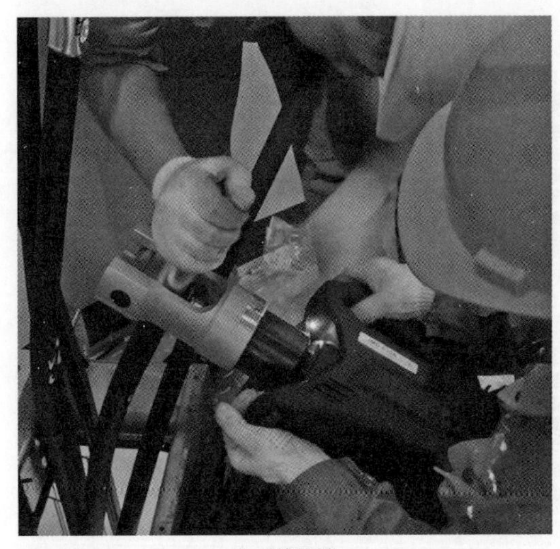
a) 压接铝端

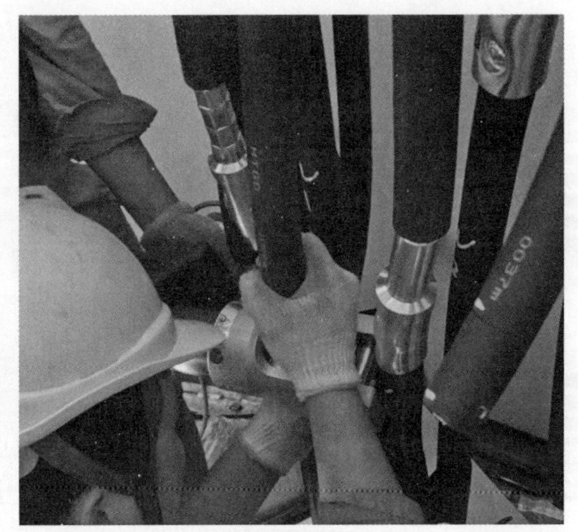
b) 压接铜端

图 5-68　电缆连接管压接示意图

注意：压接完成后如有飞边，需用锉刀去除，并检查被压接后的电缆连接管有无裂痕。

④复核压接工艺参数。

压接点位置与压接标识匹配，使用外卡规和游标卡尺测量抗压厚度尺寸 H 和六角围压对边 AF，H 应不大于 25mm，AF 应为（26 ± 0.5）mm，每台机组抽检其中一相电缆即可。

⑤电缆连接管绝缘处理。

压接完毕后进行绝缘处理，用自粘性绝缘橡胶带（J-20）对裸露的管体进行缠绕包扎，从其中一端的电缆护套层开始缠绕至另一端的电缆护套层，护套层覆盖长度至少应为胶带宽度的一倍，每一圈至少应搭接上一圈的二分之一，缠绕包扎次数为两次（由一端缠绕至另一端计一次）。

⑥粘贴电缆编号。

将打印好的电缆标签粘贴在距护套层切口 130mm 的上端电缆上，粘贴方向应便于维护操作人员查看，同排的电缆编号应粘贴整齐，便于查阅。

⑦吹缩热缩套管。

用热风枪对热缩套管进行吹缩，将黑色热缩管移到连接管上并置中，用热风枪由热缩管一端往另一端进行吹缩，先吹缩220mm热缩管，再吹缩240mm热缩管；将相色热缩管吹缩在上端电缆上，吹缩位置距护套层切口70mm，将透明热缩管移到电缆标签上并置中，并吹缩在电缆标签上。

(2)塔基处动力电缆。

同理，按工艺要求对塔基处接入变频器动力电缆进行端子压接，如图5-69所示，工艺与连接管压接基本一致。

(3)动力电缆接入设备。

变流器侧的铝端子压接及马鞍平台的铜铝连接管将电缆连接完成后，对18根动力电缆进行绝缘测试，绝缘测试(电阻值大于50MΩ)合格后，将18根动力电缆按相序一一对应接入变流器中(图5-70)，使用M12螺栓进行紧固，力矩值为70N·m。

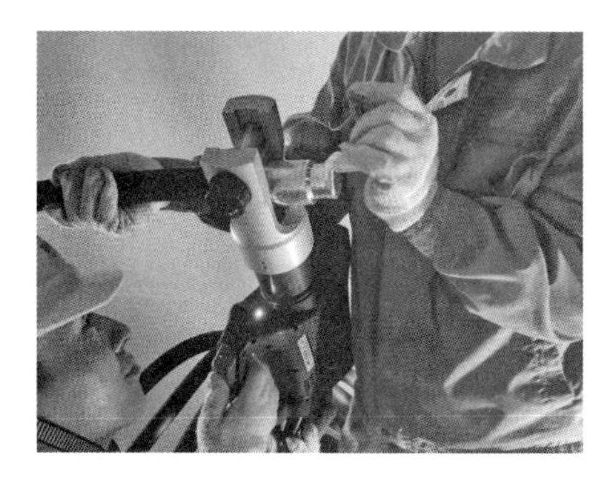

图5-69　电缆端子压接示意图

图5-70　端子接入变流器示意图

6 升压站装船及海绑运输技术

升压站装船运输包含以下两个部分：升压站基础及其附属件和升压站上部组块及其附属件，所以需要分开进行考虑分析。

6.1 运输船选型

6.1.1 升压站基础运输船选型

1）选型要求

根据设计要求，升压站基础需采用“先桩法”施工工艺进行作业。由于先进行基础工程桩沉桩后进行导管架安装，从工艺角度考虑，基础工程桩与导管架的最佳运输方式为分船运输。但由于当时市面上的此类运输船每月租金高达200多万元，从成本角度考虑，无疑采用同船运输的方式更为合适。所以，升压站基础运输船的选型按照同船运输的原则考虑。

升压站基础导管架底根开22.775m×27.775m，顶根开16m×21m，高48.2m，重约1600t；升压站基础工程桩桩径3.1～3.4m，桩长89.5m，壁厚46～60mm，重约400t。升压站基础及其附属件运输船的选择方法与第2章所述基本相同。

（1）船舶载货量。

升压站基础采用导管架与基础工程桩同船的运输方式，所以运输船须具备能够承载两者及其附属构件总重量的载货量，并需要考虑2.0的安全系数，可得运输船载货量至少为：

$$(400 \times 4 + 1600) \times 2.0 = 6400(\mathrm{t})$$

（2）甲板面有效尺寸及装船布置要求。

由于基础工程桩与导管架同船运输的特性，使得在选用运输船时需更加重点考虑装船布置，不仅是为了运输的安全，也是为后续海上施工能够顺利进行提供便利条件。主要要求有如下几点：

①施工海域海况不允许进行基础工程桩二次倒泊，基础工程桩需进行一次性翻桩，因此基础工程桩放置在船尾方向，导管架放置在船首方向；基础工程桩桩顶需朝向船尾方向，同时桩底位置需添加尾部止挡和侧向止挡。

②基础工程桩和导管架尽量放置在运输船中部，以保障运输船运输及施工过程中荷载的均衡性。

③基础工程桩起吊过程中，为确保基础工程桩与导管架间有足够的安全距离，桩尾距离导管架的安全距离为5.9m，桩顶可伸出船尾16m左右的距离，导管架距离驾驶室安全距离大于6m。

④基础工程桩采用翻桩器作业，但装船时两根工程桩采用同一套发运工装，相邻工程桩桩顶间距不足1m(同一工装两桩间距0.546m)。为保障翻桩器的正常安装，4根工程桩应错落摆放，外侧2根工程桩与内侧2根工程桩错开2m摆放。

⑤根据现场施工条件，运输船应具备四锚定位的能力，以满足施工过程中的船位调整。

根据以上要求，可以得到运输船甲板有效长度应至少为：

$$89.5+27.775+5.9+6-16=113.175(\mathrm{m})$$

取整得到运输船甲板有效长度应大于114m。

由于导管架明显大于基础工程桩所需放置宽度，所以运输船甲板有效宽度应大于导管架底部宽度(22.775m)，取整得到运输船甲板有效宽度应大于23m。

(3)其余要求。

抗风浪能力以及码头吃水等要求同第2章要求。

2)运输船选择

根据以上要求，同时结合项目实际施工可行性、便利性、经济性及进度要求等因素对目前国内可用的运输船进行筛选，选择了升压站导管架基础运输船(图6-1)，其详细参数见表6-1。

图6-1　升压站导管架基础运输船示意图

升压站导管架基础运输船参数　　表6-1

船长(m)	133.00	设计吃水(m)	5.45
型深(m)	7.80	载货量(t)	15286.00
船宽(m)	35.00	甲板有效尺寸(m×m)	117.87×34.90

6.1.2　升压站上部组块运输船选型

1)选型要求

升压站上部组块平面尺寸约为41.57m×41.22m，高约17.0m，上部组块及其附属件总

重量约为2900t。其运输船选择方法如下:

(1)船舶载货量。

运输船须具备能够承载上部组块及其附属构件总重量的载货量,并需要考虑2.0的安全系数,可得运输船载货量至少为:

$$2900 \times 2 = 5800(\mathrm{t})$$

(2)甲板面有效尺寸。

由于上部组块的运输工装布置间距小于上部组块的平面尺寸,所以上部组块可以一定程度超出甲板,但出于运输及施工安全的考虑,单边超出不宜大于6m。所以,运输船甲板有效长度应不小于42m,有效宽度应不小于30m。

(3)其余要求。

抗风浪能力以及码头吃水等要求同第2章要求。

2)运输船选择

根据以上要求,同时结合项目实际施工可行性、便利性、经济性及进度要求等因素对目前国内可用的运输船进行筛选,同样选择了升压站导管架基础运输船。

6.2 装船布置

6.2.1 升压站导管架基础运输船装船布置

依照6.1.1节中选定的升压站导管架基础运输船,结合以下起重的装船布置要求进行布置:

(1)施工海域海况不允许进行基础工程桩二次倒泊,基础工程桩需进行一次性翻桩,因此,基础工程桩放置在船尾方向,导管架放置在船首方向;基础工程桩桩顶需朝向船尾方向,同时桩底位置需添加尾部止挡和侧向止挡。

(2)基础工程桩和导管架尽量放置在运输船中部,以保障运输船运输及施工过程中荷载的均衡性。

(3)基础工程桩起吊过程中,为确保基础工程桩与导管架间有足够的安全距离,桩尾距离导管架的安全距离为5.9m,桩顶可伸出船尾16m左右的距离,导管架距离驾驶室安全距离大于6m。

(4)基础工程桩采用翻桩器作业,但装船时两根工程桩采用同一套发运工装,相邻工程桩桩顶间距不足1m(同一工装两桩间距0.546m)。为保障翻桩器的正常安装,4根工程桩应错落摆放,外侧2根工程桩与内侧2根工程桩错开2m摆放。

按照以上要求得到具体布置,如图6-2所示。

6.2.2 升压站上部组块运输船装船布置

根据6.1.2节中选定的升压站上部组块运输船进行装船布置,具体如图6-3所示。

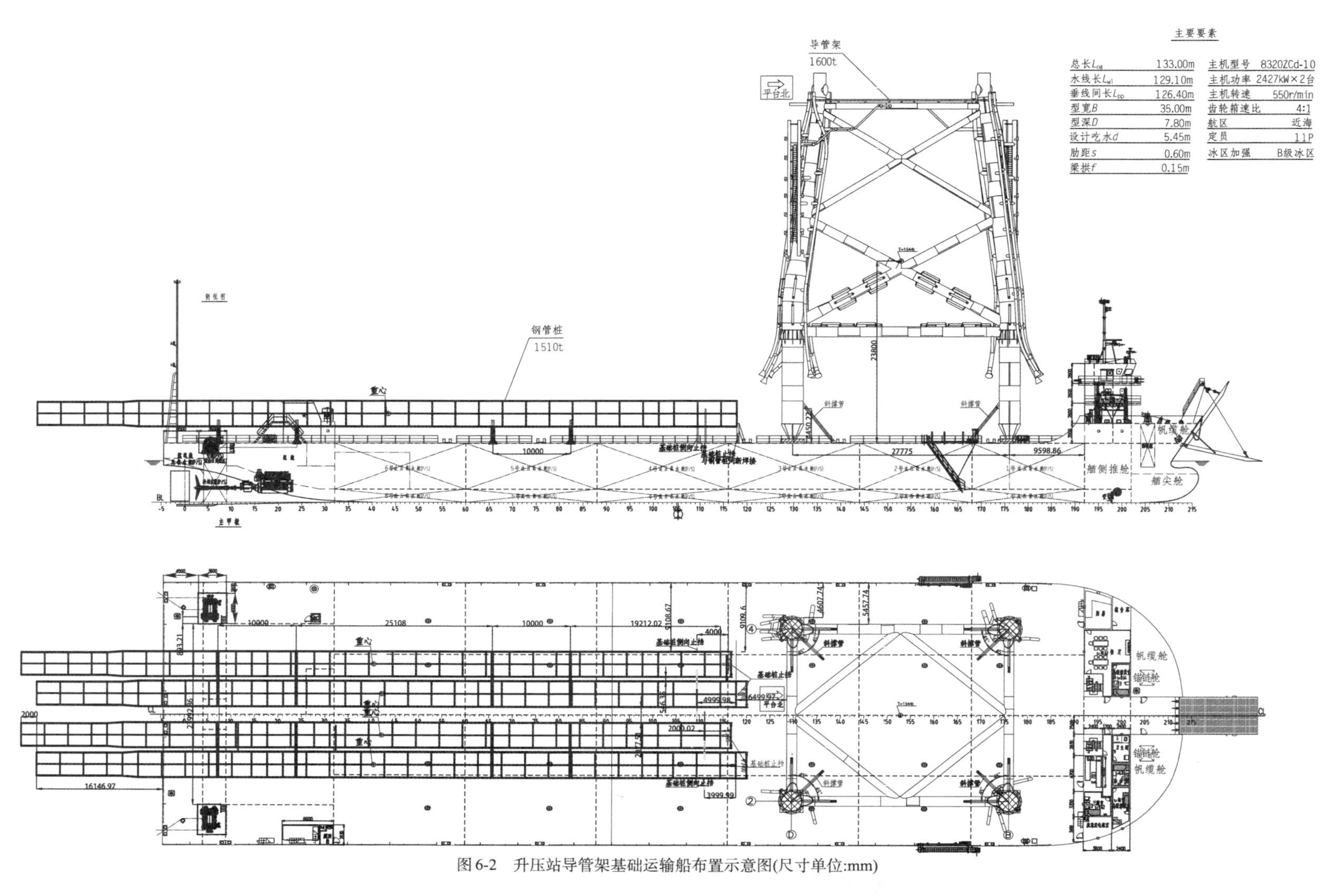

图 6-2　升压站导管架基础运输船布置示意图(尺寸单位:mm)

主要参数

参数	数值	参数	数值
总长L_{OA}	133.00m	主机型号	8320ZCd-10
水线长L_{WL}	129.10m	主机功率	2427kW×2台
垂线间长L_{PP}	126.40m	主机转速	550r/min
型宽B	35.00m	齿轮箱速比	4:1
型深D	7.80m	航区	近海
设计吃水d	5.45m	定员	11人
肋距s	0.60m	冰区加强	B级冰区
梁拱f	0.15m		

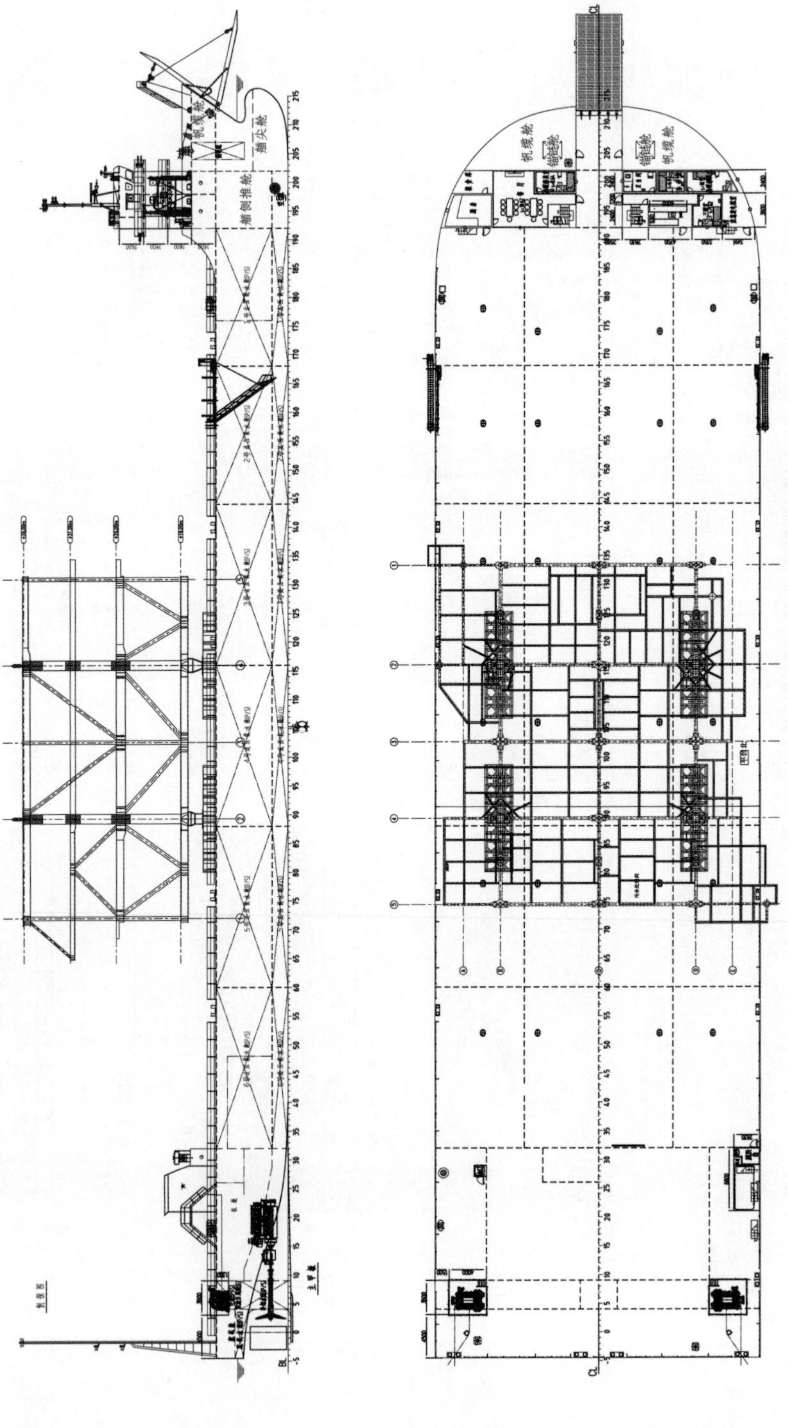

图6-3　升压站导管架基础运输船上部组块装船布置示意图(尺寸单位:mm)

6.3 升压站装船工艺

6.3.1 升压站基础装船工艺

1)导管架装船

升压站导管架体积和重量巨大,形状不规则,为了有效控制成本,减少大型浮式起重机的使用,采用SPMT(图6-4)进行装船。

图6-4 SPMT示意图

(1)滚装前清理:对于运输船,查看运输船艉部是否有阻碍滚装物体,根据需求割除清理舱板,阻碍装船的通气孔、护栏或船尾钢板、桅杆等;返航再次装船的,需要安排割除上一航次的工装。

(2)按照导管架的承载要求控制SPMT驶入导管架支腿底部进车位置,单个模块车纵向中心与导管架两个支腿的装载中心对称,另一个模块车纵向中心与导管架另外两个支腿的装载中心对称,模块车承载纵横向中心对准导管架的重心。在模块车上布置好胶皮/枕木,胶皮/枕木的位置对准导管架支腿钢结构的筋板位置。施工人员将SPMT自行模块车高度调整至离导管架支撑座接触面100mm。顶升SPMT,使车板对导管架承受5MPa的重量。所有监护人员、指挥人员、SPMT操作人员各就各位,检查并确认一切无误后,导管架顶升开始。

(3)SPMT承受导管架的全部重量后,再次检查确认地基、导管架、支撑座、SPMT无异常,导管架支腿钢结构离地面约100mm。检查SPMT各个支承压力表读数,各个压力表之间的压力差值不得大于8%,单个压力表最大读数不得超出23MPa。使用遥控器上单点顶升、下降功能微动调整各个压力表读数,使得所有压力表读数达到要求。完成装载后静置10min,等待运输。

(4)在驳船甲板上,利用油漆画出运输车辆行走轮廓线、纵向中线,对位误差控制在±10mm以内,并且保证甲板平面与码头平面共面。滚装船驶入装船码头并与码头呈"T"字形摆好,调整船只甲板龙骨线与发运区中线对中定位,误差控制在±10mm以内,通过艉部的系固缆绳与码头边缘的锚桩,呈"八"字形连接并进行绞紧系泊。

(5)确保SPMT3m宽运输通道及甲板上无障碍物。全面检查导管架的装载情况和SPMT的相关性能状况,确认一切正常后,所有人员各就各位,指挥专职发出起运指令,运输开始。运输过程的速度参照运输车辆速度控制表进行相关控制。通过模块车组的纵横向微动调节,确保导管架的纵向中心线对准发运区域中线,误差控制在±10mm以内。

(6)根据装船码头处的水位,驳船操作人员操作运输船上的压载水调节系统对船舶浮态进行调整,同时全程检测码头与甲板高程变化情况,使船体保持相对平稳。监护人员需及时监护驳船艉部甲板面与码头平面高度差、车辆行走轨迹偏差情况、导管架底部与驳船上甲板高度变化、跳板移位情况、SPMT车组状况、导管架状况。设备滚装时要求驳船前沿甲板高于码头平面,最高不超过150mm。

(7)设备滚装调载情况如下:

①模块车开到码头前沿全车制动,等待驳船甲板高度满足滚装要求。

②当驳船前沿甲板高于码头平面150mm时开始滚装。

③模块车开始滚装,驳船所有蓄水舱持续排水调载,模块车持续行驶直至驳船甲板与码头平面平齐,此时停止滚装,等待驳船调载水。

④驳船停止对船尾蓄水舱进行排水,并将船首蓄水舱的水排出船外,使船首慢慢上浮。

⑤当驳船船艏甲板平面高于码头平面150mm时继续滚装,并同时对驳船所用舱进行排水。当运输车全部滚装上船时,驳船停止排水,模块车行驶至指定装载位置后,驳船重新调载水使船身保持平衡。

(8)操作模块车组将导管架运输至驳船指定装载位置,全车制动,操作SPMT缓慢下降,使导管架的全部重量由驳船承载。操作SPMT驶出导管架,对导管架底部与甲板进行焊接,对导管架采取绑扎加固措施。

2)基础工程桩装船

升压站基础工程桩装船(图6-5)工艺与2.2.2节中的滚装装船工艺一样,采用液压模块车/轴线车将基础工程桩和支撑胎架顶升后,通过固定路线行驶至运输船上后,下放胎架后完成基础工程桩的装船。具体技术要点参考2.2.2节,此处不再赘述。

图6-5 升压站基础装船图

6.3.2 升压站上部组块装船工艺

升压站上部组块在陆地完成制作与设备安装调试后,同样采用SPMT滚装落驳方式,具体技术标准与6.3.1节中导管架滚装装船基本一致,此处不再赘述,但需要注意以下几点:

(1)SPMT 准备就绪后,进入升压站上部组块下方,需布置斜木、棉被,保护上部组块接触面结构和防腐涂层。升压站上部组块装船图如图 6-6 所示。

图 6-6 升压站上部组块装船图

(2)滚装前根据运输船定位实际距离,在码头与运输船间铺设滚装跳板。

(3)SPMT 与运输船甲板接触区域必须提前铺设绝缘橡胶,避免海绑焊接加固过程中造成 SPMT 控制器件损坏。

(4)滚装前桩柱连接段位置路基板必须提前布置就位,采用点焊固定。

(5)滚装作业时,当运输船略高于码头时,SPMT 载着上部组块通过跳板向运输船行驶,因载荷作用船侧将下沉,利用运输船压载舱进行调载,直至所有 SPMT 移至运输船。

(6)滚装完成后,SPMT 需要起到支撑作用,直至加固完成方可撤离,在此期间运输船需松缆与码头前沿保持一定距离,防止因落潮与码头发生碰撞。

6.4 升压站海绑加固技术

升压站基础以及上部组块装船完成后均需要进行海绑加固,具体如下。

6.4.1 升压站基础海绑加固

导管架滚装至运输船,船舶布墩采用新支墩,利用绑扎撑杆将导管架与船体连接,防止导管架移动。基础工程桩提前放置在预制的支墩上,利用 SPMT 将工装与基础工程桩整体转运至运输船。底座工装与斜撑的固定支撑点位于船体甲板主梁上方,保证其强度要求。升压站基础海绑示意图如图 6-7 所示。

6.4.2 升压站上部组块海绑加固

升压站上部组块滚装至运输船,船舶布墩采用新支墩,利用绑扎撑杆将上部组块与船体连接,防止上部组块移动。底座工装与斜撑的固定支撑点为船体主梁的承重点。升压站上部组块海绑示意图如图 6-8 所示。升压站上部组块短插尖示意图如图 6-9 所示。升压站上部组块长插尖示意图如图6-10所示。

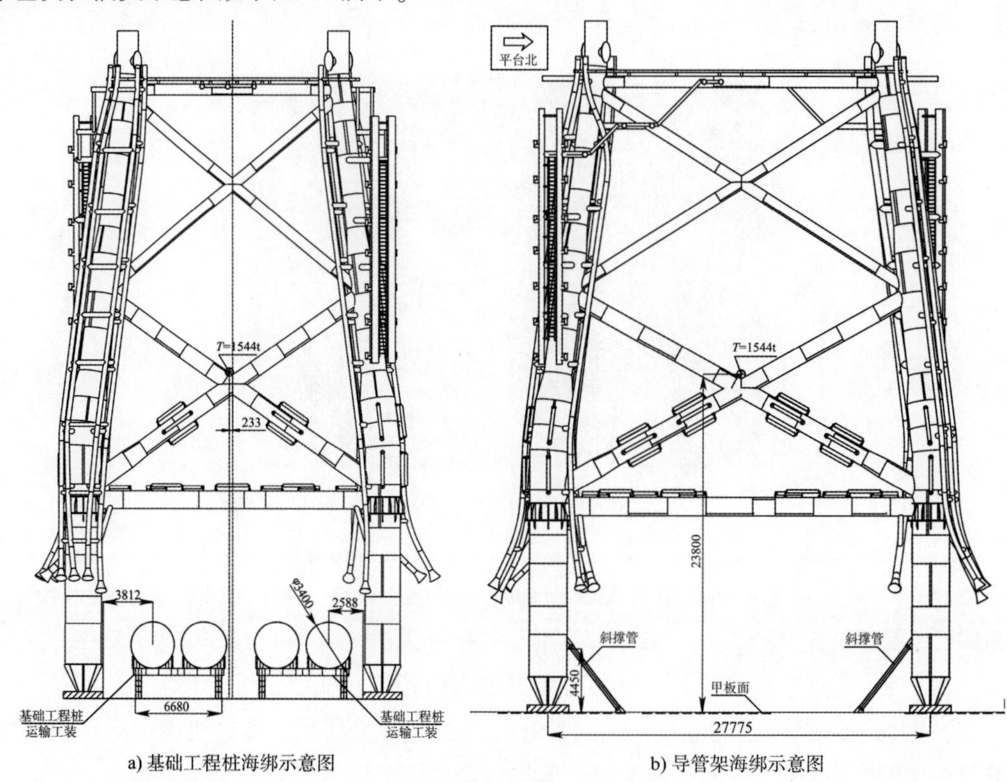

a) 基础工程桩海绑示意图 b) 导管架海绑示意图

图6-7 升压站基础海绑示意图(尺寸单位:mm)

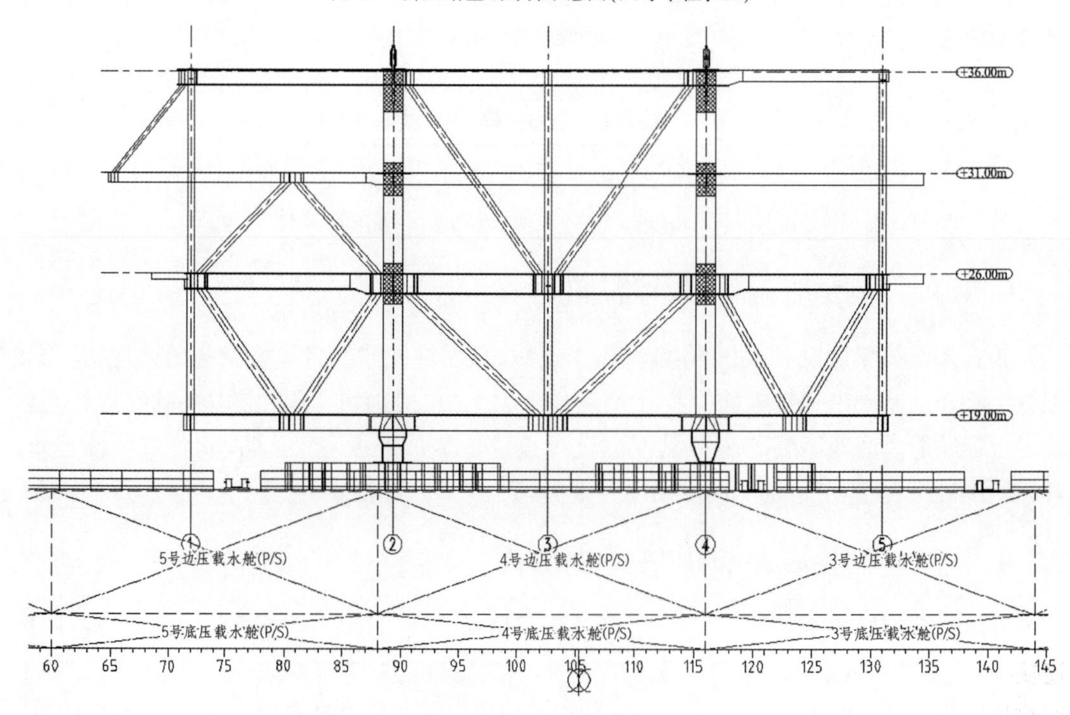

图6-8 升压站上部组块海绑示意图

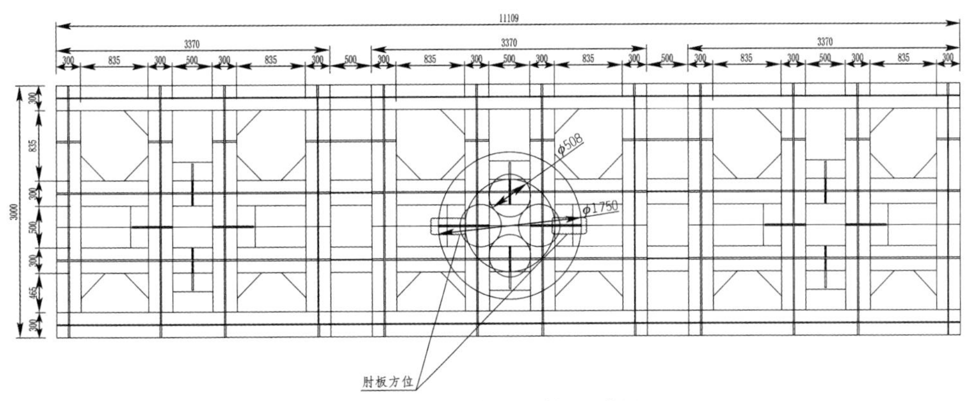

a) 升压站上部组块短插尖俯视示意图

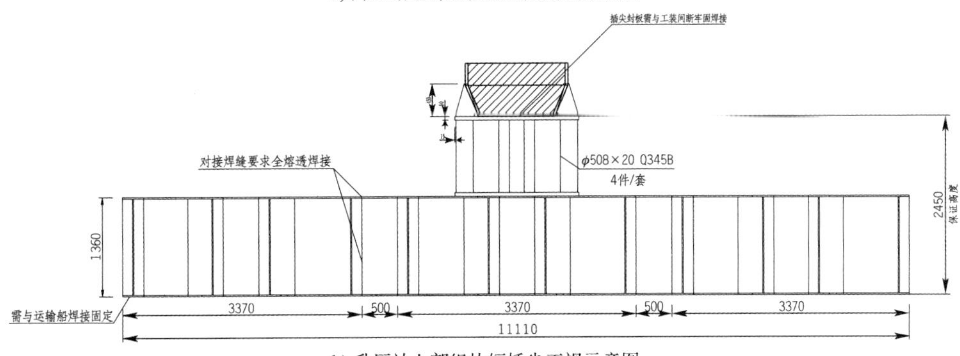

b) 升压站上部组块短插尖正视示意图

图 6-9　升压站上部组块短插尖示意图(尺寸单位:mm)

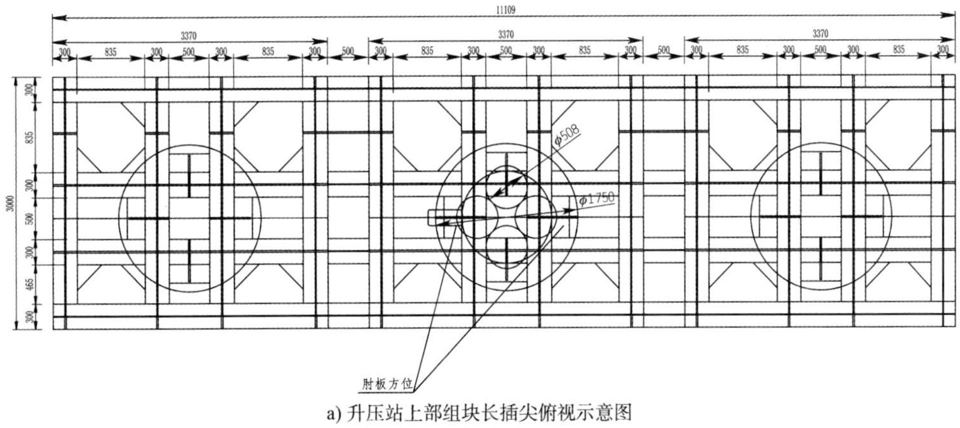

a) 升压站上部组块长插尖俯视示意图

插尖封板需与工装间断牢固焊接

对接焊缝要求全熔透焊接

φ508×20 Q345B

4件/套

760

1050 保证高度

需与运输船焊接固定

3370　500　3370　500　3370

11110

b) 升压站上部组块长插尖正视示意图

图 6-10　升压站上部组块长插尖示意图(尺寸单位:mm)

6.5 升压站运输稳性分析

6.5.1 概述

为了校核升压站导管架基础运输船装运升压站导管架基础、上部组块时的稳性，根据运输时的航行水域，按中华人民共和国《船舶与海上设施法定检验规则》——国内航行海船法定检验技术规则(2011 年版)对沿海航区船舶的稳性要求计算，校核了该装载工况的稳性(以上部组块运输为例)。

1)船舶主要尺度

升压站导管架基础运输船主要尺度见表 6-2。

升压站导管架基础运输船主要尺度 表 6-2

船长(m)	133.00	垂线间长(m)	129.10
型深(m)	7.80	设计吃水(m)	5.45
船宽(m)	35.00	装载吃水(m)	4.46

2)升压站上部组块的主要参数

升压站上部组块的主要参数见表 6-3。

升压站上部组块稳性计算参数 表 6-3

重量(t)	2900
重心高度(距基线)(m)	24.30

3)计算基础资料

(1)静水力曲线表，稳性横交曲线。

(2)总布置图。

(3)各种装载工况稳性计算书。

(4)升压站装船布置图(包括重量、重心位置、安装位置等)。

6.5.2 重量及中心计算

实际装载重量及力矩计算结果见表 6-4。

实际装载重量及力矩计算结果 表 6-4

序号	项目	重量 (t)	垂向力臂距 基线 (m)	垂向力矩 (kN·m)	纵向力臂距 船舯 (m)	纵向力矩 (kN·m)	液面惯性矩 (m^4)
1	空船	4559.00	5.20	236840.1	0.58	26259.8	
2	升压站	2900.00	25.30	733700.0	-1.60	-46400.0	

续上表

序号	项目	重量（t）	垂向力臂距基线（m）	垂向力矩（kN·m）	纵向力臂距船舯（m）	纵向力矩（kN·m）	液面惯性矩（m^4）
3	柴油舱(左)	115.79	6.523	7553.0	-59.297	-68660.0	931.07
4	柴油舱(右)	115.79	6.523	7553.0	-59.297	-68660.0	931.07
5	轻油日用舱(左)	15.38	6.507	1000.8	-59.3	-9120.3	2
6	轻油日用舱(右)	15.38	6.507	1000.8	-59.3	-9120.3	2
7	燃油溢流舱	5.98	1.084	64.8	-46.318	-2769.8	1.6
8	重油舱(左)	182.52	4.175	7620.2	-41.6	-75928.3	204.83
9	重油舱(右)	182.52	4.175	7620.2	-41.6	-75928.3	204.83
10	淡水舱(左)	114.09	4.782	5455.8	50.8	57957.7	102.41
11	淡水舱(右)	114.09	4.782	5455.8	50.8	57957.7	102.41
12	冷却水舱(左)	66.13	4.084	2700.7	-59.052	-39051.1	1026.88
13	冷却水舱(右)	66.13	4.084	2700.7	-59.052	-39051.1	1026.88
14	尾压载水舱(左)	89.30	5.175	4621.3	-63.092	-56341.2	1914.02
15	尾压载水舱(右)	89.30	5.175	4621.3	-63.092	-56341.2	1914.02
16	1号压载水舱(底左)	315.11	0.922	2905.3	43.904	138345.9	
17	1号压载水舱(底右)	315.11	0.922	2905.3	43.904	138345.9	
18	2号压载水舱(底左)	419.18	0.888	3722.3	30.325	127116.3	
19	2号压载水舱(底右)	419.18	0.888	3722.3	30.235	126739.1	
20	3号压载水舱(底左)	496.37	0.884	4387.9	14.8	73462.8	
21	3号压载水舱(底右)	496.37	0.884	4387.9	14.8	73462.8	
22	4号压载水舱(底左)	496.36	0.884	4387.8	-2	-9927.2	
23	4号压载水舱(底右)	496.36	0.884	4387.8	-2	-9927.2	
24	5号压载水舱(底左)	494.34	0.885	4374.9	-18.773	-92802.4	
25	5号压载水舱(底右)	494.34	0.885	4374.9	-18.773	-92802.4	
26	6号压载水舱(底左)	439.91	0.903	3972.4	-35.22	-154936.3	
27	6号压载水舱(底右)	439.91	0.903	3972.4	-35.22	-154936.3	
28	1号压载水舱(边左)	400	4.957	19828.0	44.296	177184.0	993.44
29	1号压载水舱(边右)	400	4.957	19828.0	44.296	177184.0	993.44
30	2号压载水舱(边左)	400	4.78	19124.0	30.39	121560.0	1030.04
31	2号压载水舱(边右)	400	4.78	19124.0	30.39	121560.0	1030.04
32	5号压载水舱(边左)	600	4.78	28674.0	-18.80	-112794.0	1201.72
33	5号压载水舱(边右)	600	4.78	28674.0	-18.80	-112794.0	1201.72

静水力参数见表6-5。

静水力参数 表6-5

项目	平均吃水(dm)(m)	横稳心距基线高度(KM)(m)	浮心距船中距离(X_b)(m)	漂心距船中距离(X_i)(m)	纵倾力矩(MTC)(t·m)	垂线间长(L_{bp})(m)	船舶型宽(B)(m)
数值	4.46	25.69	0.82	-1.33	381.00	129.10	35

稳性参数见表6-6。

稳性参数 表6-6

序号	项目	数值	序号	项目	数值
1	重心高度KG(m)	7.23	6	吃水差t(m)	-0.02
2	初稳性高度GM_1(m)	18.46	7	艏吃水d_f(m)	4.45
3	自由液面使初稳性高度的减少值GM_1(m)	0.83	8	艉吃水d_a(m)	4.47
4	经自由液面修正后的初稳性高度G_oM(m)	17.63	9	横摇周期T(s)	6.55
5	重心距船中距离X_g(m)	0.77			

6.5.3 浮态和初稳性计算

浮态和初稳性计算结果见表6-7。

浮态和初稳性计算结果 表6-7

序号	项目	单位	符号或公式	数值
1	排水量	t	Δ	16753.94
2	排水体积	m^3	∇	16345.30
3	平均吃水	m	d_p	4.46
4	重心距舯	m	X_g	0.77
5	浮心距舯	m	X_c	0.82
6	每厘米纵倾力矩	t·m	Mcm	381.0
7	纵倾值	m		-0.02
8	漂心距舯	m	X_f	-1.33
9	水线长	m	L	129.10
10	艏吃水量	m		-0.01
11	艉吃水量	m		0.01
12	艏吃水	m	dS	4.45

续上表

序号	项目	单位	符号或公式	数值
13	艉吃水	m	dW	4.47
14	重心距基线高	m	Z_g	7.23
15	横稳心距基线高	m	Z_m	25.69
16	初稳性高	m	GM_o	18.46
17	自由液面修正值	m	δGM	0.83
18	修正后初稳性高	m	GM	17.63

6.5.4 受风面积和风压倾侧力臂计算

1)受风面积

受风面积相关计算结果见表6-8。

受风面积相关计算结果　　表6-8

项目	受风面积(m^2)	面积中心距水线(m)	面积矩(m^3)
水线以上	3427.4	16.14	55318.24
升压站上部组块	1800	25.30	45540.00
合计	5227.4	19.29	100858.24

2)风压倾侧力臂

风压倾侧力臂计算结果见表6-9。

风压倾侧力臂计算结果　　表6-9

项目	符号或公式	单位	数值
排水量	Δ	t	16753.94
吃水	d	m	4.46
受风面积	A_f	m^2	5227.40
面积中心距水线	Z_f	m	14.83
单位计算风压	P	Pa	368.00
高度修正系数	C_f		1.32
风压倾侧力臂	$L_f = P \times A_f \times C_f \times Z_f/(9810 \times \Delta)$	m	0.23

6.5.5 静、动稳性曲线计算

静、动稳性曲线计算结果见表6-10。

静、动稳性曲线计算结果 表 6-10

项目	横倾角 θ(°)	L_o(m)	$a_o \sin\theta$(m)	L_s(m)	$\sum L_s$(m)	L_d(m)
$a_o = Z_g - Z_s = 7.23$m	10	4.560	1.429	3.131	3.131	0.273
	20	7.510	2.815	4.695	10.958	0.956
	30	8.239	4.115	4.124	19.777	1.726
	40	8.281	5.290	2.991	26.892	2.347
	50	7.946	6.305	1.641	31.524	2.751
	60	7.319	7.127	0.191	33.357	2.911

注：a_o-船舶的初稳性高度；L_o-形状稳性臂；L_s-静稳性力臂；L_d-动稳性力臂；Z_g-重心距基线；Z_s-假定重心高，$Z_s = 0$。

静、动稳性曲线如图 6-11 所示。

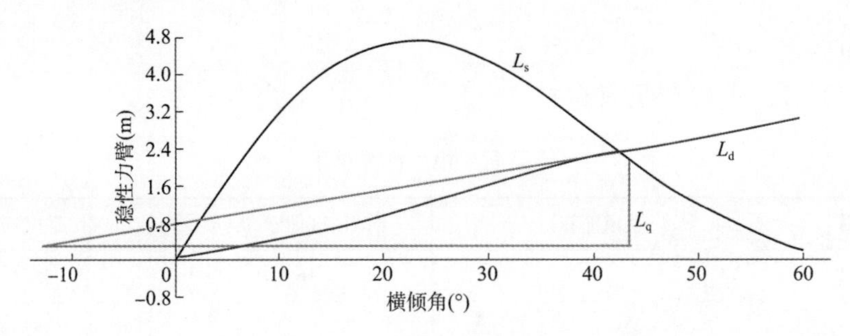

图 6-11 静、动稳性曲线

6.5.6 稳性衡准数计算

稳性衡准数计算结果见表 6-11。

稳性衡准数计算结果 表 6-11

序号	项目	符号或公式	数值
1	排水量(t)	Δ	16753.94
2	重心高(m)	Z_g	7.23
3	初稳性高(m)	GM_o	17.63
4	船宽(m)	B	35.0
5	吃水(m)	d	4.46
6	横摇周期(s)	T	6.74
7	系数 C_1		0.255
8	系数 C_2		1.0
9	系数 C_3		0.023
10	系数 C_4		0.55
11	横摇角(°)		16.82

续上表

序号	项目	符号或公式	数值
12	风压倾侧力臂(m)		0.23
13	最小倾覆力臂(m)		1.46
14	稳性衡准数	K_f	6.34

6.5.7 稳性分析结果

稳性分析结果见表6-12。

稳性分析结果 表6-12

序号	项目	符号	单位	数值	最低要求
1	排水量	Δ	t	16753.94	
2	平均吃水	d	m	4.46	
3	艏吃水	d_s	m	4.45	
4	艉吃水	d_w	m	4.47	
5	重心距基线	Z_g	m	7.23	
6	重心距舯	X_g	m	0.77	
7	初稳性高度(经自由液面修正)	GM	m	17.63	≥0.15
8	风压倾侧力臂		m	0.23	
9	最小倾覆力臂		m	1.46	
10	稳性衡准数	K_f		6.34	≥1.0
11	进水角		°	28.16	
12	横摇角		°	16.82	
13	横倾角30°处复原力臂值		m	3.46	≥0.2
14	最大复原力臂对应角		°	23.0	≥20.0
15	最大复原力臂值		m	3.82	
16	至最大复原力臂对应角曲线下面积	A	m · rad	0.955	
17	复原力臂曲线消失角		°	>60°	
18	结论			满足	

校核计算结果表明,升压站导管架基础运输船装运升压站上部组块时的稳性满足《船舶与海上设施法定检验规则》——《国内航行海船法定检验技术规则》2011年版对沿海航区船舶的稳性要求。

最后,需要根据升压站实际装载位置,对压载舱进行相应调整,确保船舶合适的吃水差。

7 升压站施工技术

7.1 升压站结构参数及技术标准

220kV 海上升压站结构共由两部分组成:升压站基础和上部组块。其中,升压站基础包含基础工程桩和导管架。

7.1.1 升压站结构参数

1)升压站基础结构形式

升压站基础导管架底根开 22.775m × 27.775m,顶根开 16m × 21m,高 48.2m,重约 1600t;升压站基础工程桩桩径 3.1 ~ 3.4m,桩长 89.5m,壁厚 46 ~ 60mm,重约 400t。海上升压站基础结构主要由导管架结构、工程桩结构和登船平台、栏杆、爬梯、靠船构件、内平台、电缆护管及牺牲阳极等附属构件组成。升压站基础结构形式如图 7-1 所示。

2)升压站上部组块结构参数

如图 7-2 所示,升压站上部组块采用三层布置,平面尺寸约为 41.57m × 41.22m,高约 17.0m,最高点距平均海平面 36.0m。海上升压站一层布置事故油罐、水泵房、临时休息室、暖通机房和相应的救生设备,同时一层也作为电缆层,35kV 和 220kV 海缆通过 J 形管穿过本层甲板,层高 7.0m。二层中间布置主变压器,两台主变压器分两个房间布置,主变压器一侧布置两个开关室,层高 5.0m。三层中间为主变压器上空区域,主变压器一侧布置通信继电保护室和两个蓄电池室,层高 5.0m。屋顶层设置空调室外机、气象观测站、激光测风雷达、避雷针、通信天线及主变压器检修孔,设有直升机平台,布置额定吊重为 5t 的悬臂起重机。

上部组块与导管架采用焊接的连接方式,其重量约为 2900t。吊装过程中要求 4 个吊耳的吊绳和铅垂方向夹角不大于 5.0°,与吊耳直接相连的吊绳水平投影与吊耳主板夹角不大于 5.0°。

7.1.2 相关技术标准

升压站基础设计等级:1 级;结构安全等级:1 级。

升压站上部组块设计等级:1 级;结构安全等级:1 级。

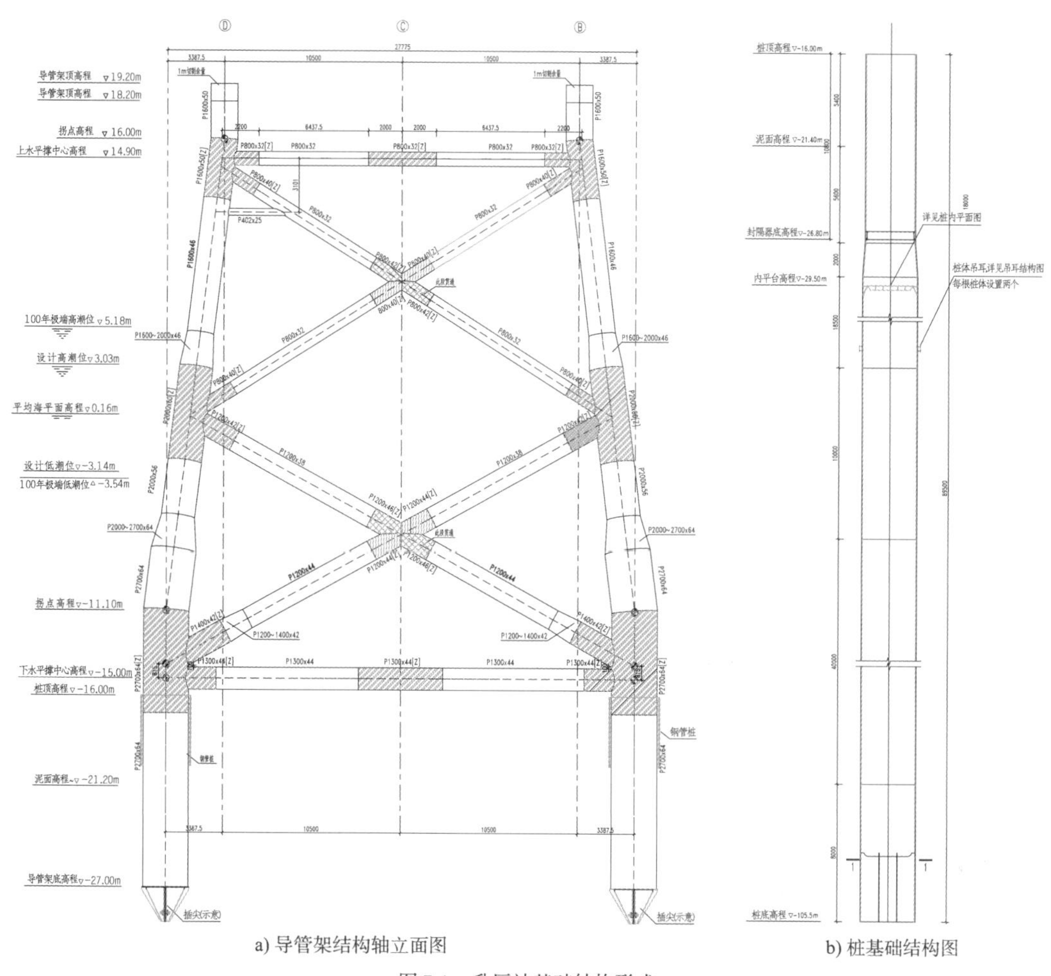

a) 导管架结构轴立面图

b) 桩基础结构图

图 7-1 升压站基础结构形式

图 7-2 升压站上部组块图

1) 工程桩沉桩施工要求

(1) 绝对位置(WGS-84 或 1954 北京坐标系)允许偏差 500mm。

(2)绝对高程允许偏差小于200mm。

(3)任意两根桩中心之间的平面偏差不超过40mm。

(4)沉桩作业完成后,4根桩相对高程偏差小于30mm,桩顶垂直度偏差小于0.1%。

2)工程桩内平台施工要求

工程桩沉桩完成后,需对管桩内进行抽泥处理,抽泥深度保持9.0m。抽泥完成后可进行工程桩内平台水下焊接安装。

3)升压站导管架施工要求

(1)绝对位置允许偏差小于500mm。

(2)绝对高程允许偏差小于200mm。

(3)沉桩后导管架方位角允许偏差小于或等于5°。

(4)导管架安装后需进行调平,4个牛脚下方环板之间的高程偏差小于或等于25mm,每个牛脚下方环板的水平度偏差小于或等于0.1%。

(5)任意两个导管架立柱桩顶相对水平位置偏差小于15mm。

(6)导管架调平后,导管架顶4根立柱之间相对高程差应小于20mm;导管架顶立柱切割平整后,4根立柱相对高程差应小于10mm,对单根立柱平整度应小于0.1%,且按照设计要求开坡口。

4)升压站上部组块施工要求

(1)升压站上部组块海上安装前,必须对已完成施工的下部结构进行复测,确保导管架的平面位置和相对高差符合安装要求(安装需在下部灌浆料养护达到龄期后进行)。

(2)升压站上部组块采用4点竖直起吊,吊绳与铅垂线的夹角不能超过5°。

(3)升压站上部组块吊装全过程中(包括装船吊装和海上安装吊装),上部组块4根柱底部和顶部的水平和竖向加速度均不得大于0.2g,同时需保证4个吊耳的吊绳和铅垂方向夹角不大于5°,与吊耳直接相连的吊绳的水平投影与吊耳主板夹角不大于5°。

(4)上部组块4根立柱正确放置在下部结构上,并完成上部组块与下部结构之间的焊接工作后,方可摘钩(上部组块正确就位后,立即组织焊接工作,并在24h内完成焊接工作)。

(5)上部组块安装完毕后,桩顶最大高差控制在50mm内。

7.2 主要船机设备选型

7.2.1 打桩锤选型

采用软件GRLWEAP 2010(GRL)模拟打桩过程,并进行升压站基础工程桩打入性分析。GRL的波动方程分析程序是一个被广泛应用的程序,可以模拟基础桩在打桩锤作用下的运动和受力情况,通过GRL打桩波动方程分析软件,分析并模拟打桩过程,估算打桩应力、承载力、锤击数及打桩时间,从而选出适合于本项目的打桩锤。

1）基础桩数据

基础桩总长度89.5m，桩径3.1～3.4m，桩顶高程为－16m，需打入土的深度为84.1m，详细数据见表7-1。

升压站基础工程桩数据　　表7-1

桩段	直径(mm)	壁厚(mm)	长度(m)
1	3100	60	11
2	3100～3400	50	2
3	3400	46	18.5
4	3400	50	10
5	3400	46	40
6	3400	50	8

2）拟定打桩锤

利用GRL软件进行模拟时需要先选择打桩锤，然后分析该锤能否将工程桩打至设计入泥深度，然后进行验证。由于本项目升压站基础工程桩桩顶直径为3100mm，拟选用击打最大桩径为3600mm的YC-120液压打桩锤。YC-120液压锤打桩如图7-3所示。

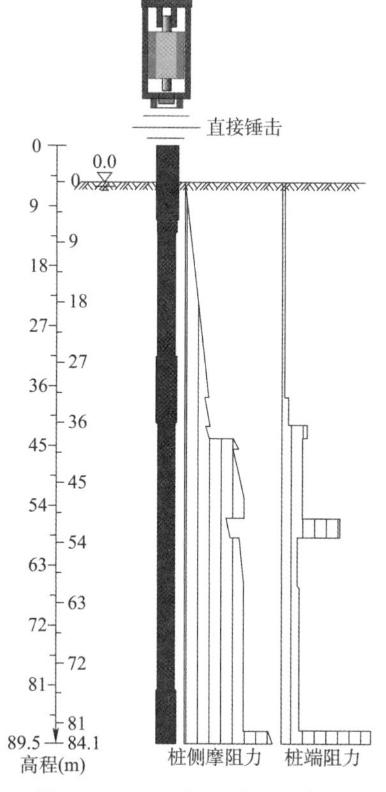

图7-3　YC-120液压锤打桩示意图

3）工况分析

本项目升压站基础工程桩为垂直式打入，需打入深度为84.1m。通常情况下，无法准确评估打桩时岩土的实际阻力，但是通过对经验数据的研究，可以得到的结论是：持续打桩过程中，基础桩外表面的摩擦阻力要比间断性打桩的摩擦阻力小。在间断性打桩过程中，土的性能会逐渐恢复，从而静态摩擦阻力会逐渐增大。因此，工况分析参数见表 7-2。

工况分析参数表 表 7-2

液压打桩锤	工况	桩侧阻力系数	桩端阻力系数	备注
YC-120	A	0.7	1	未形成土塞，侧摩阻发挥 70%
	B	1	1	未形成土塞，侧摩阻发挥 100%
	C	1	1.2	部分土塞

4）分析结果

根据表 7-2 中的 3 种工况，利用 GRL 软件进行打入性分析，得到结果如图 7-4 ~ 图 7-6 所示。

（1）工况 A 分析结果。

补偿/损失1#桩侧比桩端为0.700/1.000

深度 (m)	极限承载力 (kN)	摩擦力 (kN)	缆索力 (kN)	每0.25m锤击次数(次)	屈服应力 (MPa)	拉伸应力 (MPa)	冲程 (m)	能量 (kJ)
2.0	99.3	14.0	85.2	0.0	0.000	0.000	0.05	0.0
4.0	141.3	56.1	85.2	0.0	0.000	0.000	0.05	0.0
6.0	211.4	126.1	85.2	0.0	0.000	0.000	0.05	0.0
8.0	309.5	224.2	85.2	0.0	0.000	0.000	0.05	0.0
10.0	435.6	350.4	85.2	0.0	0.000	0.000	0.05	0.0
12.0	589.8	504.5	85.2	0.0	0.000	0.000	0.10	0.0
14.0	772.0	686.7	85.2	0.0	0.000	0.000	0.10	0.0
16.0	982.2	897.0	85.2	0.0	0.000	0.000	0.10	0.0
18.0	1220.5	1135.2	85.2	0.0	0.000	0.000	0.10	0.0
20.0	1486.8	1401.5	85.2	0.0	0.000	0.000	0.10	0.0
22.0	1781.1	1695.8	85.2	0.0	0.000	0.000	0.15	0.0
24.0	2103.4	2018.2	85.2	0.0	0.000	0.000	0.15	0.0
26.0	2453.8	2368.5	85.2	0.0	0.000	0.000	0.15	0.0
28.0	2832.2	2747.0	85.2	0.0	0.000	0.000	0.20	0.0
29.0	3031.9	2946.7	85.2	0.0	0.000	0.000	0.20	0.0
30.0	3238.6	3153.4	85.2	0.0	0.000	0.000	0.20	0.0
32.0	3673.1	3587.9	85.2	20.7	71.015	–57.659	0.20	201.7
34.0	4169.6	3999.1	170.5	20.7	86.895	–68.195	0.30	301.7
36.0	4611.1	4440.6	170.5	22.3	86.729	–65.937	0.30	301.6
38.0	5510.7	4879.3	631.5	26.9	86.549	–61.347	0.30	301.5
40.0	6293.5	5753.6	539.9	26.0	99.990	–67.219	0.40	402.2
42.0	7240.6	6700.7	539.9	33.6	99.955	–62.302	0.40	402.2
44.0	8240.5	7700.6	539.9	38.1	99.955	–57.679	0.40	402.2
46.0	9293.3	8753.4	539.9	36.9	112.255	–61.069	0.50	502.5
48.0	10397.9	9858.0	539.9	41.7	112.255	–56.483	0.50	502.6
50.0	11519.4	10979.5	539.9	46.7	112.256	–52.339	0.50	502.6
52.0	13306.3	11832.9	1473.4	47.7	123.656	–51.731	0.60	603.3
54.0	13167.1	12756.1	411.0	46.9	123.657	–53.662	0.60	603.3
56.0	14257.6	13813.6	444.0	51.5	123.657	–49.285	0.60	603.4
58.0	15370.9	14893.9	477.0	49.7	134.131	–50.266	0.70	704.2
60.0	16507.0	15997.1	509.9	54.0	134.171	–46.304	0.70	704.2
62.0	17674.5	17117.6	557.0	52.5	143.843	–46.986	0.80	805.0
64.0	18796.1	18239.1	557.0	56.3	143.735	–44.041	0.80	805.0
66.0	19917.6	19360.6	557.0	54.6	152.562	–45.718	0.90	905.9
68.0	21039.1	20482.1	557.0	58.0	152.220	–43.987	0.90	905.9
70.0	22160.6	21603.6	557.0	56.3	160.578	–45.821	1.00	1006.7
72.0	23282.1	22725.1	557.0	59.5	16.0.006	–44.301	1.00	1006.7
74.0	24403.6	23846.6	557.0	57.8	167.569	–45.988	1.10	1106.8
75.0	24964.3	24407.4	557.0	59.3	167.178	–45.363	1.10	1106.7
76.0	25525.1	24968.1	557.0	56.4	174.629	–47.628	1.20	1207.5
77.0	26085.8	25528.8	557.0	57.7	174.172	–47.094	1.20	1207.4
78.0	26646.2	26089.3	557.0	55.1	181.174	–49.198	1.30	1308.2
79.0	27206.3	26649.4	557.0	56.4	180.654	–48.694	1.30	1308.1
80.0	27765.9	27208.9	557.0	54.1	187.250	–50.676	1.40	1408.8
81.0	28324.8	27767.8	557.0	55.3	186.669	–50.239	1.40	1408.7
82.0	28883.0	28326.1	557.0	53.3	192.899	–52.159	1.50	1509.4
83.0	31999.6	29111.7	2887.9	63.2	192.261	–41.756	1.50	1509.2
84.1	92906.7	30018.8	2887.9	62.2	198.082	–42.372	1.60	1609.7

总 锤 击 数: 2437 (从穿透深度2.0m开始)

运行驱动时间(min):	81	60	48	40	34	30	27	24	22	20
每分钟锤击次数(次):	30	40	50	60	70	80	90	100	110	120

连续运行驱动锤子的驱动时间，未计入等待时间

a) 工况A分析结果图1

图 7-4

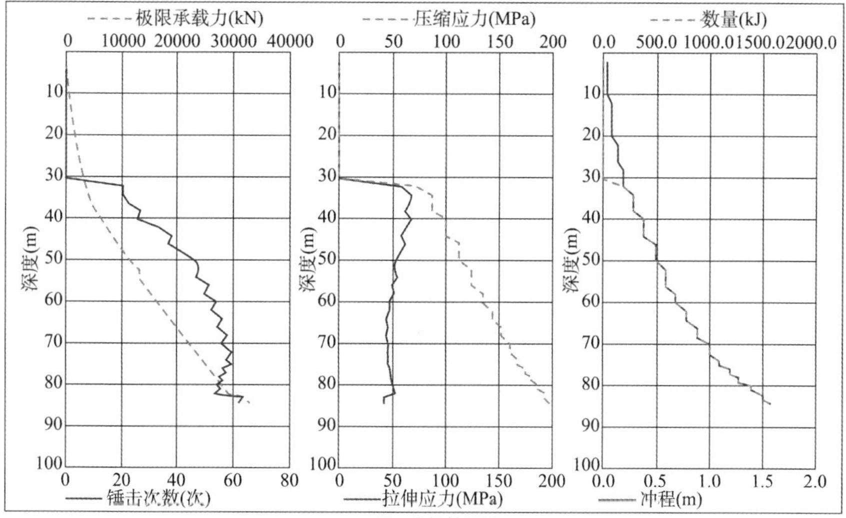

b) 工况A分析结果图2

图 7-4 工况 A 分析结果图

(2)工况 B 分析结果。

补偿/损失2#桩侧比桩端为1.000/1.000

深度(m)	极限承载力(kN)	摩擦力(kN)	缆索力(kN)	每0.25m锤击次数(次)	屈服应力(MPa)	拉伸应力(MPa)	冲程(m)	能量(kJ)
2.0	105.3	20.0	85.2	0.0	0.000	0.000	0.05	0.0
4.0	165.3	80.1	85.2	0.0	0.000	0.000	0.05	0.0
6.0	265.4	180.2	85.2	0.0	0.000	0.000	0.05	0.0
8.0	405.6	320.3	85.2	0.0	0.000	0.000	0.05	0.0
10.0	585.8	500.5	85.2	0.0	0.000	0.000	0.05	0.0
12.0	806.0	720.8	85.2	0.0	0.000	0.000	0.10	0.0
14.0	1066.3	981.1	85.2	0.0	0.000	0.000	0.10	0.0
16.0	1366.6	1281.4	85.2	0.0	0.000	0.000	0.10	0.0
18.0	1707.0	1621.7	85.2	0.0	0.000	0.000	0.10	0.0
20.0	2087.4	2002.2	85.2	0.0	0.000	0.000	0.10	0.0
22.0	2507.9	2422.6	85.2	0.0	0.000	0.000	0.15	0.0
24.0	2968.4	2883.1	85.2	0.0	0.000	0.000	0.15	0.0
26.0	3468.9	3383.6	85.2	0.0	0.000	0.000	0.15	0.0
28.0	4009.5	3924.2	85.2	24.4	71.404	–56.186	0.20	201.5
29.0	4294.8	4209.5	85.2	26.5	71.313	–54.932	0.20	201.4
30.0	4590.1	4504.8	85.2	28.6	71.219	–53.589	0.20	201.2
32.0	5210.8	5125.5	85.2	33.5	71.046	–50.694	0.20	201.0
34.0	5883.5	5713.0	170.5	29.5	86.918	–59.416	0.30	301.5
36.0	6514.2	6343.7	170.5	33.4	86.726	–56.414	0.30	301.5
38.0	7601.9	6970.4	631.5	42.8	86.520	–51.427	0.30	301.5
40.0	8759.4	8219.5	539.9	40.5	99.984	–55.082	0.40	402.2
42.0	10112.3	9572.4	539.9	47.6	99.955	–48.993	0.40	402.2
44.0	11540.8	11000.9	539.9	55.8	99.956	–43.347	0.40	502.5
46.0	13044.8	12504.9	539.9	54.5	112.255	–44.643	0.50	502.6
48.0	14622.8	14082.9	539.9	63.2	112.256	–39.254	0.50	502.6
50.0	16224.9	15685.0	539.9	71.9	112.256	–34.488	0.50	603.3
52.0	18377.5	16904.1	1473.4	72.0	123.657	–33.033	0.60	603.3
54.0	18634.1	18223.1	411.0	72.8	123.657	–33.764	0.60	603.4
56.0	20177.7	19733.7	444.0	81.1	123.658	–29.138	0.60	704.1
58.0	21754.0	21277.0	477.0	77.6	134.134	–28.511	0.70	704.2
60.0	23363.0	22853.0	509.9	84.1	134.188	–24.757	0.70	805.0
62.0	25010.7	24453.7	557.0	81.4	143.861	–24.848	0.80	804.9
64.0	26612.8	26055.8	557.0	87.7	143.707	–23.562	0.80	905.7
66.0	28215.0	27658.0	557.0	85.1	152.423	–24.711	0.90	905.7
68.0	29817.1	29260.1	557.0	91.3	151.952	–23.878	0.90	1006.4
70.0	31419.2	30862.3	557.0	89.2	160.103	–25.193	1.00	1006.3
72.0	33021.4	32464,4	557.0	95.7	159.304	–24.692	1.00	1106.2
74.0	34623.5	34066.6	557.0	94.2	166.558	–26.274	1.10	1106.0
75.0	35424.6	34867.7	557.0	97.5	166.012	–26.331	1.10	1206.6
76.0	36225.7	35668.7	557.0	93.0	173.249	–27.986	1.20	1206.4
77.0	37026.7	36469.8	557.0	96.3	172.609	–28.116	1.20	1307.0
78.0	37827.3	37270.4	557.0	92.3	179.368	–29.780	1.30	1306.7
79.0	38627.5	38070.5	557.0	95.5	178.639	–30.085	1.30	1407.2
80.0	39426.8	38869.8	557.0	92.0	184.963	–31.801	1.40	1406.8
81.0	40225.2	39668.3	557.0	95.0	184.149	–32.198	1.40	1507.2
82.0	41022.8	40465.8	557.0	91.9	190.191	–33.905	1.50	
83.0	44476.0	41588.1	2887.9	108.6	189.887	–28.027	1.50	1506.8
84.1	45771.9	42883.9	2887.9	108.0	196.257	–28.709	1.60	1607.0

总 锤 击 数: 3954 (从穿透深度2.0m开始)

运行驱动时间(min):	131	98	79	65	56	49	43	39	35	32
每分钟锤击次数(次):	30	40	50	60	70	80	90	100	110	120

连续运行驱动锤子的驱动时间，未计入等待时间

a) 工况B分析结果图1

图 7-5

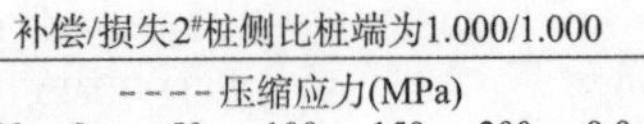

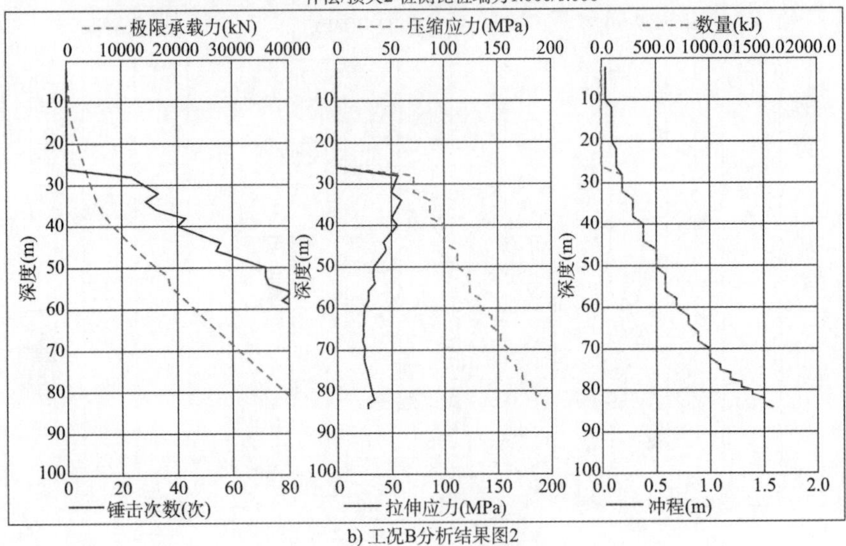

b) 工况B分析结果图2

图 7-5 工况 B 分析结果图

(3)工况 C 分析结果。

补偿/损失3#桩侧比桩端为1.000/2.000

深度 (m)	极限承载力 (kN)	摩擦力 (kN)	缆索力 (kN)	每0.25m锤击次数(次)	屈服应力 (MPa)	拉伸应力 (MPa)	冲程 (m)	能量 (kJ)
2.0	122.3	20.0	102.3	0.0	0.000	0.000	0.05	0.0
4.0	182.4	80.1	102.3	0.0	0.000	0.000	0.05	0.0
6.0	282.5	180.2	102.3	0.0	0.000	0.000	0.05	0.0
8.0	422.6	320.3	102.3	0.0	0.000	0.000	0.05	0.0
10.0	602.8	500.5	102.3	0.0	0.000	0.000	0.05	0.0
12.0	823.1	720.8	102.3	0.0	0.000	0.000	0.10	0.0
14.0	1083.4	981.1	102.3	0.0	0.000	0.000	0.10	0.0
16.0	1383.7	1281.4	102.3	0.0	0.000	0.000	0.10	0.0
18.0	1724.0	1621.7	102.3	0.0	0.000	0.000	0.10	0.0
20.0	2104.5	2002.2	102.3	0.0	0.000	0.000	0.10	0.0
22.0	2524.9	2422.6	102.3	0.0	0.000	0.000	0.15	0.0
24.0	2985.4	2883.1	102.3	0.0	0.000	0.000	0.15	0.0
26.0	3485.9	3383.6	102.3	0.0	0.000	0.000	0.15	0.0
28.0	4026.5	3924.2	102.3	24.5	71.405	−56.108	0.20	201.5
29.0	4311.8	4209.5	102.3	26.6	71.313	−54.852	0.20	201.4
30.0	4607.1	4504.8	102.3	28.7	71.220	−53.509	0.20	201.2
32.0	5227.8	5125.5	102.3	33.6	71.046	−50.615	0.20	201.0
34.0	5917.6	5713.0	204.6	29.7	86.918	−59.243	0.30	301.5
36.0	6548.3	6343.7	204.6	33.6	86.727	−56.245	0.30	301.5
38.0	7728.2	6970.4	757.8	43.5	86.521	−50.832	0.30	301.5
40.0	8867.4	8219.5	647.9	41.0	99.984	−54.551	0.40	402.2
42.0	10220.3	9572.4	647.9	48.1	99.955	−48.492	0.40	402.2
44.0	11648.8	11000.9	647.9	56.5	99.956	−42.882	0.40	502.5
46.0	13152.8	12504.9	647.9	55.1	112.255	−44.154	0.50	502.6
48.0	14730.8	14082.9	647.9	63.7	112.256	−38.788	0.50	502.6
50.0	16332.9	15685.0	647.9	72.5	112.256	−34.046	0.50	603.3
52.0	18672.2	16904.1	1768.1	73.6	123.657	−31.831	0.60	603.3
54.0	18716.3	18223.1	493.2	73.2	123.657	−33.423	0.60	603.4
56.0	20266.5	19733.7	532.8	81.5	123.658	−28.804	0.60	704.1
58.0	21849.4	21277.0	572.4	78.0	134.134	−28.144	0.70	704.2
60.0	23464.9	22853.0	611.9	84.5	134.188	−24.383	0.70	805.0
62.0	25122.0	24453.7	668.4	81.9	143.861	−24.504	0.80	804.9
64.0	26724.2	26055.8	668.4	88.2	143.707	−23.235	0.80	905.7
66.0	28326.3	27658.0	668.4	85.6	152.423	−24.384	0.90	905.7
68.0	29928.5	29260.1	668.4	91.8	151.952	−23.572	0.90	1006.4
70.0	31530.6	30862.3	668.4	89.7	160.104	−24.891	1.00	1006.3
72.0	33132.8	32464.4	668.4	96.3	159.304	−24.411	1.00	1106.2
74.0	34734.9	34066.6	668.4	94.7	166.559	−25.956	1.10	1106.0
75.0	35536.0	34867.7	668.4	98.0	166.012	−26.027	1.10	1206.6
76.0	36337.1	35668.7	668.4	93.6	173.250	−27.675	1.20	1206.4
77.0	37138.1	36469.8	668.4	96.8	172.610	−27.816	1.20	1307.0
78.0	37938.7	37270.4	668.4	92.8	179.368	−29.480	1.30	1306.7
79.0	38738.9	38070.5	668.4	96.0	178.639	−29.780	1.30	1407.2
80.0	39538.2	38869.8	668.4	92.5	184.963	−31.504	1.40	1406.8
81.0	40336.6	39668.3	668.4	95.6	184.149	−31.912	1.40	1507.2
82.0	41134.1	40465.8	668.4	92.4	190.191	−33.617	1.50	
83.0	45053.6	41588.1	3465.5	111.8	189.887	−26.764	1.50	1506.8
84.1	46349.4	42883.9	3465.5	111.1	196.257	−27.464	1.60	1607.0

总　锤　击　数:　3989 (从穿透深度2.0m开始)

运行驱动时间(min):	132	99	79	66	56	49	44	39	36	33
每分钟锤击次数(次):	30	40	50	60	70	80	90	100	110	120

连续运行驱动锤子的驱动时间，未计入等待时间

a) 工况C分析结果图1

图　7-6

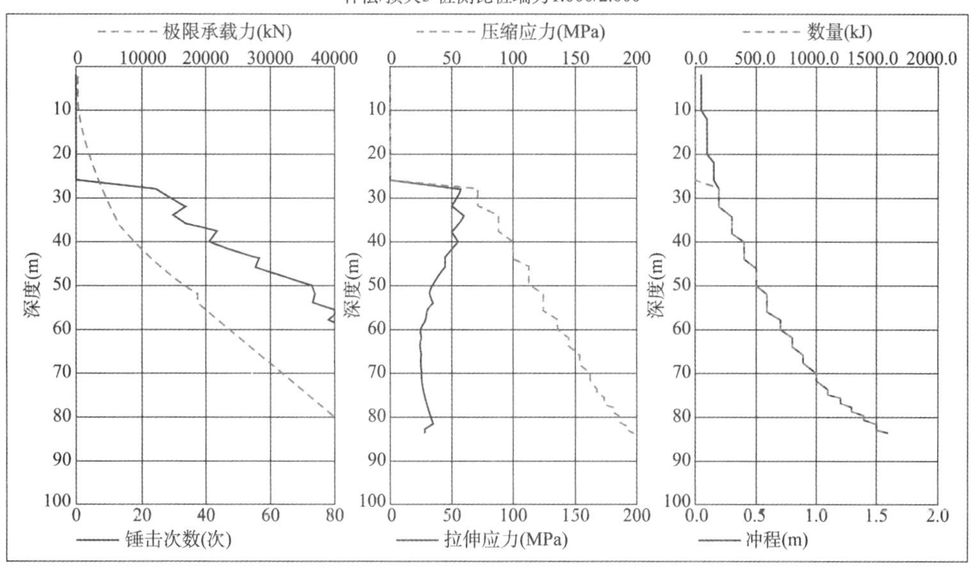

b) 工况C分析结果图2

图 7-6 工况 C 分析结果图

根据以上分析,将主要的分析结果整理为表 7-3。

打入性分析结果 表 7-3

项目	工况 A	工况 B	工况 C
总锤击次数	2437	3954	3989
锤击最终贯入度(mm)	16.1	9.3	9.0
桩顶最大能量(KJ)	1610	1607	1607

此分析结果显示,使用 YC-120 液压打桩锤可以将基础桩打入至设计入泥深度,其中总锤击次数以及贯入度根据实际的锤击能量会产生变化。YC-120 液压打桩锤的具体参数见表 7-4。

YC-120 液压打桩锤参数 表 7-4

名称	参数	锤体图
锤长(含锤帽)(m)	15.5	
最大打击能量(kJ)	2040	
打击频率(击/min)	20/55	
锤芯重量(含锤帽)(t)	120	
锤体重量(含锤帽)(t)	262	
液压工作压力(MPa)	24	
输入流量(L/min)	2600	
套筒直径(mm)	3640	
击打最大桩径(mm)	3600	
传递效率	85%	

7.2.2 定位架选用及改造

升压站基础需采用“先桩法”施工工艺(“先桩法”工艺介绍见7.3.1节)进行作业,因该项目只有一个4桩导管架基础,若为其单独建造一套定位架成本压力太大,若租赁市面上已有且适用于本项目的定位架进行现场作业(图7-7),仅使用费就高达1000多万元。

图7-7 市面上四桩定位架

为保障施工的顺利进行,同时满足经济实用的要求,考虑到本项目单桩施工所用稳桩平台的结构尺寸与升压站工程桩基础的施工间距比较契合,因此以稳桩平台的结构加以修改细微施工干涉部分,并添加导向筒定位架等结构,便可满足升压站工程桩基础的施工要求。最终稳桩平台的改造及运输总费用未超过200万元。改造方法如下:

(1)根据升压站4根钢管桩的中心位置坐标,计算出4个中心点的相对位置,并以稳桩平台平面中心为相对中心,从而确定4个导向筒在稳桩平台上的具体位置。定位架俯视图如图7-8所示。

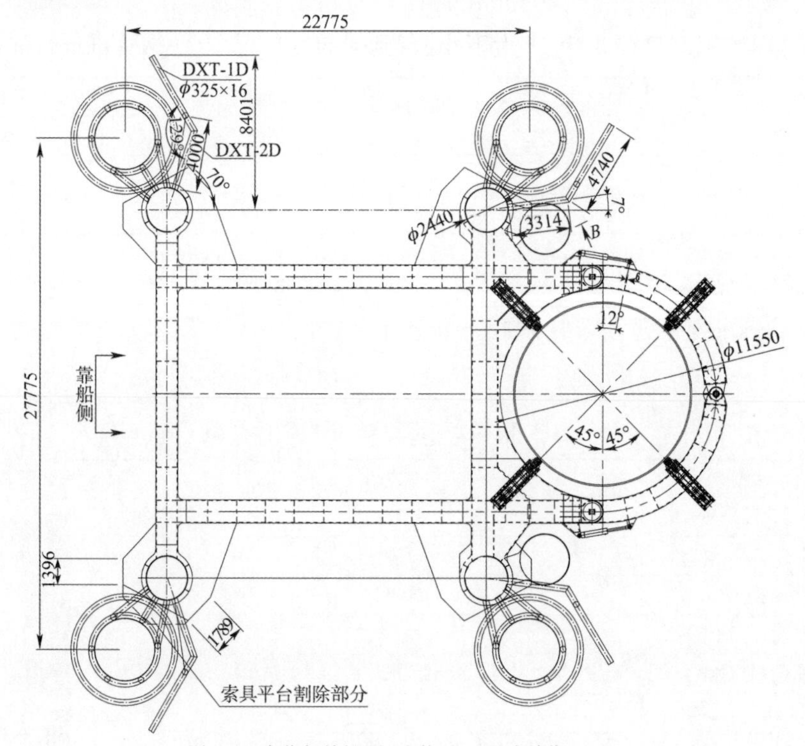

图7-8 定位架俯视图(改装后)(尺寸单位:mm)

(2)两个浮力筒因原所在位置与导向筒干涉,在不影响其力学性能的基础上,对两处浮力筒位置进行调整,使其沿辅助桩导向筒旋转一定角度后,固定安装于辅助桩导向筒上,如图7-9所示。

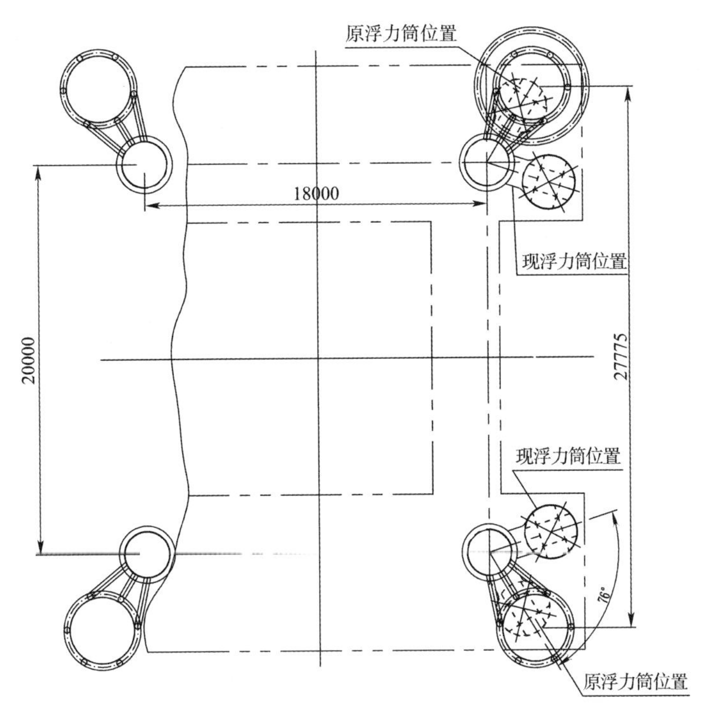

图 7-9 浮力筒位置变化示意图(尺寸单位:mm)

(3)导向筒顶端呈漏斗状,上大下小,起到导向的作用,方便钢管桩进行插桩。导向筒结构示意图如图 7-10 所示。

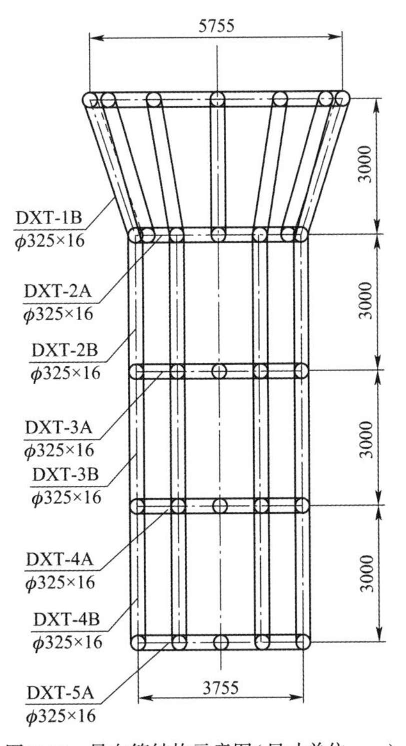

图 7-10 导向筒结构示意图(尺寸单位:mm)

(4)为方便改造和加工,导向筒采用钢管进行制作,除第一分段采用12根钢管进行连接外,其余分段采用8条竖直钢管连接,且所有钢管均匀分布。导向筒俯视图如图7-11所示。

(5)竖直方向共计5层,由上往下第二层至底层,每层与辅助桩导向筒固定连接,连接方式如图7-12所示。连接处采取满焊,并对整体进行防腐处理。

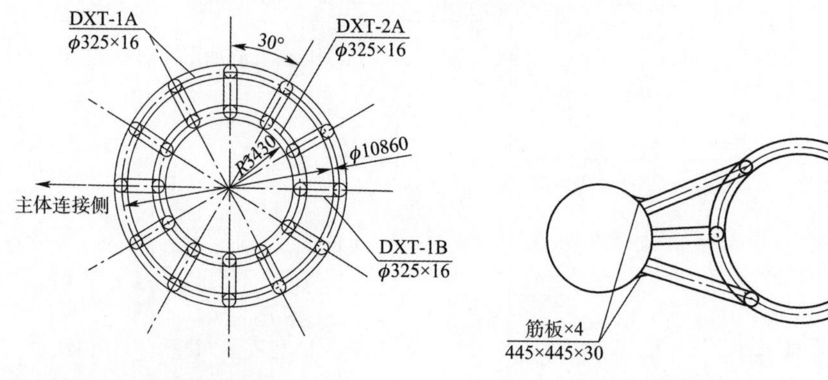

图7-11 导向筒俯视图(尺寸单位:mm)　　图7-12 导向筒连接方式示意图(尺寸单位:mm)

图7-13 定位架改造完成图

原本用于单桩施工的稳桩平台经过改造后,在满足大直径单桩基础施工的同时,为较小直径单桩沉桩施工提供了保障,尤其是为4桩基础的施工提供了便利,增加了原有稳桩平台的适用性。定位架改造完成图如图7-13所示。

7.2.3 起重船选型

由于施工海域为超深软弱表层地质,升压站施工区域水深为21.4m。为了保证工程顺利施工,需分析起重船应具备的吊高、吊重等条件。

1)吊高分析

海上升压站施工过程中涉及定位架吊装,基础工程桩插桩、沉桩,导管架以及上部组块起吊安装,所以在进行吊高分析时应对各个工序进行综合分析。

(1)定位架吊高分析。

定位架吊装施工过程中,定位架底部至水面距离 $H_1=2\text{m}$,定位架底部至上层平台高度 $H_2=51.2\text{m}$,定位架上层平台上吊耳的受力方向与水平方向的夹角不小于70°,为满足要求,定位架上层平台至吊钩距离 $H_3=21\text{m}$。定位架吊装最低高度计算公式如下:

$$H=H_1+H_2+H_3 \tag{7-1}$$

式中:H——定位架吊装最低吊高;

H_1——定位架底部至水面距离;

H_2——定位架底部至上层平台高度;

H_3——定位架上层平台至吊钩距离。

代入可得：

$$H=2+51.2+21=74.2(\mathrm{m})$$

(2)基础工程桩插桩高度分析。

基础工程桩插桩施工过程中，起桩器吊索具有效长度 $H_1=7.0\mathrm{m}$，基础工程桩长 $H_2=89.50\mathrm{m}$，因工程桩定位架为下水设备，为了使工程桩安装过程中不与定位架发生剐蹭，需将桩底吊离水面，同时为满足甲板翻桩吊高的要求，预计桩底距水面高度 $H_3=5.0\mathrm{m}$，起桩器完成内涨后露出工程桩以外的部分及吊耳的长度为 $H_4=2.5\mathrm{m}$。基础工程桩插桩最低吊高计算公式如下：

$$H=H_1+H_2+H_3+H_4 \tag{7-2}$$

式中：H——基础工程桩插桩最低吊高；

H_1——起桩器吊索具有效长度；

H_2——基础工程桩长；

H_3——桩底距水面高度；

H_4——起桩器完成内涨后露出工程桩以外的部分及吊耳的长度。

代入可得：

$$H=7.0+89.5+5.0+2.5=104(\mathrm{m})$$

(3)基础工程桩沉桩高度分析。

升压站施工海域的水深 $H_1=18.26\mathrm{m}$，基础工程桩桩长 $H_2=89.50\mathrm{m}$，经过计算基础工程桩自沉深度 $h=37.30\mathrm{m}$，送桩器长度 $H_3=25.50\mathrm{m}$，插尖长度 $H_4=3.1\mathrm{m}$；液压锤长度 $H_5=15.50\mathrm{m}$，桩帽长度 $H_6=1.7\mathrm{m}$，液压锤吊带长度 $H_7=10\mathrm{m}$。基础工程桩沉桩最低吊高计算公式如下：

$$H=H_2-H_1-h+H_3-H_4+H_5-H_6+H_7 \tag{7-3}$$

式中：H——基础工程桩沉桩最低吊高；

H_1——升压站施工海域的水深；

H_2——基础工程桩桩长；

H_3——送桩器长度；

H_4——插尖长度；

H_5——液压锤长度；

H_6——桩帽长度；

H_7——液压锤吊带长度；

h——基础工程桩自沉深度。

代入可得：

$$H=89.50-18.26-37.30+25.50-3.1+15.50-1.7+10=80.14(\mathrm{m})$$

(4)导管架起吊高度分析。

升压站导管架运输工装的高度 $H_1=5\mathrm{m}$；导管架的柱顶到插尖底部的高度 $H_2=48.2\mathrm{m}$；设计要求吊耳的受力方向与水平方向的夹角不小于70°，为满足吊高及吊重要求，管式吊耳吊点到吊钩位置的距离 $H_3 = 33\text{m}$。导管架起吊最低高度计算公式如下：

$$H = H_1 + H_2 + H_3 \quad (7\text{-}4)$$

式中：H——导管架起吊最低高度；

H_1——升压站导管架运输工装高度；

H_2——导管架的柱顶到插尖底部高度；

H_3——管式吊耳吊点到吊钩位置的距离。

代入可得：

$$H = 5 + 48.2 + 33 = 86.2(\text{m})$$

(5)上部组块起吊高度分析。

升压站导管架在最低潮水位时的顶部至水面高度约为23m；上部组块起吊后插尖底部与海平面的高差 $H_1 = 25\text{m}$，上部组块主体高度 $H_2 = 21\text{m}$；吊耳至吊梁的高度 $H_3 = 12\text{m}$，吊梁至吊点的高度 $H_4 = 26\text{m}$。上部组块起吊最低高度计算公式如下：

$$H = H_1 + H_2 + H_3 \quad (7\text{-}5)$$

式中：H——上部组块起吊最低高度；

H_1——上部组块起吊后插尖底部与海平面的高差；

H_2——上部组块主体高度；

H_3——吊耳至吊梁的高度。

代入可得：

$$H = 25 + 21 + 12 + 26 = 84(\text{m})$$

2)吊重分析

本项目定位架附加吊带总重量约为1300t，最重单根钢管桩附加起桩器及吊索具总重量约为430t；YC-120液压锤附加吊索具总重量约为300t；导管架附加吊带吊具总重量约为1700t；上部组块附加吊带吊具总重量约为3000t。

(1)定位架吊装吊重分析。

定位架吊装考虑使用起重船主钩进行施工，此时需要考虑的吊重为定位架附加吊带总重量，即起重船主钩吊重应大于1495t(考虑安全系数1.15)。

(2)基础工程桩插桩吊重分析。

基础工程桩插桩考虑使用起重船主钩进行施工，此时需要考虑的吊重为单根钢管桩附加起桩器及吊索具总重量，即起重船主钩吊重应大于494.5t(考虑安全系数1.15)。

(3)基础工程桩沉桩吊重分析。

基础工程桩考虑使用起重船副钩进行施工，此时需要考虑的吊重为液压锤附加吊索具总重量，即起重船副钩吊重应大于345t(考虑安全系数1.15)。

(4)导管架起吊吊重分析。

导管架起吊考虑使用起重船主钩进行施工，此时需要考虑的吊重为导管架附加吊带吊具总重量，即起重船主钩吊重应大于1955t(考虑安全系数1.15)。

(5)上部组块起吊吊重分析。

上部组块起吊考虑使用起重船主钩进行施工，此时需要考虑的吊重为上部组块附加吊带吊具总重量，即起重船主钩吊重应大于3450t(考虑安全系数1.15)。

起重船吊高、吊重分析结果见表7-5。

起重船吊高、吊重分析结果 表7-5

工况	主钩吊高(m)	副钩吊高(m)	主钩吊重(t)	副钩吊重(t)	备注
定位架吊装	74.2		1495		表中吊重考虑了1.15的安全系数
基础工程桩插桩	104		494.5		
基础工程桩沉桩		80.14		345	
导管架吊装	86.2		1955		
上部组块吊装	84		3450		
总结	104	80.14	3450	345	

3)确定起重船

根据表7-5并结合市面上已有起重船，筛选出以下几艘：首选起重船1全回转式起重船，备选起重船2全回转式起重船以及起重船3全回转起重船。各船参数见表7-6。

起重船参数 表7-6

船舶名称	船舶尺寸(m×m×m)(船长×船宽×型深)	设计吃水(m)	主钩吊重(t)	主钩吊高(m)	副钩吊重(t)	副钩吊高(m)
起重船1	150×42×10.8	6	3500	130	1000	165
起重船2	176×52×12.15	6	4000	117	1000	143
起重船3	165×43.8×14.2	8	3600	113	900	135

通过制图软件模拟以上3艘起重船各个工况，以复核是否满足施工要求(以起重船1为例进行复核)。

(1)定位架吊装。

如图7-14所示，起重船1在起重臂架与水平方向倾角为67°时，起重船1全回转臂架主钩的额定吊高为123m>74.2m，吊重为1500t，船舷外吊距为34m，离回转中心吊距55m。定位架附加吊带总重量约为1300t，故起桩最大负荷率约为86.7%，吊高吊重满足要求。

(2)基础工程桩插桩。

如图7-15所示，起重船1在起重臂架与水平方向倾角为68°时，全回转臂架主钩的额定吊高为124m>104m，吊重为1500t，船舷外吊距为34m，离回转中心吊距为55m。本项目最重单根钢管桩附加起桩器及吊索具总重量约为430t，故起桩最大负荷率约为28.7%，故吊高、吊重均满足要求。

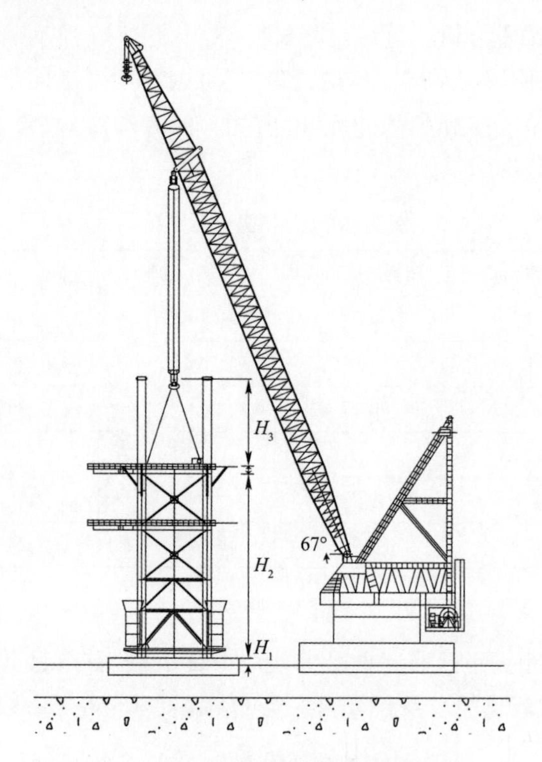

图 7-14　起重船 1 定位架插桩吊高分析图

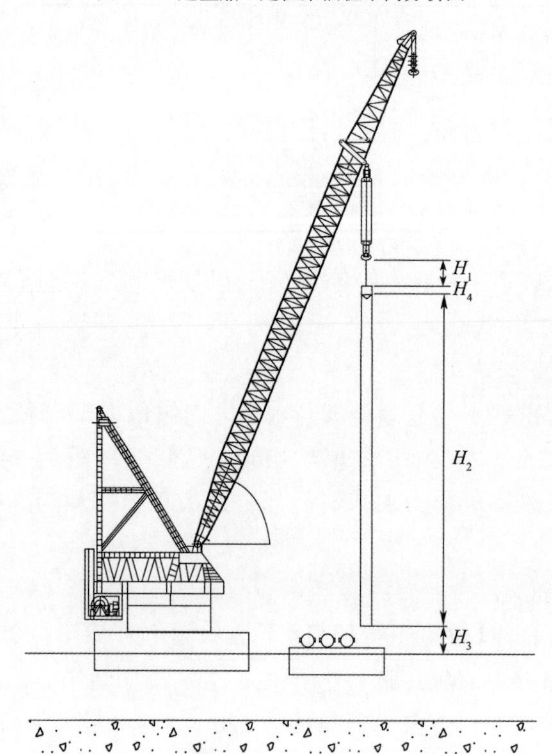

图 7-15　起重船 1 工程桩插桩吊高分析图

(3)基础工程桩沉桩。

如图7-16所示，起重船1在起重臂架与水平方向倾角为67°时，全回转臂架副钩的额定吊高为160m>80.14m，吊重为650t，船舷外吊距为34m，离回转中心吊距为55m。YC-120液压锤附加吊索具总重量约为300t，故起桩最大负荷率约为46.2%，吊高、吊重均满足要求。

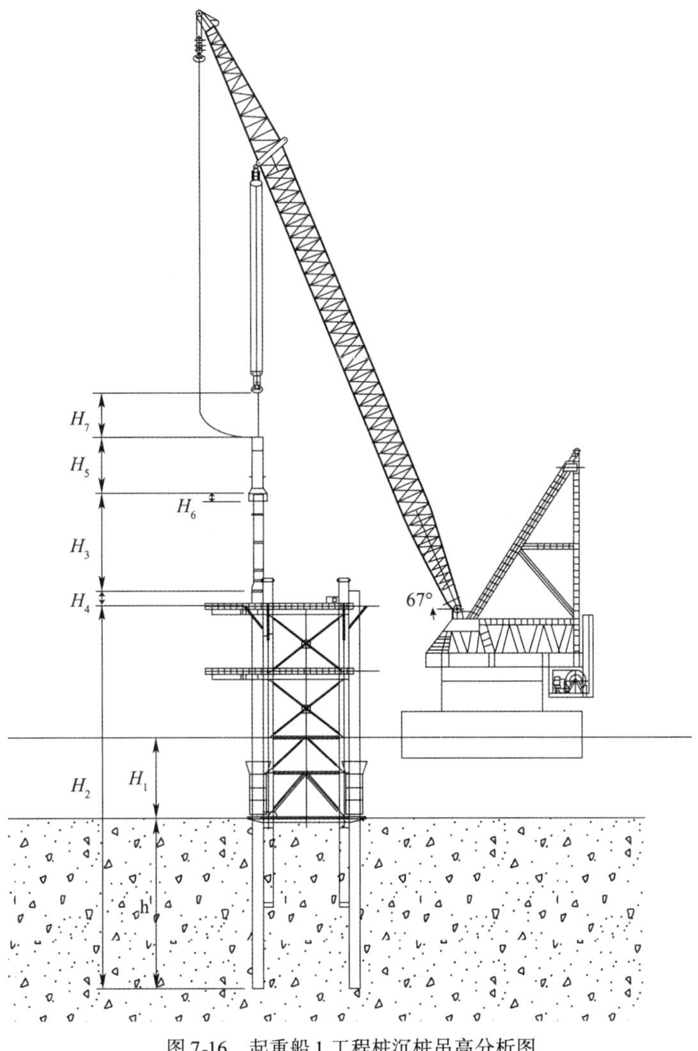

图7-16 起重船1工程桩沉桩吊高分析图

(4)导管架起吊。

如图7-17所示，起重船1在起重臂架与水平方向倾角为73°时，固定臂架主钩的额定吊高为127m>86.2m，吊重为2100t，船舷外吊距为24m，离回转中心吊距45m。导管架附加吊带吊具总重量约为1700t，故起桩最大负荷率约为81%，吊高、吊重满足要求。

(5)上部组块起吊。

如图7-18所示，起重船1在起重臂架与水平方向倾角为75°时，固定臂架主钩尾吊的额定吊高为128m>84m，吊重为3350t，船尾外吊距为19.2m，离回转中心吊距42m。上部组块附加吊带吊具总重量约为3000t，故起桩最大负荷率约为89.5%，吊高、吊重满足要求。

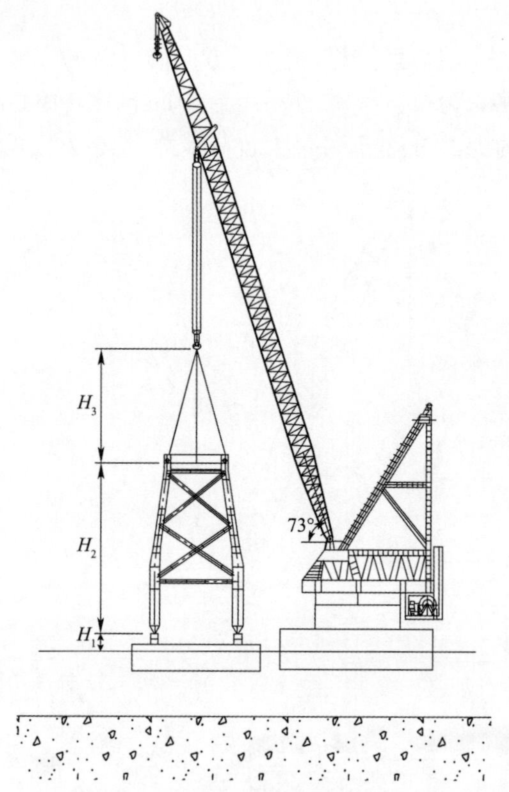

图 7-17　起重船 1 工程桩沉桩吊高分析图

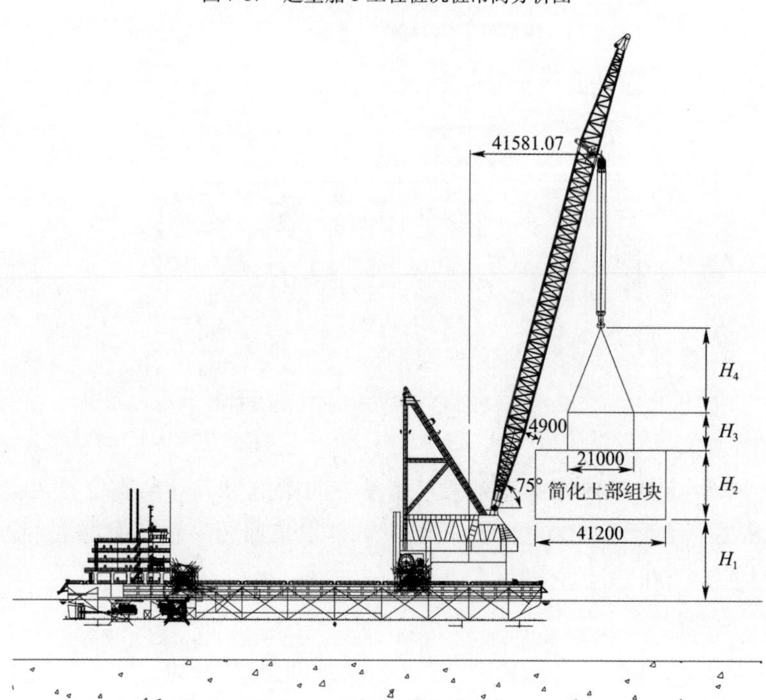

图 7-18　起重船 1 上部组块吊高分析图(尺寸单位:mm)

综上所述,将各工况复核结果汇总于表7-7。

起重船1各工况分析汇总表　　表7-7

施工工况	吊钩类型	起吊方式	起重臂架水平倾角(°)	吊高(m)	吊重(t)	舷外吊距(m)
定位架吊装	主钩	侧吊	67	123	1500	34
基础工程桩插桩	主钩	侧吊	68	124	1500	34
基础工程桩沉桩	主钩/副钩	侧吊	67	123/160	1500/650	34/49
导管架起吊	主钩	侧吊	73	127	2100	24
上部组块起吊	主钩	尾吊	75	128	3350	19.2

由表7-7可知,起重船1能够满足升压站部分各种工况的施工要求。

7.3　升压站基础施工技术

7.3.1　海上升压站“先桩法”施工工艺介绍

海上升压站导管架基础施工有“后桩法”和“先桩法”两种。采用“后桩法”方式施工,具有施工工艺简单、施工效率高的优点;而采用“先桩法”方式施工,需准备与工程桩施工配套的定位架,同时施工工艺较为复杂,存在水下施工过程中工程桩垂直度及高程控制、工程桩桩顶之间高差及间距控制、导管架和工程桩水下精确对位等关键性技术难题。但由于“先桩法”是将上部荷载通过导管架下部支腿直接传递给工程桩桩顶,再由工程桩传递给地基土,套管与钢管桩之间的灌浆段起到了加固作用,同时也增加了传递更多荷载的能力。因此,采用“先桩法”施工方式的导管架更加适用于地质承载力较差海域环境,特别是表层具有深厚淤泥的软弱地层特征海域,“先桩法”施工工艺可以有效地降低施工海域土质特征对导管架及上部结构的整体影响。

鉴于此,本项目在超深软弱表层地质上建设,根据设计结构特点,最终采用“先桩法”施工工艺进行升压站导管架基础施工。

7.3.2　施工工艺及流程

升压站导管架基础“先桩法”施工工艺流程如图7-19所示。

1)施工准备

(1)扫海测量。

升压站导管架基础施工前,先对施工相应海域进行扫海测量,勘探升压站施工海域海底平整度。

(2)升压站导管架基础施工阶段涉及较多施工设备、材料在起重船、运输船甲板的堆存,提前绘制施工船舶的甲板布置图,以便于施工过程中设备的使用及转运。起重船甲板布置图如图 7-20 所示。

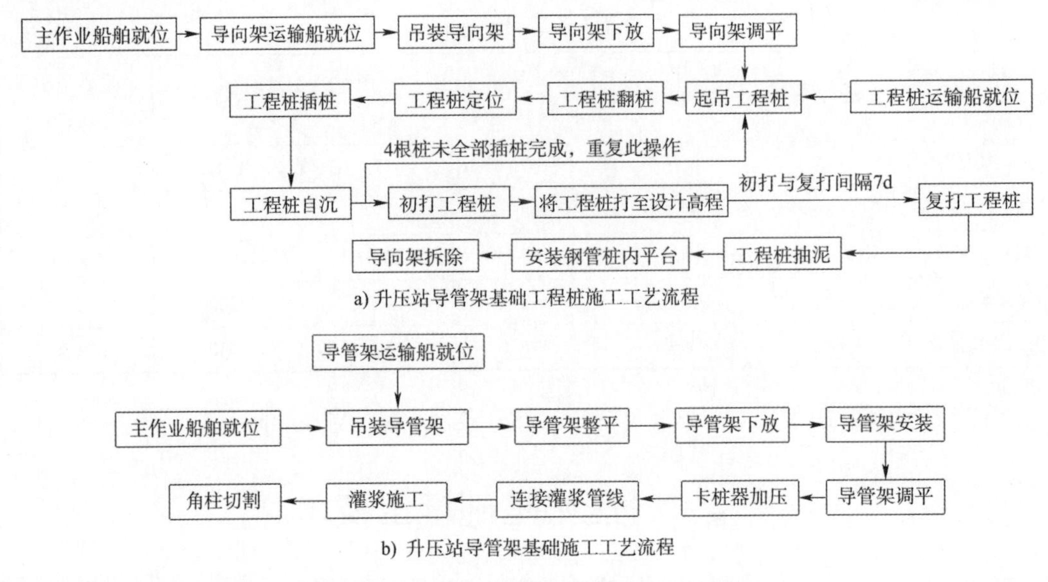

a) 升压站导管架基础工程桩施工工艺流程

b) 升压站导管架基础施工工艺流程

图 7-19　升压站导管架基础“先桩法”施工工艺流程

(3) 设备倒驳。

在施工准备阶段，预先将升压站基础施工过程中所用到的主要机械设备——振动锤、翻桩器、液压锤以及潜水作业设备进行倒驳。为便于设备装船倒驳，振动锤及液压锤发运前可不进行组装，在装船倒驳后再进行主要机械设备的组装、调试并梳理相应的液压油管，最后完成拖航过程中的绑扎固定。施工所需的主要吊索具也由运输船随机械设备一同转运至起重船并进行清点，对于其中用于振动锤、翻桩器及液压锤的吊索具整体进行外观检查并挂设，如图 7-21 所示。

(4) 拖航进场。

升压站导管架基础施工前期准备工作完成后，由拖轮接拖起重船，将其拖航至升压站施工海域附近。

2) 主作业船舶就位

船舶进场前对施工水域作业和拖航条件进行适应性分析，确保施工环境能够满足需求。通过可视化软件“海洋工程施工船舶管理系统”确定施工现场主要工作具体位置，并实时显示起重船及拖轮之间的相对位置关系。

(1) 升压站工程桩施工过程中须有定位架配合作业，为便于定位架运输船靠泊，需结合施工水域规则半日潮的特征以及常年涌浪的方向，按照设计要求的平台北方向(北偏东 40°)将定位架定位，确定起重船的船位布置及锚点坐标。起重船锚位布置示意图如图 7-22 所示。

(2) 起重船到达预定施工海域附近后，释放船头航行锚并完成与拖轮解拖作业。拖轮通过拖航前安装的船舶定位系统，依据起重船的要求依次完成起重船 6 个工作锚抛设作业，且抛设锚缆长度不小于 700m。

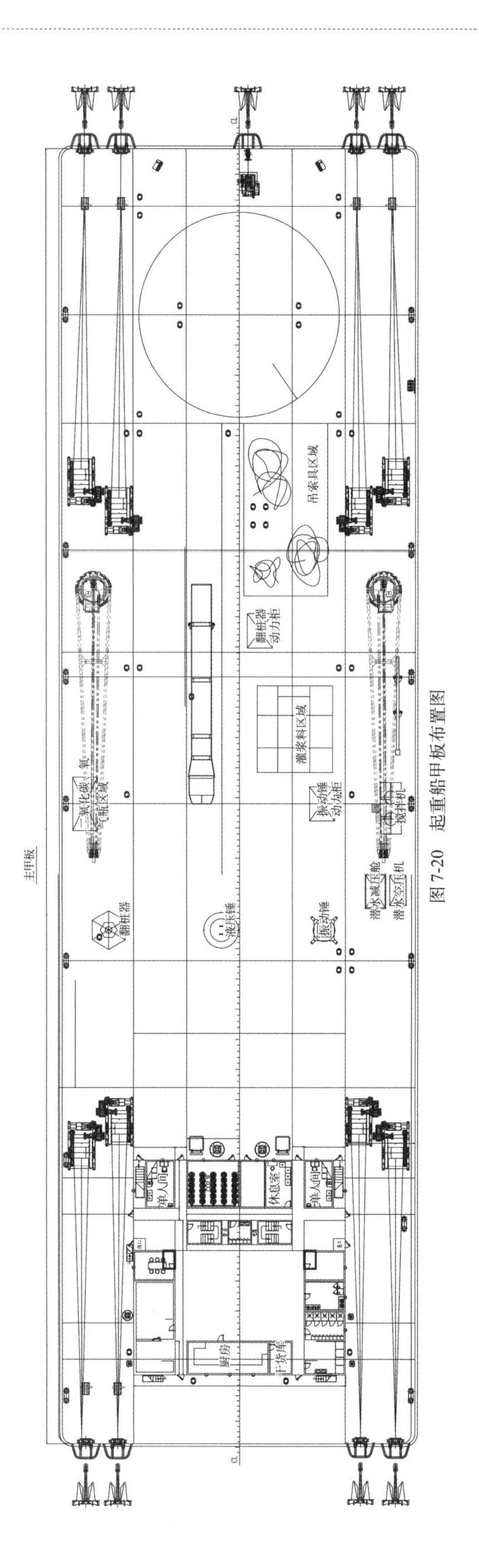

图 7-20 起重船甲板布置图

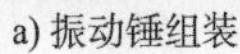
a) 振动锤组装

b) 液压锤组装

图 7-21　振动锤及液压锤组装示意图

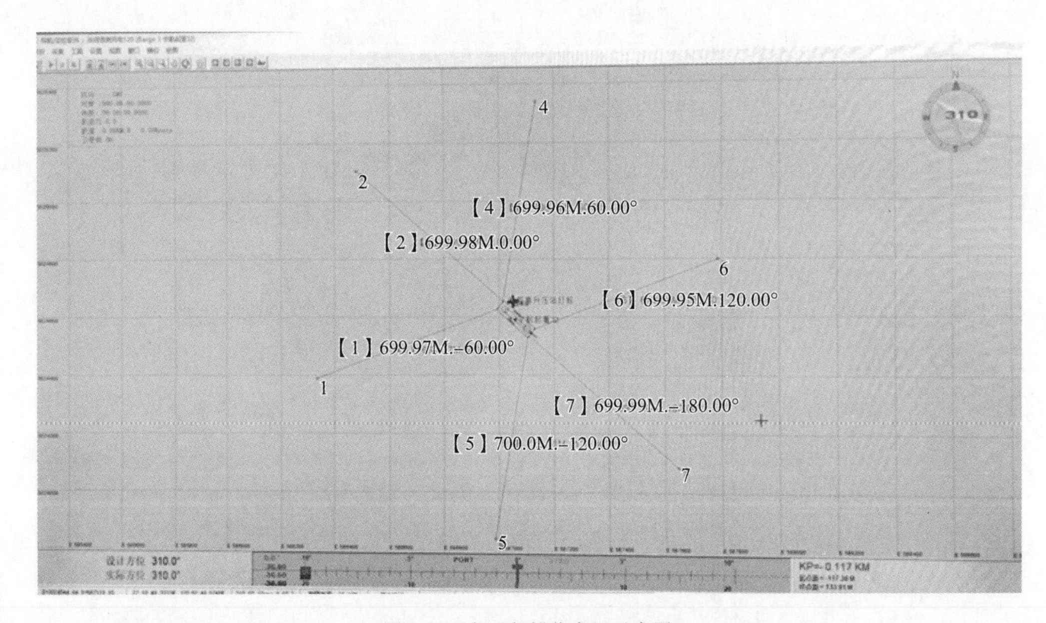

图 7-22　起重船锚位布置示意图

3)定位架运输船就位

(1)运输船就位。

①升压站基础工程桩施工所需的定位架放置在运输船船中偏向船尾的甲板上,为满足起重船吊重及吊距的需要,运输船就位时需以其船头与起重船船尾方向对齐。

②起重船抛锚就位后,定位架运输船根据现场水流情况,选择平潮及涨潮时间段进位,在起重船左舷靠泊(图 7-23),并在船头及船尾分别带出 3 条缆绳挂设于起重船的缆桩上。缆绳挂设完成后,起重船与运输船的间距在 1.2m 左右。

(2)物料倒驳。

①首先完成工程桩送桩器及定位架的转运(图 7-24),在后续施工的过程中,择期进行灌浆设备及灌浆料的转运。

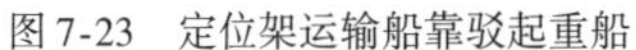
图 7-23 定位架运输船靠驳起重船

图 7-24 工程桩送桩器转运

②送桩器倒驳至起重船甲板时，采用起重船主钩并使用 2 个 120t 卸扣配合 2 条 ϕ96mm × 12m 的环形钢丝绳进行吊装及安放。此时，起重船臂架全回转至右侧船舷，调整臂架与水平方向倾角为 60°，起重船臂架全回转双主钩的额定吊高为 115m，吊重为 1150t，距回转中心吊距为 70m。

③送桩器转运过程中，根据前期设计的甲板布置图，在送桩器尾部预计位置甲板用工字钢焊接一块止挡工装，协助主钩将送桩器平放在起重船甲板上。工程桩送桩器倒驳完成如图 7-25 所示。

4）定位架定位安装

（1）运输船相对船位调整。

①起重船在起吊稳桩平台的过程中，需确保双主钩的受力中心与定位架的吊装中心处在同一条直线上。运输船需通过前后缆绳的放松及收紧调整定位架与主钩的相对位置。定位架起吊前相对位置调整如图 7-26 所示。

图 7-25 工程桩送桩器倒驳完成

图 7-26 定位架起吊前相对位置调整

②由起重船回转平台下部左侧卷扬机伸出一条横缆绳挂设在运输船中部的缆桩上，以此缆绳产生一个起重船方向的横向力限制运输船的横向运动，逐步调整定位架与起重船主钩间的位置关系。起重船挂设横缆绳如图 7-27 所示。

（2）定位架起吊。

①运输船与起重船相对间距调整到11m左右时，锁具钩起吊载人吊笼，将起重指挥及作业人员转运至定位架上甲板，作业人员挂设定位架吊装钢丝绳。定位架吊装钢丝绳由4条ϕ210mm×26m的环形钢丝绳组成，分别将钢丝绳挂设至两个主钩的4个钩齿上并做好防脱落安全防护。定位架吊装钢丝绳挂设完成如图7-28所示。

图7-27 起重船挂设横缆示意图

图7-28 定位架吊装钢丝绳挂设完成

②吊装钢丝绳挂设完成后，起重船将主钩高度降低至定位架上甲板位置，臂架起升2°～3°，利用载人吊笼将起重指挥及作业人员从靠近起重臂架一侧的定位架边缘送回至运输船甲板，载人吊笼通过人员配合起重机的方式转运回起重船甲板。

图7-29 定位架吊装起升示意图

③人员安全返回运输船甲板后，起升双主钩，待钢丝绳稍微受力，作业人员开始割除定位架的海绑工装。海绑工装切割完成后，对切割部位进行检查，确认固定定位架的筋板已全部割透，方可进行下一步工作。

④起重船起吊定位架时，臂架在起重船右舷，臂架与水平方向倾角为72°，此时双主钩的额定吊高为127m，吊重为2040t，船舷外吊距为24m。海绑工装切割完成后，确认起重区域内无人员走动，刚开始以100t为单位逐步增加主钩的起重量，实时观察主腿与支墩的间隙是否逐步增大。定位架吊装起升如图7-29所示。

⑤待定位架主腿底部高于运输船船舷围板4～5m时，人员乘坐载人吊笼利用起重机返回起重船，运输船逐步放松船头及船尾缆绳，预留安全距离便于运输船驶离起重船右舷。

⑥运输船与起重船的间距达到30m左右时，起重船解除船首、船尾缆桩上的运输船缆绳，运输船迅速收缆驶离起重船施工水域。

(3)定位架安装。

①定位架起吊完成后,依据升压站基础施工的定位坐标,通过绞锚移船的方式逐步调整其坐标位置,进行初定位。定位架定位理论如图7-30所示。

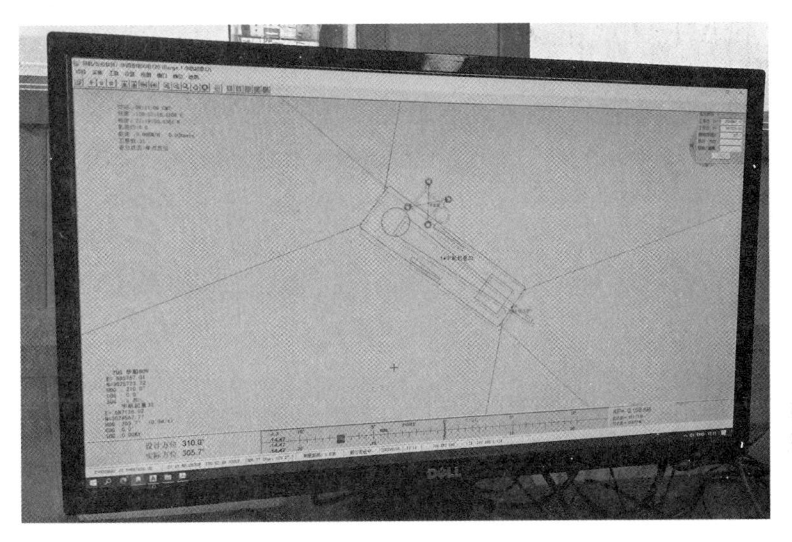

图7-30 定位架定位理论

②定位架在距离设计要求坐标1~2m间距时,下放主钩将定位架放入水中。通过起重机将起重指挥与测量人员及RTX设备通过载人吊笼转运至定位架二层抱臂平台,测量人员由二层平台通过竖梯爬至上层平台并将设备及电源线等吊至顶层平台,设备安装调试。定位架定位安装完成如图7-31所示。

③设备调试完成后通过绞锚移船以及调整起重船臂架的摆动及变幅,精细调整定位架的坐标精度,待坐标误差小于500mm后下放定位架。定位架在下放过程中,起重船实时调整自身压载水以保障起重船自身稳定性。

④稳桩平台安放完成后,使用起重机将作业人员转运至定位架上平台解除主钩上吊索具,并进行调平作业。

⑤定位架调平作业时,首先使用副钩起吊振动锤,索具钩拎油管,起重船臂架全回转至右侧船舷,调整臂架与水平方向倾角为70°,起重船臂架全回转副钩的额定吊高为157m,吊重为700t,船舷外吊距为42m。通过将起重船臂架下放2°~3°的方式,将振动锤夹具安装在辅助桩桩顶,启动动力站将夹具夹紧辅助桩并保压5min。待压强无明显起伏后起升副钩将辅助桩轻微拎起,拆除桩身四周的楔形块及限位插销后,缓慢下放副钩,利用辅助桩及振动锤自身重力将辅助桩插入海底泥面以下。辅助桩振沉如图7-32所示。

⑥由于定位架前侧两层抱桩器较重,使得定位架整体向前微倾,水平度无法满足施工要求。因此,辅助桩振沉时选择定位架尾部的辅助桩优先振沉,调节定位架水平度。定位架水平度测量如图7-33所示。

⑦由于通过振沉尾部辅助桩无法满足定位架水平度要求,因此后续作业过程中,先将辅助桩下放至泥面内,再重新用双主钩挂设定位架吊索具,将定位架偏向抱桩器一侧的吊

索吊装受力，逐步进行调平。待定位架水平度满足施工要求后，每根桩体分别采用6块较大尺寸的筋板将辅助桩与定位架进行焊接加固，以维持定位架施工所需的水平度精度要求。

图7-31　定位架定位安装完成

图7-32　辅助桩振沉

5）升压站基础工程桩运输船就位

（1）升压站基础工程桩与导管架采用同船运输的方式，工程桩桩顶位于船尾方向并伸出船尾。运输船在靠泊过程中，须在起重船左舷船头靠船头的方向进行靠泊。

（2）由于起重船起吊工程桩时需依据工程桩桩顶位置调整运输船的位置，为便于运输船灵活调整船位，运输船靠泊前先由锚艇将运输船左侧前锚和尾锚抛至运输船左前及左后位置。工程桩运输船抛锚如图7-34所示。

图7-33　定位架水平度测量

图7-34　工程桩运输船抛锚

（3）运输船抛锚完成后，逐步释放锚链长度靠近起重船。由船头至船尾依次进行带缆作业。运输船靠泊后与起重船间距2m左右。

6)工程桩沉桩施工

(1)翻桩器准备。

①升压站基础采用"先桩法"施工工艺,导管架安装前需先进行工程桩施工作业。为满足工程桩施工过程中水平及垂直精度要求,工程桩为无吊耳结构,工程桩吊装时采用翻桩器配合尾部支挡进行翻桩及吊装作业。图 7-35 所示为翻桩器吊装。

②为便于工程桩吊装过程中连续施工,提前将翻桩器动力柜由起重机放置在起重船主臂架下方的回转平台。翻桩器在使用前按次序先挂设 2 条 ϕ128mm × 14m 用于内涨起吊的环形钢丝绳,再挂设 2 条 ϕ62mm × 10m 用于翻桩器平吊的环形钢丝绳,并在翻桩器底部焊接三角板用于横向支撑。

(2)椭圆度测量。

为确保工程桩桩顶能够在施工过程中顺利安装送桩器,工程桩安装翻桩器前先依次对其内径进行测量,确认其内径与设计尺寸误差较小。图 7-36 所示为工程桩椭圆度测量。

图 7-35　翻桩器吊装

图 7-36　工程桩椭圆度测量

(3)工程桩吊装。

①为便于翻桩器精准定位安装,减少涌浪对施工的影响,在翻桩器吊装前,在其导向插尖上捆绑两条宽眼吊带,用于翻桩器后续的定位导向。图 7-37 所示为翻桩器吊装。

②为控制翻桩器在安装过程中的上下摆幅,更加快速高效地完成工程桩的插桩作业,由起重船船头左舷卷扬机牵出一条钢丝绳利用缆桩转向,依次穿过起重船及运输船的导缆孔,由导向滑轮将钢丝绳从工程桩尾部牵引至工程桩桩顶附近。图 7-38 所示为牵引钢丝绳安装。

③通过调整起重船臂架的回转角度及变幅,将起重船臂架全回转至左侧船舷,调整臂架与水平方向倾角为 55°,起重船臂架副钩的额定吊高为 158m,吊重为 500t,距回转中心吊距为 97m。将翻桩器导向插尖上的宽眼吊带递至工程桩桩顶内,与桩内的牵引钢丝绳利用小型卸扣进行连接并通知起重船卷扬机以低速模式逐步收紧带力即可。图 7-39 所示为牵引钢丝绳导向。

④逐步控制翻桩器的位置,使其导向插尖全部伸入工程桩内部,并通过缓慢收紧牵引钢

丝绳，将翻桩器的抱紧装置的固定端全部贴合在工程桩外壁并保持该状态。启动翻桩器动力站，将工程桩夹紧并保压5min。确认压力无误后，施工人员佩戴安全带左右两侧分别挂设安全绳由甲板人员负责牵引，从工程桩尾部登上工程桩外侧，前往工程桩桩顶将翻桩器顶部用于平吊的钢丝绳连接卸扣拆除，使平吊钢丝绳下部卸扣处于自由状态。牵引钢丝绳所连接的卷扬机反向运动，钢丝绳卸力后拆除连接用的卸扣，并将其随钢丝绳一并从桩内抽离，随后解除桩底导向滑轮。图7-40所示为翻桩器安装完成。

图7-37　翻桩器吊装

图7-38　牵引钢丝绳安装

a) 钢丝绳牵引进行

b) 钢丝绳牵引完成

图7-39　牵引钢丝绳导向

⑤工程桩尾部支挡在翻桩过程中会与桩底井字形加筋板产生干涉。在工程桩逐步翻身的过程中，尾部支挡与加筋板相互干涉，暂停工程桩翻桩，切割尾部支挡的一部分继续进行工程桩翻桩，直至将工程桩整体翻起。

⑥工程桩采用单点起吊，运输船甲板翻桩作业。如图7-41所示，翻桩过程中桩底接触位置会产生巨大下压力。为避免工程桩底部发生形变，同时保护运输船甲板，在工程桩与运输船甲板接触面位置预先放置硬木，以缓解工程桩翻桩过程中产生的下压力。

⑦工程桩翻桩过程中，首先控制起重船臂架角度保持不变，缓慢提升副钩高度使其逐步受力。待工程桩桩顶开始起升，桩尾枕木开始承压，尾部支挡开始受力，调整臂架角度由55°

向73°调整并起升副钩高度。

图7-40 翻桩器安装完成

图7-41 工程桩翻桩过程

⑧通过调整起重船臂架变幅,并配合回转平台的旋转角度及副钩的起吊高度,使工程桩翻桩过程中桩顶的受力方向始终与副钩的受力方向处在同一垂线上,避免工程桩发生水平方向的倾移造成冲桩。

⑨如图7-42所示,工程桩翻身完成后,起重船臂架与水平方向倾角为73°,副钩的额定吊高为160m,吊重为780t,船舷外吊距为31m。通过起重机平台将工程桩从运输船甲板穿过起重船甲板,最后在起重船右舷定位架位置进行定位插桩作业。工程桩插桩时采用由远及近的方式进行插桩作业。

⑩如图7-43所示,工程桩转运至定位架插桩海域,通过定位架上平台焊接的单侧"Y"字架,确认导向孔的实际位置。当工程桩桩身距离单侧"Y"字架大概有1.7m的距离时缓慢下放工程桩,将工程桩桩底与导向孔相互接触,以判断工程桩的准确插桩作业。图7-44所示为工程桩插桩完成。

图7-42 工程桩翻身完成

图7-43 工程桩转运

⑪工程桩开始自沉时,测量人员利用全站仪使用扫边法对工程桩垂直度进行实时监测。当工程桩每自沉约5m,进行一次工程桩自沉垂直度测量,直至工程桩自沉结束(图7-45)。

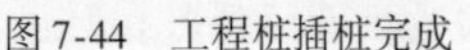

图 7-44　工程桩插桩完成

图 7-45　工程桩自沉完成

⑫工程桩自沉完成后，翻桩器动力站释压，使翻桩器可竖直吊离工程桩桩顶位置。将翻桩器重新放回起重船甲板，通过起重机连接平吊钢丝绳利用底部筋板将翻桩器平放至甲板上，重新挂设翻桩器平吊钢丝绳的卸扣，重复此前的翻桩器安装流程，依次完成其余 3 根工程桩的翻桩及插桩自沉作业。

（4）工程桩沉桩。

①工程桩沉桩前先将送桩器翻身起吊。送桩器吊装吊索具由 2 条 ϕ96mm × 12m 环形钢丝绳及 2 条 ϕ52mm × 60m（打双）环眼钢丝绳配合 2 个 120t 卸扣组成，翻身过程溜尾吊索具由 4 条钢丝绳（两条相互连接）及 2 个卸扣组成。采用主钩挂设吊装吊索具，副钩挂设 2 条 ϕ36mm × 15m 环眼钢丝绳配合 2 个 25t 卸扣，再连接 2 条 ϕ36mm × 15m（打双）环眼钢丝绳并用 2 个 25t 卸扣与送桩器底部相连作为溜尾吊索具完成送桩器的翻身作业。图 7-46 所示为送桩器翻身完成。

②送桩器翻身完成后，解除副钩及送桩器尾部的溜尾吊索具，将 2 根 400t × 20m 的液压锤吊索具挂设在副钩钩齿上，并将液压锤油管捆绑吊带挂设于索具钩上，解除液压锤上的甲板固定装置后起升副钩，起吊液压锤。液压锤及送桩器挂设完成后，调整臂架与水平方向夹角为 70°，起重船全回转臂架主钩额定吊高为 126m，吊重为 900t，船舷外吊距为 29m；起重船全回转臂架副钩的额定吊高为 160m，吊重为 700t，船舷外吊距为 41m。

③起重船起升主钩及副钩，旋转回转平台至定位架位置，下放送桩器至工程桩桩顶并将其插入其中，送桩器安装完成后通过调整臂架角度以及起重船与定位架的位置关系将液压锤桩帽套至送桩器顶部。

④套锤完成后，先以液压锤最小能量进行单击并观察工程桩贯入度，根据贯入度实时调整锤击能量且工程桩每沉桩 5m 利用全站仪采用扫边法测量桩身垂直度。将工程桩桩顶锤击至距离水面约 10m 的位置停止锤击，完成工程桩初打的第一次沉桩。由于起重船自身臂架角度受限，在进行不同工程桩沉桩作业时需先进行绞锚移船并微调起重船臂架角度。调整到位后，以相同的方式完成其余工程桩初打的第一次沉桩。图 7-47 所示为工程桩沉桩作业过程。

图7-46 送桩器翻身完成

图7-47 工程桩沉桩作业过程

⑤工程桩初打第一次沉桩完成后，立刻进行第二次沉桩作业，将工程桩锤击至设计高程。工程桩锤击至距离设计高程还有1.2～1.5m的距离时，潜水人员进行水下高应变设备安装。

⑥高应变设备水下安装完成后，继续进行工程桩沉桩，直到沉桩至设计高程（图7-48）。

⑦工程桩第一次初打时，为保障施工的连续性，最后一根工程桩为一次性沉桩到位。因第二次初打直接影响最终工程桩高程和水平度，故采取“对角沉桩”的方式一次进行工程桩桩顶高程的控制。图7-49所示为工程桩复打前液压锤及送桩器安装。

图7-48 工程桩沉桩至设计高程

图7-49 工程桩复打前液压锤及送桩器安装

⑧工程桩初打完成后需间隔7d再进行工程桩复打。工程桩复打时，与初打方式相同，先将送桩器插入工程桩桩顶，再将液压锤套至送桩器上部进行沉桩作业。由于复打时需完成送桩器的水下插桩作业，故利用定位架的单侧“Y”字架进行初步定位，再缓慢下放送桩器，逐步靠近导向筒的喇叭口结构。通过细微的碰撞确认送桩器的大致位置，待送桩器安装完成后继续下放主钩使其处于不受力的状态，送桩器仍保持垂直状态则说明送桩器完成插桩。

⑨送桩器及液压锤安装完成后，潜水人员进行水下高应变设备安装。安装完成后，依据高应变人员提供的液压锤能量数值，对工程桩进行3～5锤连击完成工程桩的复打作业。其

余工程桩以相同的方式完成复打作业。

⑩工程桩复打时，主要是完成工程桩复打高应变的检测，在工程桩复打后桩顶高程复核为辅。复打时主要考虑作业过程中，工程桩沉桩及潜水作业的便利程度。

7）基础工程桩抽泥及内平台安装

（1）工程桩抽泥。

工程桩复打完成后，对工程桩内进行抽泥作业。

①作业前先将抽泥所用到的抽泥管组装完成（图7-50），并连接水管、水泵、空气压缩机等设备。

②抽泥管线利用索具钩及起重机完成翻身作业，并用索具钩吊至工程桩沉桩水域。调整臂架与水平方向倾角为70°，索具钩的额定吊高为125m，吊重为20t，船舷外吊距为29m。由于该海域水流较大，为确保抽泥管线准确插入工程桩内，整个过程采用快速下落的方式进行安放。安放完成后通过观察抽泥管的倾斜程度，判断其是否完成初步安装。

③工程桩抽泥过程中，通过抽泥管出口泥浆的颜色判断该深度的桩内泥面是否抽干净。为避免工程桩内出现不均匀的泥面高差，在该深度抽泥一段时间水流变清澈后，通过摆动臂架、提升/下放抽泥管等方式，对该深度周围的淤泥一并进行清理。以此反复，逐层清淤。

④待工程桩内抽泥深度满足设计要求，抽泥管出口长时间以清水流出，表示工程桩内仅剩少许淤泥。潜水员此时下水，检查工程桩内清淤情况，并对未完全清淤位置进行再次清理，以确保不影响后续施工要求。其余工程桩以相同的方式完成抽泥作业。

（2）工程桩内平台安装。

工程桩桩内抽泥完成后进行工程桩内平台安装（图7-51）。

图7-50　工程桩桩内抽泥

图7-51　工程桩内平台安装

①工程桩内平台安装前先将潜水作业配合人员及水下焊接所用到的二级电箱、焊机、焊把线等设备由起重机转移至定位架下层甲板，为工程桩内平台水下焊接做准备。

②工程桩内平台安装采用索具钩配合3根2t×35m的环眼钢丝绳以及3个3t的卸扣进行作业。

③工程桩内平台由索具钩吊至抽泥管相同位置下放安装，调整臂架与水平方向倾角为

70°,索具钩的额定吊高为125m,吊重为20t,船舷外吊距为29m。利用定位架的单侧“Y”字架进行初步定位,再缓慢下放内平台。下放至工程桩桩顶内后持续下放,通过控制索具钩的高度以及吊索具的受力情况判断其已进入工程桩内。

④安装完成后潜水员先游至内平台安装位置的海域附近,定位架下层甲板的配合人员将焊把线及接地线通过麻绳递给水中的潜水人员。潜水人员下潜至工程桩桩口,确定工程桩内平台已进入工程桩内,利用手把焊将接地线焊接在桩顶位置后潜入工程桩内,确认内平台已完全搭接在工程桩内环板上。如未完全搭接,则通过水下对讲机进行告知,并通过调整索具钩的方式对工程桩内平台的安装位置进行再次调节,以满足安装要求。

⑤工程桩内平台安装完成后,潜水员解除工程桩内平台吊耳上的卸扣,并用水下焊机完成工程桩内平台的焊接工作。待潜水员所有水下工作完成并已经离开工程桩桩顶位置时,起升索具钩将吊索具重新放置于起重船甲板进行其余工程桩内平台的安装作业。

⑥因工程桩抽泥与工程桩内平台安装均由索具钩完成,故在不用调整船位及臂架角度的情况下可直接进行最后完成抽泥作业的工程桩内平台安装。之后安装工程桩内平台时,采用由近及远的顺序进行安装。由于潜水作业人员易受涨落潮水流影响。在安装过程中,高低平潮位水流速度较为缓慢,更有利于工程桩内平台的安装,该时间段潜水人员也更便于水下作业。

8)定位架拆除装船

工程桩全部作业内容完成后,为持续进行后续升压站导管架的吊装作业,需将定位架转运离开升压站施工海域。

(1)定位架吊离前,先将前期调平过程中连接在定位架与工程桩上的筋板割除,再使用副钩起吊振动锤,索具钩拎油管,调整臂架与水平方向倾角为70°,副钩的额定吊高为157m,吊重为700t,船舷外吊距为42m。夹具安装完成后启动动力站,将夹具夹紧辅助桩并保压5min,压力无明显变化后副钩带力50t启动振动锤,振动5min后逐步增加副钩的受力,将辅助桩从泥中缓慢拎出。辅助桩限位孔高于定位架上甲板环板后,副钩不再升高,先安装工程桩桩身的限位插销,再将楔形块插入辅助桩与护筒的间隙中。楔形块安装完成后松开振动锤夹具,并用4~5块筋板将工程桩与护筒环板进行焊接。图7-52所示为定位架提升。

(2)定位架4根辅助桩固定完成后,作业人员将定位架吊索具挂设在起重船双主钩上,利用起重机从下层平台离开定位架。起重船通过绞锚移船,调整臂架与水平方向倾角为72°,此时双主钩的额定吊高为127m,吊重为2040t,船舷外吊距为24m。逐步提升主钩使其受力,并将定位架缓慢提升泥面。由于定位架防沉板受到表面淤泥以及泥面吸附力的作用,起重船初期提升过程会受到较大作用力。

(3)由于定位架自身在起吊过程中受防沉板淤泥的负重、底部箱梁进水等因素的影响,整体重量已超过安装前重量约500t,同时还造成双主钩受力差距较大的情况,对定位架自身的吊装结构有较大威胁。为逐步缓解主钩吊重差距较大的问题,通过海平面表面流水对定位架防沉板上部淤泥的冲刷(图7-53),以减轻定位架的自重。

图 7-52　定位架提升

图 7-53　定位架防沉板淤泥冲刷

（4）当双主钩受力程度相差不大后，将定位架提出水面，利用高压水枪继续对定位架防沉板淤泥进行清理冲刷。

（5）冲刷过程中，定位架运输船在起重船右舷以船头对船尾的方向进位（图 7-54）。为便于运输船在后续驶离起重船，运输船预先将其左前锚及左后锚抛设完成再进行靠泊。靠泊完成后运输船与起重船间距在 1.5 ~ 2m 之间。

（6）运输船进位完成后通过变更缆桩的位置，将运输船与定位架的相对距离调整到 8 ~ 10m，以便于将定位架完全放置在之前的支墩上面。

（7）定位架安放完成后需对其底部进行加固处理，以保证定位架的运输安全。图 7-55 所示为吊笼转运。

图 7-54　定位架运输船进位

图 7-55　吊笼转运

（8）定位架焊接作业结束后，为便于施工人员登上定位架上甲板将吊索具摘钩，先将载人吊笼用叉车转移至起重船右舷回转平台的下方，下放回转平台卷扬机钢丝绳，将其用卸扣与载人吊笼外横梁相连。下放索具钩，在钩头处捆绑缆绳，并将缆绳的尾端用抛缆绳递回起重船右侧船舷，将缆绳尾端与载人吊笼另一侧横梁相连，并用另一根缆绳在载人吊笼底部连接作为缆风绳。

(9)保持索具钩处于松弛状态,启动卷扬机逐步起升载人吊笼,待吊笼起升高度达到9~10m起升索具钩使其稍微带力,卷扬机缓慢下放钢丝绳,索具钩缓慢起升施工人员抓紧缆风绳保持载人吊笼在空中的姿态。通过索具钩及卷扬机的收放,将载人吊笼转运至定位架防沉板上。解除载人吊笼卷扬机钢丝绳以及索具钩缆绳,将载人吊笼吊装钢丝绳挂设在索具钩上,作业人员乘坐载人吊笼利用索具钩将其转运至定位架上平台,完成定位架吊索具的摘钩作业,并由索具钩转运至起重船甲板。图7-56所示为吊笼挂设。

(10)所有人员及物资均转移回起重船后,先将运输船左后尾锚由锚艇将其收起至运输船甲板,再逐步放松运输船挂设在起重船前后缆桩的锚缆,直至留出安全距离再解缆。运输船自行回收航行锚后载着定位架离开升压站导管架基础施工海域。

9)升压站导管架基础运输船就位

(1)起重船调整锚位。升压站工程桩施工完成后,考虑到现场的常涌浪、风、流等因素,采用尾吊的方式进行导管架安装。图7-57所示为起重船导管架施工锚位。

图7-56　吊笼挂设

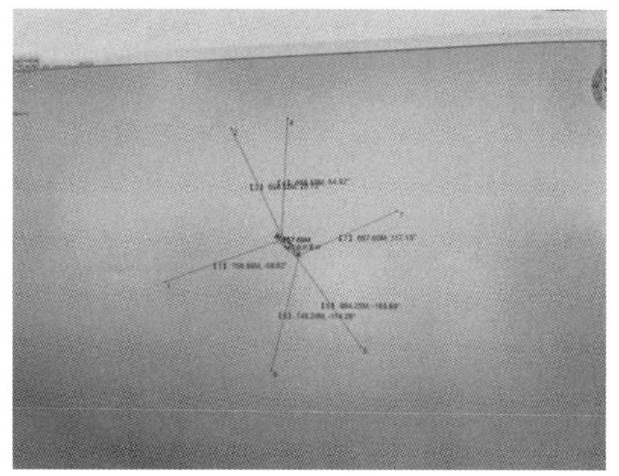

图7-57　起重船导管架施工锚位

(2)升压站导管架位于运输船船首方向,导管架平台北指向船头。运输船在靠泊过程中,须在起重船左舷船首靠船头的方向进行靠泊。

(3)由于起重船起吊导管架时需依据导管架的中心位置调整与运输船的位置关系,为便于运输船灵活调整船位,运输船靠泊前先由锚艇将运输船左侧前锚和尾锚抛至运输船左前及左后位置。图7-58所示为导管架运输船就位完成。

(4)运输船抛锚完成后,逐步释放锚链长度靠近起重船。由船首至船尾依次进行带缆作业。带缆后起重船与运输船的间距在2~3m之间。

图7-58　导管架运输船就位完成

10)导管架定位安装

(1)吊索具挂设及定位设备安装。

①升压站导管架基础吊装所用的是 4 条 300t × 70m(打双)的环眼吊带,在现场进行挂设。起重船利用索具钩先将 4 捆吊带转运至运输船甲板,并将起重指挥、作业及测量定位人员送至导管架顶层平台进行吊带挂设及导管架基础定位设备安装,定位设备安装在导管架内平台一侧,并采取相应措施加强固定。图 7-59 所示为作业人员转运。

②吊带由索具钩依次吊至导管架内平台,分别将单根吊带的 2 个环眼吊耳挂设在同一柱腿的 2 个管式吊耳上,再将吊带这种部位挂设在主钩的单侧钩齿上部,以相同的方式完成其余吊带的挂设作业。图 7-60 所示为导管架吊带挂设。

图 7-59 作业人员转运

图 7-60 导管架吊带挂设

③吊带挂设的过程中,测量人员选择导管架内平台一侧进行测量定位设备的安装工作。图 7-61 所示为导管架测量定位设备安装。

a) 导管架测量定位设备安装图1

b) 导管架测量定位设备安装图2

图 7-61 导管架测量定位设备安装

④导管架吊带及测量设备均挂设安装调试完成后,所有人员乘坐载人吊笼,由索具钩将其从导管架中部下放至运输船甲板。

⑤通过调节运输船的锚链以及在起重船缆桩上的缆绳,使得起重船主钩的位置位于导管架的中心,并提升主钩使其吊索轻微受力,进行导管架底部海绑工装的切割作业。

(2)吊装导管架基础。

①导管架吊装前,检查导管架底部海绑工装是否全部完成切割,避免粘连,并将主动式

密封管线表面的保护铁皮及外层薄膜剔除。图7-62所示为导管架吊装。

②导管架正式吊装前，调整运输船与起重船间的距离在5m左右，撤离吊装区域内的所有作业人员。调整起重船臂架与水平方向倾角为73°，主钩的额定吊高为127m，额定吊重为2100t，船舷外吊距为24m。起吊时分阶段加大双主钩荷载，每次增加100t吊重同时观察导管架及运输船状态。逐步提升升压站导管架基础，使整个吊装系统持续保持稳定状态。

③导管架起升脱离运输船后，起升导管架离开甲板约15m时。运输船收紧左前锚并逐步释放起重船前后缆绳，绞锚驶离升压站施工海域。图7-63所示为运输船驶离。

图7-62 导管架吊装

图7-63 运输船驶离

④运输船已离开施工水域后，起重船通过回转臂架的方式将导管架由起重船左舷转移至起重船船头位置。图7-64所示为导管架吊装转向。

⑤导管架定位设备实时更新坐标位置（图7-65），起重船通过控制船首及船尾的锚机，绞锚移船进行导管架初步定位。

图7-64 导管架吊装转向

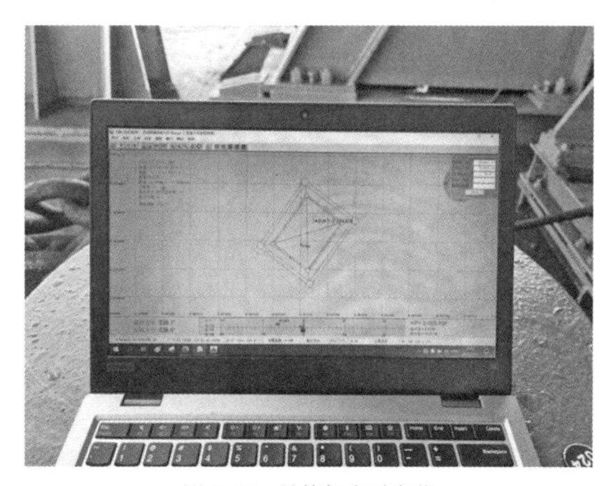

图7-65 导管架实时定位

⑥导管架坐标由定位系统实时更新至整体结构均在工程桩上方，缓慢下放主钩进行精准定位插桩作业。实时观察导管架的整体平整状态、入水深度以及主钩的荷载重量，判断导管架插尖是否已进入工程桩内。图7-66所示为导管架安装。

⑦通过观察导管架刻度线的入水深度以及主钩的承重数值，不断调整两个主钩的受力，

使导管架能更加精准地完成安装作业内容,通过观察导管架下放的深度,当导管架插尖进入工程桩4m左右时,潜水员下水观察导管架的安装精度。主钩的承重已在几十吨上下跳动时,潜水员再次下水检查导管架插桩安装完成以及插尖环板与工程桩顶的贴合情况(图7-67)。

图7-66　导管架安装

图7-67　潜水员下水确认安装

⑧待潜水员分别将4条主腿安装位置检查一遍后,确认安装准确无误。作业及测量人员前往导管架内平台,分别进行拆除吊索具及导管架水平度测量的工作,并测定导管架主腿的实际高程。图7-68所示为导管架水平度测量。

11)导管架主腿灌浆施工

(1)卡桩器施压。

①导管架安装完成后,为保障导管架在海中的稳定性以及后续灌浆施工,需对导管架基础的卡桩器进行施压作业。

②液压泵、液压油以及液压管线等设备由起重船索具钩转运至导管架内平台,卡桩器工程师对其设备进行连接装配,由船电提供动力源,对导管架卡桩器依次冲压(图7-69),当卡桩器管内压力达到700MPa左右时进行保压作业。作业人员需在灌浆施工完成前不间断地监控每根主腿的压力值,若出现泄压等情况,需及时补压,以保障后续灌浆施工。

图7-68　导管架水平度测量

图7-69　卡桩器冲压

(2)导管架灌浆准备。

①升压站导管架基础所需的灌浆料及灌浆设备与工程桩施工定位架共同存放在运输船上。为便于灌浆设备及材料的转运，运输船靠泊起重船右舷时需以其船头与起重船船头方向对齐，船舷间距在1.5m左右。灌浆料及大部分灌浆设备可用起重船右侧起重机转运，少部分灌浆设备由起重机完成转运(图7-70)。

②升压站导管架设计过程中未对其灌浆口进行卡扣式设计，须在灌浆前由施工单位自配灌浆口用于灌浆作业。图7-71所示为灌浆接口焊接。

图7-70　灌浆设备转运

图7-71　灌浆接口焊接

(3)灌浆施工。

①灌浆工程师调试好灌浆设备，并根据灌浆设备距离灌浆口的距离提前连接好相应长度的泵管。

②依据导管架的设计结构，灌浆施工分为两次进行。首先将灌浆料泵送进封底灌浆管进行封底作业，封底灌浆料初凝后再将灌浆料泵送进主灌浆管进行主体灌浆作业。

③通过起重机及人工配合将灌浆管转至灌浆口位置，并连接灌浆口，进行灌浆管润管。

④润管完成后，将泵管连接至对应灌浆段泵送主管开始进行灌浆施工。

⑤为防止灌浆施工中断，在确认海况条件、灌浆设备及叉车具备连续灌浆施工作业后，开始进行各个灌浆段灌浆施工。

⑥叉车司机在指挥人员的调度下叉送灌浆料至灌浆设备进行搅拌及泵送。

⑦在泵送灌浆料多余理论方量2~3袋后，潜水人员下潜观察溢浆情况。发现有明显溢浆后，潜水员进行视频录制，完成该根灌浆段灌浆施工。

⑧在灌浆的整个过程中，需对卡桩器的保压阀进行实时监控，以确保灌浆过程中卡桩器处于正常工作阶段。

⑨灌浆完成后潜水员依次完成工程桩及导管架接地电缆的连接工作。

图7-72所示为灌浆施工。

12)导管架主腿切割及开坡口

(1)根据导管架安装完成后柱顶高程以及设计要求进行导管架切割。

（2）主腿切割前测量人员再次进行主腿高程测量，并在同一主腿标记 3 处切割点，并由主腿切割人员分别在每个主腿上画出切割线，采用割枪将导管架上部分进行切割，切割后使用打磨机将桩顶切割剖面进行打磨。

（3）导管架主腿初步切割后，测量人员再次对主腿顶部高程进行测量，确定最终的切割位置，专业人员利用环切设备对主腿进行切割，测量人员架设全站仪对主腿环切路径实时监测。主腿切割完成后，测量人员再次复测主腿高程及上部水平度，确保其满足后续施工要求。依次完成其余主腿的切割作业。图 7-73 所示为导管架主腿环切。

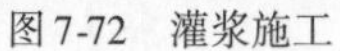

图 7-72　灌浆施工

图 7-73　导管架主腿环切

（4）升压站上部组块安装完成后，需对其插尖环板与主腿顶部间进行焊接，因此，导管架主腿切割完成后对其进行开坡口处理。由于海上湿气较重，避免上部组块施工等待过程中对导管架钢结构坡口处发生氧化反应，即对导管架坡口处进行防护处理。图 7-74 所示为导管架主腿坡口防护。

图 7-74　导管架主腿坡口防护

7.4 升压站上部组块吊装施工技术

7.4.1 升压站上部组块吊装施工介绍

升压站上部组块采用全回转起重船——起重船1进行施工。升压站上部组块运输船靠泊，起重船1完成上部组块吊索具挂设及海绑工装的切割，并起吊上部组块、定位、安装并对插尖位置进行焊接和探伤检查。

7.4.2 施工工艺及流程

升压站上部组块施工工艺流程如图7-75所示。

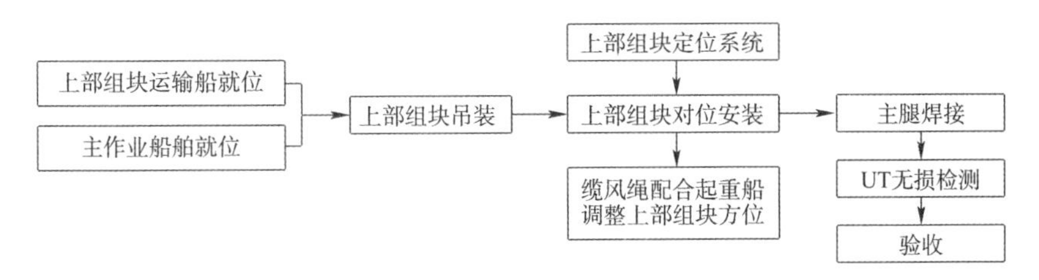

图7-75 升压站上部组块施工工艺流程

1）升压站上部组块运输船就位

（1）升压站上部组块运输船进位前，起重船预先在升压站施工海域抛锚就位，如图7-76所示。

（2）升压站上部组块因体形庞大、吊装难度高，需采用起重船尾吊的方式进行，因此上部组块运输船须在起重船抛锚完成后以“丁字形”方式进位，并抛4个锚用于控制船位。

（3）受水流影响，运输船抛锚后仅通过绞锚的方式无法到达施工的预计位置。通过锚艇从右侧船舷的顶推，逐步拉近与起重船的距离。当锚艇撤出施工水域后运输船仍受到水流影响无法靠近。

2）升压站上部组块安装

（1）升压站上部组块运输船进位完成后，为了控制运输船与起重船的相对位置，由起重船船头左右两端分别提供一条缆绳，挂设于运输船靠近起重船一侧的前后两个缆桩上。起重船通过卷扬机与运输船上的锚机相互配合，使运输船进一步靠近起重船，使升压站上部组块运输船与起重船间距控制在7～8m的吊装范围内。

（2）起重船先将运输船同船发运的上部组块的两根吊梁挂设起吊，如图7-77所示。

（3）通过臂架转向以及调节主钩的高度，将上部组块吊梁转移至上部组块上层甲板右侧位置，如图7-78所示。

（4）升压站上部组块吊带已在发运前挂设完毕，起重船将吊梁转至上部组块上甲板右侧空场区域依次连接上部组块吊带。挂设吊带过程需注意吊梁位置,避免碰撞其顶部天线及设备。

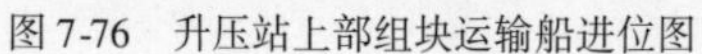

图 7-76　升压站上部组块运输船进位图

图 7-77　升压站上部组块吊梁吊装图

(5)通过调整运输船锚缆的收放,将上部组块的吊装中心与起重船吊装的主钩受力中心尽量保持一致。提升起重船主钩,使其吊带绷直并稍微受力,即可解除上部组块底部的海绑工装。图 7-79 所示为升压站上部组块吊装。

图 7-78　升压站上部组块吊带安装完成

图 7-79　升压站上部组块吊装

(6)上部组块吊装前,检查上部组块底部海绑工装是否全部完成切割,避免粘连;撤离吊装区域内的所有作业人员,提前通知运输船进行调载准备。调整起重船臂架与水平方向倾角为 75°,起重船固定尾吊的吊高为 125m,吊重为 3300t,船首外吊距为 19m。图 7-80 所示为升压站上部组块安装。

(7)吊装开始,双主钩以 200t 为阶段加大荷载,同时观察上部组块及运输船状态。逐步提升升压站上部组块,使整个吊装系统持续保持稳定状态。

(8)升压站上部组块起吊过程中,通知锚艇提前备车。当上部组块提升 15m 后,锚艇将运输船左前锚拎起,运输船通过绞锚移船的方式,整体退出升压站施工水域 100m 以外,为升压站上部组块吊装施工留出充足的作业空间。

(9)升压站上部组块逐步提升,使其上部组块最长的插尖高于导管架主腿 2 ~ 3m 的预留空间。起重船通过绞锚移船的方式,对上部组块在导管架上进行初定位。

(10)缓慢下放主钩并由起重船绞锚移船相互配合,升压站上部组块缓慢下放至导管架主腿上部 1m 左右的位置。通过调整主钩的高度,首先完成上部组块最长导向插尖的安装,逐步完成其他较短插尖的对位安装,直至上部组块安装完成,主钩不再受力。图 7-81 所示为升压站上部组块对位安装完成。

图 7-80 升压站上部组块安装

图 7-81 升压站上部组块对位安装完成

3)升压站上部组块焊接

(1)升压站上部组块安装完成后,解除上部组块吊索具,同时对 4 根主腿进行焊接作业。图 7-82 所示为升压站上部组块焊接。

图 7-82 升压站上部组块焊接

(2)升压站上部组块要求安装完成后,24h 内完成上部组块的焊接作业。焊接完成后分别进行焊缝超声波检测(UT)及磁粉检测(MT)的工作,如图 7-83 所示。

(3)升压站上部组块焊缝检测完成后,对其表面进行防腐油漆补涂处理,如图 7-84 所示。

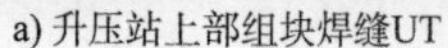

a) 升压站上部组块焊缝UT

b) 升压站上部组块焊缝MT

图 7-83　升压站上部组块焊缝 UT 及 MT 检测

图 7-84　升压站上部组块焊缝油漆补涂

7.5　升压站施工测量技术

7.5.1　测量内容

升压站测量工作内容包括船舶定位、定位架定位(工程桩定位)、沉桩监测、导管架定位测量及上部组块安装调平等测量工作。各项测量要求及内容如下。

1)船舶定位

船舶定位包括施工船舶的定位工作,主要包括抛锚定位、施工就位、船位监控等。

2)定位架定位

定位架定位包括定位架安装过程中的定位定向、调平以及打桩过程中的水平度监测。

3)沉桩监测

沉桩监测包括沉桩过程中的垂直度测量、高程测量及桩顶法兰的水平度测量。

4）导管架定位测量

导管架定位测量指导管架安装过程中的定位定向安装，并测量水平度切割主腿以达到设计要求高程。

5）上部组块安装调平

上部组块安装调平包括上部组块吊装过程中的定位定向及调平。

7.5.2 船舶定位

船舶进场施工准备阶段，将船舶定位设备分别安装在主施工船、拖轮及锚艇上。通过可视化软件“海洋工程施工船舶管理系统”实时显示各船舶之间的相对位置关系，协助主施工船舶抛锚定位及升压站的施工作业。

施工前，预先将4根工程桩的中心坐标输入船舶定位软件并设计抛锚图，起重船在拖轮的拖带下到机位附近，根据提前计算的锚点坐标依次抛锚初步定位，船舶就位的最终位置应根据现场水流方向、风向决定。

船舶抛锚就位完成后通过绞锚移船的方式将主施工船舶精确定位至升压站施工海域。图7-85所示为船舶定位软件导航示意。

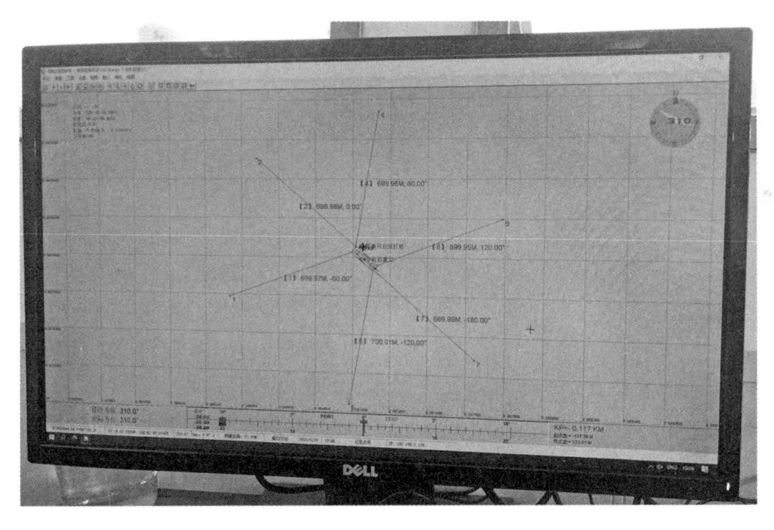

图7-85 船舶定位软件导航示意图

7.5.3 定位架定位

定位架采用单桩施工所用的稳桩平台改造而来，施工过程升压站的精度要求为中心点坐标偏差小于500mm，方向角偏差控制在5°以内。因此，施工前需将按改造要求完成的定位架平面图在计算机辅助设计（Computer Aided Design，CAD）中进行映射，确认导管架中心点及工程桩的实际坐标。单桩施工过程中，为保证其施工精度要求，取锁具平台中心线上相距10m的两个点作为控制点。升压站工程桩施工前，可将定位架索具平台控制点在设计图中进行放样，计算出两个控制点的理论位置。

主施工船舶抛锚完成后，定位架吊索具挂设过程中测量人员进行定位设备的安装调试。通过绞锚移船的方式拎着工程桩施工定位架在升压站基础设计坐标附近进行初定位。精确定位的过程中，将定位架整体位置实时传输至海洋船舶施工界面，通过绞锚移船的方式调整定位架平台两控制点定位的精准度，在测量要求的中心点及方向角误差范围内下放定位架。待完成定位架安装后，重新复核定位架定位坐标，并使用全站仪测量定位架水平度，以满足后续工程桩施工的精度要求(图7-86)。

图7-86　定位架水平度测量

下放完成后如有需要，潜水员可下水检查导向筒的功能性是否缺失，以保证工程桩施工过程中不会受到其他非自然因素的影响。

7.5.4　沉桩监测

1)工程桩垂直度测量

工程桩沉桩前，测量人员在定位架平台架设两台全站仪，采用切边法测量工程桩边线垂直度。测量时先校准全站仪水平度，对准工程桩上口边线，然后锁定水平度盘，垂直转动仪器目镜，测量下部视点(视线极限)的偏距，根据偏距及切边长度来计算桩身垂直度。

当工程桩每沉桩5m、突破不同地层或发生溜桩之后，进行工程桩垂直度监测。为消除仪器误差，每次测完后，两台仪器交换位置，再观测一次。

2)工程桩高程控制测量

首先，测量人员使用具有接收星站差分信号的RTX在定位架顶平台上采集某个固定点的高程，以该固定点作为工程桩高程测量控制点，然后使用具有免棱镜测量功能的全站仪对工程桩高程进行控制和测量。根据测量实际需要和方便性，测量人员可以该固定点高程为依据布设多个高程控制点。由于工程桩沉桩入水后将无法观测桩顶，因此需要在桩顶入水前对桩顶高程进行测量，以便于桩顶入水后亦可根据送桩器或液压锤高程计算出桩顶的高程。

7.5.5　导管架定位

导管架安装过程中的测量内容包括导管架下放前的定位测量、导管架下放后的高程测量和水平度测量。导管架下放前的定位测量与之前定位架的定位测量过程是一样的，唯一不同之处在于定位架定位坐标数据是以图纸设计坐标为依据，而导管架定位坐标数据是以定位架的实际坐标数据为依据。图7-87所示为导管架定位监测。

导管架下放完成后，在导管架上选取一个固定点作为高程控制点，使用差分全球定位系统(Differential Global Positioning System，DGPS)测量出该点的高程数据，然后使用全站仪根据该控制点的高程测量出导管架4个主腿的高程,最后根据4个主腿的高程差数据计算测导管架的水平度。若导管架水平度超出设计安装规范允许偏差值,则需要采取措施对导管架水平度进行调整。

导管架调整安装完成后,根据设计图纸要求的切割余量对4个主腿进行切割,测量人员使用全站仪或水准仪测出4个主腿的切割高程并标刻出切割线。

图7-87 导管架定位监测

7.5.6 上部组块安装调平

主施工船舶在挂设上部组块吊索具的过程中,测量人员跟随施工人员登上吊索具挂设平面,选择不干涉上部组块起吊的位置安装星站差分及水准仪等设备,用于上部组块平面位置、水平度以及方向角实时监测,并将其进行固定。定位安装过程中,通过现场指挥人员以及实时显示定位精度的测量设备的屏幕端口共同配合,进行定位安装。

安装完成后进行上部组块水平度测量,以确定其施工精度满足设计要求。在达到设计要求后进行上部组块和导管架的焊接固定。焊接完成并拆除上部组块安装工装后,对水平度进行复测以复核施工精度。

8 基础防冲刷施工技术

在波浪和水流的共同作用下，海上风电桩基会导致桩基附近水流质点的流线产生变化，桩基影响了一定范围内的水流状态。桩周土体被水流淘蚀，冲刷坑的范围、深度增加。基础冲刷将减小桩基础的入土深度，降低桩基础的承载力；基础冲刷使桩的悬臂长度增加，从而使风机水平变形加大，同时增大桩基础的倾覆弯矩；基础冲刷使风机机组结构的自振频率降低，使基础疲劳应力幅值增大、应力循环次数增加，影响机组的疲劳寿命。

基础施工完成后，需进行基础防冲刷施工来保证桩周土体不被水流淘蚀，冲刷坑的范围、深度不再增加，钢管桩不会因土体流失或其他非运行荷载而导致倾斜。

8.1 基础防冲刷结构参数及技术标准

8.1.1 基础防冲刷结构参数

本项目区域海床地质以淤泥为主，根据以往工程经验，采用吹填固化土工艺进行基础防冲刷施工设计。利用淤泥资源进行化学固化，再采用便捷式管道泵送系统，将超高含水率淤泥固化土直接吹填至桩基周围海床面。

(1)根据冲刷坑大小和冲刷坑深度，单桩固化土防冲刷保护分为以下两种工况。

①工况一：桩周冲坑不大，最大冲刷深度小于2.0m，首先吹填标准固化土进行填坑，填平至天然海床面高程，然后在填平面上继续吹填标准固化土使其满足固化土厚度高于天然海床面高程0.8m以上，并且固化土吹填范围需满足设计防护要求应覆盖桩周外扩16m以上，如图8-1所示。

②工况二：桩周冲刷坑较大，最大冲刷深度大于2.0m，使用标准固化土直接将坑填平至与天然海床面齐平，并且固化土吹填范围需满足设计防护要求应覆盖桩周外扩16m以上，如图8-2所示。

防冲刷保护材料应至少覆盖桩周外扩16m范围内。如未形成如此大的冲刷坑，仍在16m范围内的海床面上吹填厚0.8m的防护层。对冲刷坑已发展至距桩周16m范围外的情况，填充冲刷坑至设计泥面高程即可。

(2)对于升压站基础的防护，使用标准固化土直接将坑填平至低于天然海床面0.5m即可，固化土吹填应至少覆盖桩周外扩7m范围内，如图8-3所示。

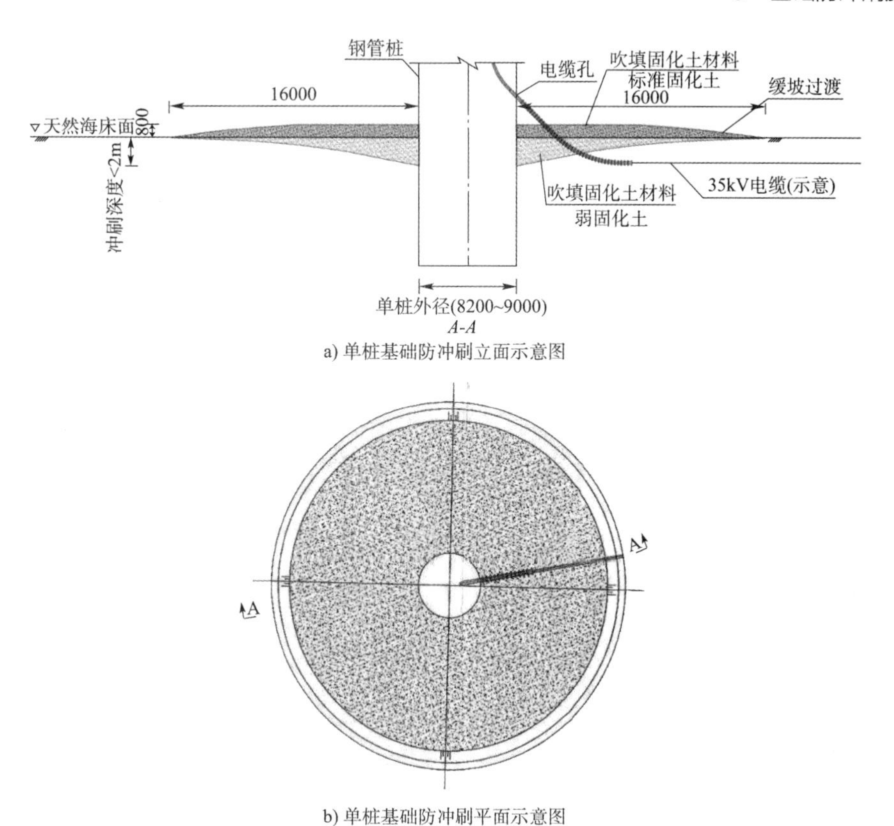

a) 单桩基础防冲刷立面示意图

b) 单桩基础防冲刷平面示意图

图 8-1　工况一单桩基础防冲刷立面示意图(尺寸单位:mm)

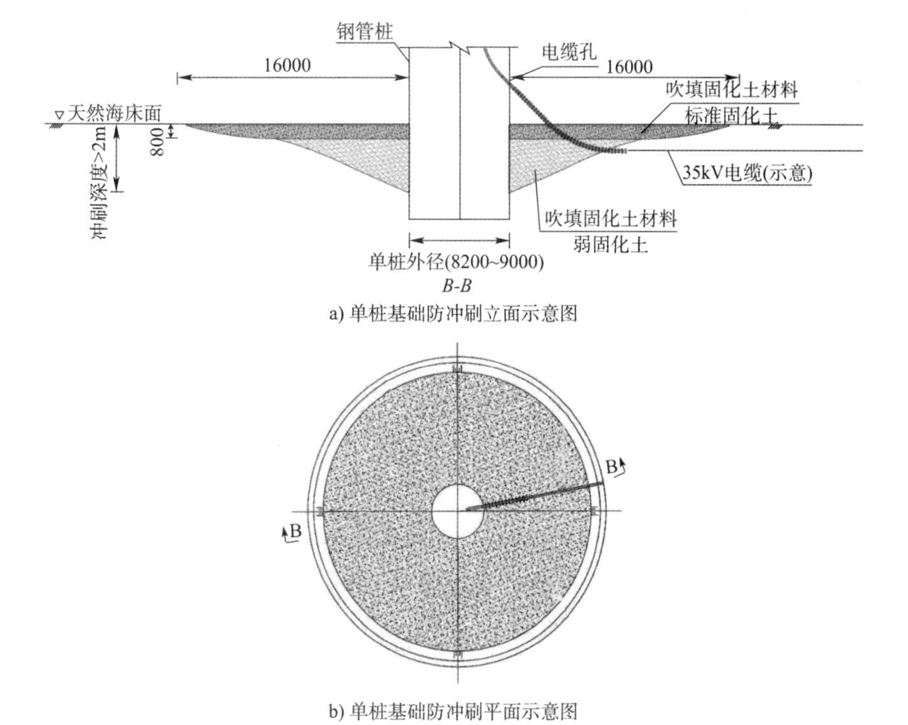

a) 单桩基础防冲刷立面示意图

b) 单桩基础防冲刷平面示意图

图 8-2　工况二单桩基础防冲刷立面示意图(尺寸单位:mm)

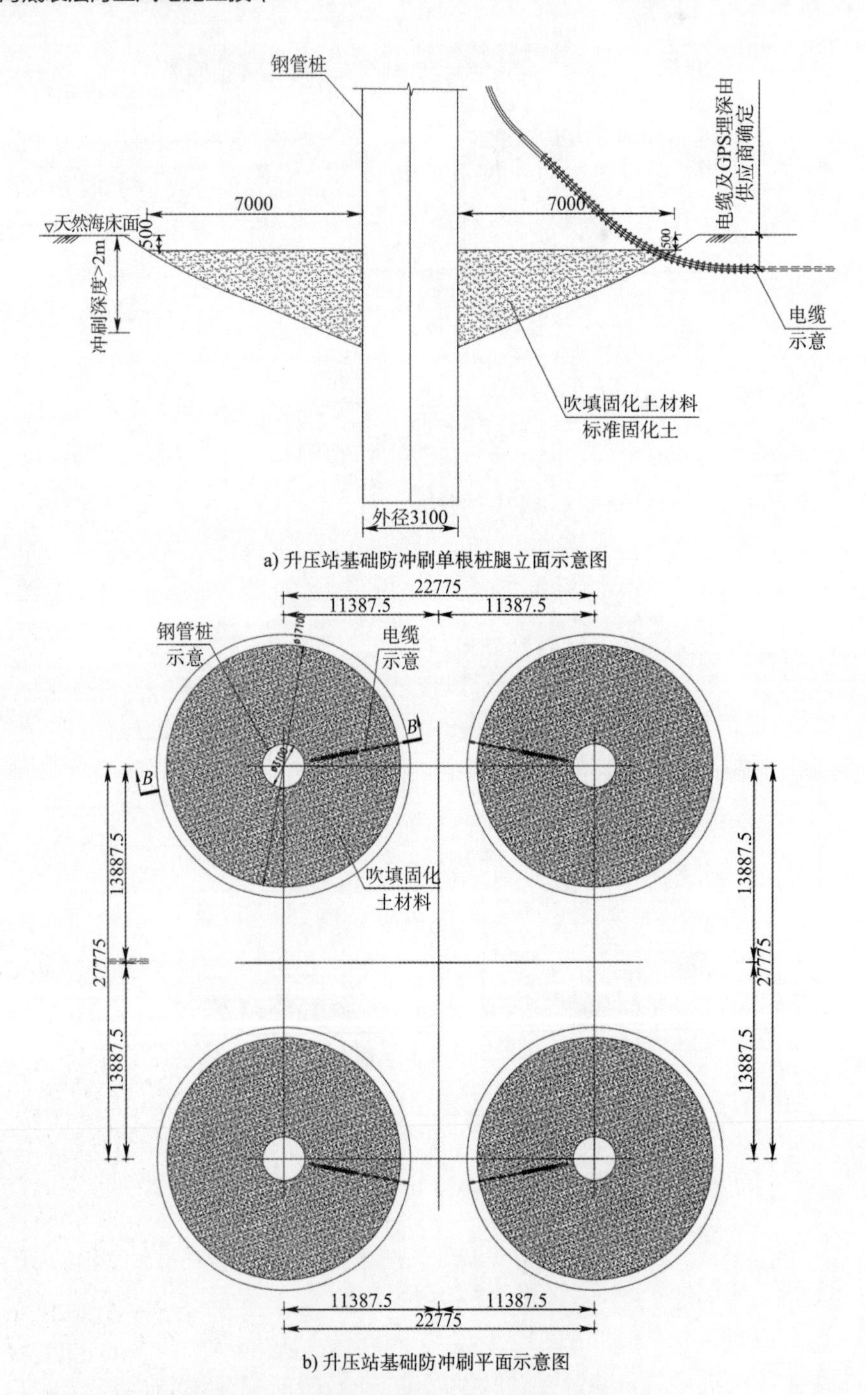

a) 升压站基础防冲刷单根桩腿立面示意图

b) 升压站基础防冲刷平面示意图

图 8-3　升压站基础防冲刷结构示意图(尺寸单位:mm)

8.1.2　基础防冲刷技术标准

1) 固化土施工材料要求

用于固化处理的淤泥,需考虑成分和级配,取材通常采用滩涂淤泥或海底淤泥,可使用淤泥类型包括黏土质、粉土质淤泥等，不得使用砂土直接固化，淤泥有机质含量应小于5%。而固化土固化剂采用KZJ-H系列固化剂，掺量为160kg/m³，初始调制淤泥含水量控制在180%，固化土制备完成施工时，需达到相应的指标要求。材料主要物理力学指标标准见表8-1、表8-2。

固化剂质量标准 表8-1

序号	项目	检测标准
1	外观检查	基本均匀一致
2	含水量(%)	<2
3	密度(g/cm³)	≥2.3
4	细度	80um，方孔筛余≤14%
5	烧失量(LOSS)(%)	≤6.0

标准固化土性能要求 表8-2

序号	土工指标	要求
1	密度(g/cm³)	1.35~1.50
2	渗透系数K(cm/s)	$<10^{-5}$
3	无侧限抗压强度q_u(kPa)	>400
4	黏聚力c(kPa)	>40
5	内摩擦角φ(°)	>13
6	长期往复海流下起动速度(抗冲刷)(m/s)	≥4.0

2)固化土施工要求

(1)防冲刷保护的施工顺序为：沉桩完成→取泥→调制标准泥浆→制备固化土→海底充填或沉桩完成→调制固化剂→原位搅拌制备固化土。

(2)冲刷防护在主体桩基施工完成后即可实施，施工的最佳时间为高平潮及低平潮间前后2h，应避免在极端气温条件下的固化土施工。

(3)标准固化土/剂需在调制完成后4h以内使用完毕，超过规定时间的固化土不得使用。

(4)固化土冲刷防护范围达到桩周以外设计要求范围。

(5)冲刷防护施工时，按照不同冲刷工况吹填标准固化土至设计要求高程形成防护断面。

3)固化土吹填标准

(1)单桩基础防冲刷。

①固化土覆盖范围需桩周外扩16m以上；

②冲刷坑深度小于2m的机位，固化土顶面高程需高于周边天然海床高程0.8m以上；

③冲刷坑深度大于2m的机位，固化土直接将坑填平至与天然海床面齐平即可。

(2)升压站四桩导管架基础防冲刷。

①固化土覆盖范围需桩周外扩7m以上;

②固化土填平至低于天然海床面0.5m。

8.2 主要船机设备选型

本项目深厚淤泥软弱地质层海域涌浪大、水深以及土质条件较差等特点,会增加抛锚、定位等施工流程的难度。选用载重量2500~4500t、船舶型长80m以上、型宽17m以上、抗风浪等级7级的船舶作为风场固化土吹填作业施工船。

固化土施工的主要物料采用船运的方式运送至海上施工现场,且标准固化土需现场制备。考虑到本项目施工物料海上运输距离较长、施工海域窗口期较短、施工工期较为紧张,为加快施工进度,吹填主作业船舶和材料运输船舶需满足合适吨位。借鉴以往类似项目施工经验,结合本项目实际施工可行性、便利性、经济性及进度要求等因素,综合考虑选择表8-3所示参数的船舶作为固化土吹填作业施工船舶,如图8-4所示。

图8-4 船舶图

船舶参数 表8-3

船长(m)	88.88	设计吃水(m)	2.549~3.930
船宽(m)	21.80	满载排水量(t)	6739
型深(m)	5.20	空载排水量(t)	4213.7
总吨(t)	2938	净吨(t)	1645
主发电机组(kW)	2×90	辅发电机(kW)	50

8.3 单桩基础防冲刷施工技术

单桩基础防冲刷固化土施工前,需要重新对风机单桩基础施工海域的海底环境进行扫测,对已发生不同程度冲刷的地形数据进行统计。根据不同的冲刷侵蚀程度,确认单桩防护的固化土方量,并采用吹填的方式进行施工。

前期进行固化土配合比的调试作业,依据设计要求,结合淤泥质土调整整体含水率确认最终施工配合比。基础防冲刷施工船舶在相应施工机位抛锚就位,根据试验结果添加固化剂。将固化剂与淤泥进行充分搅拌后,对单桩海平面附近进行回填施工。施工完成后检查其吹填位置的海平面高程,确认达到施工设计要求后进行后续机位的施工作业。单桩基础固化土吹填施工工艺流程如图8-5所示。

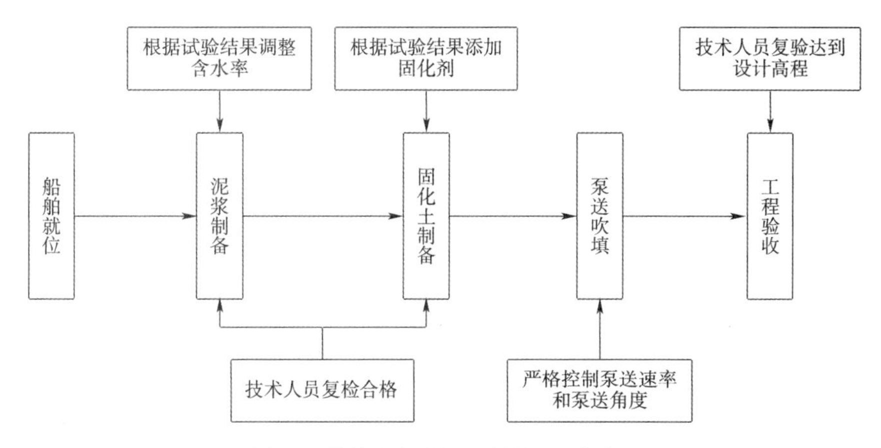

图 8-5　单桩基础固化土回填施工工艺流程

8.3.1　工前扫海测量

在进行单桩基础防冲刷施工前，可采用多波束测深系统扫海测量确定桩基础周围冲刷坑的冲刷量以及冲刷坑的位置，保证在进行固化土防冲刷施工时固化土可以精准填平冲刷坑，保证施工质量，如图 8-6 所示。

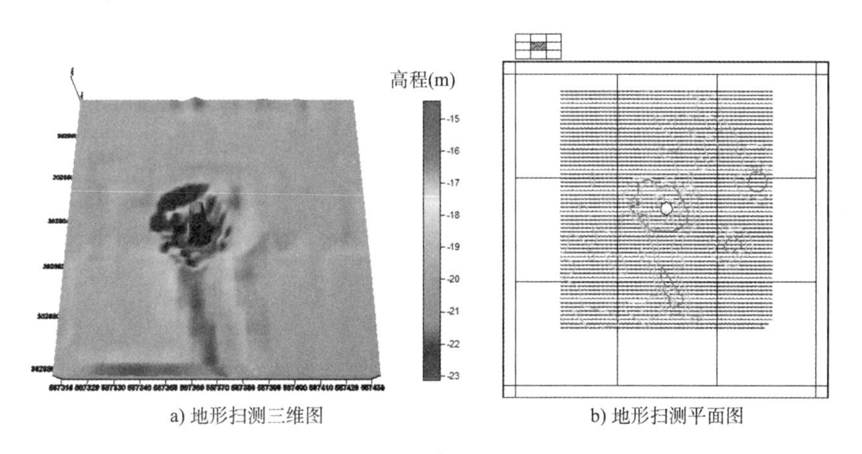

a) 地形扫测三维图　　b) 地形扫测平面图

图 8-6　风机基础地形扫测三维图和平面图

施工前，进行潜水工前探摸及水深测量，对风机单桩基础冲刷坑型的演变进行核验，对海缆口位置及弯曲限制器走向进行探摸，确保施工作业时不会损坏海缆和风机。

8.3.2　船舶就位

固化土吹填施工作业船舶船首顶涌浪在风电桩水流下游缓速航行，距离所施工的风电桩机位 100m 左右安全距离，锚艇辅助完成固化土吹填施工作业船内侧两锚定位，施工前从海缆单位获取海缆敷设的精确位置，抛锚前仔细核对海缆位置并进行标识，防止抛锚时刮碰。将船舶移至距离风电桩 30 ~ 60m 安全范围外，在平潮期到来前进行固化土制备，固化土制备完成前 1h 将船体移至距离风电桩 4 ~ 10m 安全距离，避免作业船对桩基造成碰撞损坏；

泵头通过悬臂起重机进行精确定位后下放，如图 8-7 所示。

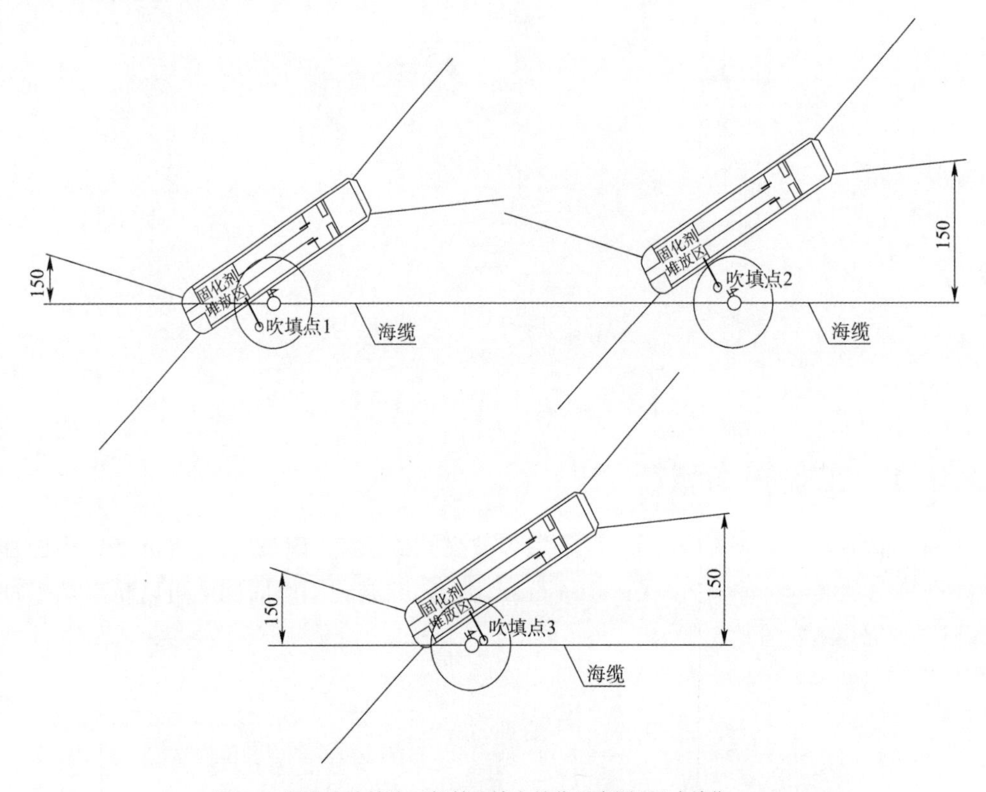

图 8-7　固化土吹填施工船舶吹填点就位示意图(尺寸单位：mm)

8.3.3　泥浆制备

泥浆制备通过吹填作业到船上的搅拌池进行制备，如图 8-8 所示。

具体措施如下：

(1)吹填作业船通过启动锚机左右收放锚缆钢丝绳将船体移到离风电桩 60～100m 安全距离，收紧锚缆钢丝绳稳定船体，待材料运输船靠泊倒驳原材料。

(2)吹填作业船船位通过收紧锚缆稳定后，辅助作业船进位，通过带缆靠泊于吹填作业船右舷。

(3)辅助作业船靠泊完成后，土方运输船靠泊辅助作业船，通过辅助作业船的抓斗将运输船上的土方倒驳至吹填作业船的搅拌池内，倒驳至搅拌池内的土方量为单个平潮期 2h 内可全部吹填完的量，如图 8-9 所示。

(4)土方倒驳完成后，启动加水装置向搅拌池内加入适量的海水。

(5)通过吹填作业船的挖机进行搅拌，将淤泥和水充分混合、搅拌，制成标准固化前泥浆备用。用于调制标准固化土的固化前泥浆含水量一般控制在 160%～220% 范围内(可依据原泥情况进行调整)，这可为添加固化剂生产标准固化土提供良好的作业条件，从而保障固化土的成品质量。

图8-8 泥浆制备

图8-9 淤泥倒驳

泥浆的含水量检测方法为烘烤干燥法，即先取一个铁罐称重为 m_1，再在此铁罐里面装入一定量泥浆称重为 m_2，将铁罐放置于烤炉上把泥浆烘至干燥再称重为 m_3，如图8-10所示。

a) 铁罐称重

b) 泥浆称重

c) 干燥泥浆称重

图8-10 泥浆含水量试验

泥浆含水量为 $(m_2 - m_3) \div (m_3 - m_1) \times 100\%$。

8.3.4 标准固化土搅拌制备

标准固化土制备通过将固化剂放进吹填作业船搅拌池内搅拌制得，如图8-11所示。

(1)标准固化前泥浆搅拌制备完成后，固化剂运输船进位，通过靠泊辅助作业船将固化剂运输船上的固化剂倒驳至吹填作业船。

(2)固化剂倒驳完成后，通过吹填作业船的挖机将固化剂添加进搅拌池内，固化剂的掺量应该按照不低于160kg/m^{3}添加，即每立方米高含水率泥浆中加入160kg固化剂用于制备固化土，固化土一次制备的量为单个平潮期2h内可全部吹填完的量。

(3)固化剂添加完成后，通过吹填作业船挖机自带的搅拌器进行搅拌，调制淤泥固化土时需注意搅拌均匀度，无明显团絮状物，无浮存的固化剂粉末，目测要基本均匀。

(4)在制备标准固化土时，应按配合比试验报告和相关单位指示进行标准固化土抽样检测,包括密度、坍落度、无侧限抗压强度的检验。现场另需按照每批2000m^{3}一个、每批抽样不小于一组随机抽取样品,并送至第三方检测机构进行检测,包括抗冲刷、渗透系数、无侧限抗压强度、抗剪强度指标。

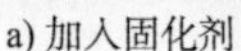

a) 加入固化剂　　b) 固化土搅拌

图8-11　固化土搅拌制备

标准固化土的密度一般控制在1.35~1.50g/cm^{3}之间。密度的检测方法为称重法,先取一个烧杯称其重量为m_1,再在此烧杯中里面装一定体积V的固化土称其总重为m_2,固化土密度$=(m_2-m_1)\div V$,如图8-12所示。

a) 烧杯称重　　b) 固化土称重

图8-12　固化土密度试验

船舶堆放固化剂,首先在底部平铺垫板,垫板上铺放防雨布,固化剂吨袋堆放整齐,中间起拱,覆盖防雨布利于固化剂堆顶排水,周边用绳捆扎牢固,防止雨天风大,固化剂暴露在雨水天气中。

8.3.5 固化土吹填

标准固化土制备完成后,通过吹填作业船上配备的专用固化土输送泵,将固化土泵送至海床面,如图 8-13 所示。

a) 固化土泵送

b) 固化土吹填

图 8-13 固化土吹填

(1)通过吹填作业船上的悬臂起重机将与短距离输送管道有效链接的出泥管口(配备能消减固化土输送流速、海床定位器装置)吊至设计好的吹填点位置(吹填点依据冲刷坑型以及避开海缆孔与弯曲限制器综合考虑确定)。

(2)出泥管口位置完成定位后,下放出泥管口,使管口接触自然海床面开始固化土吹填,利用固化土的自流在风电桩基周围形成固化土覆盖被。固化土最终自然成坡,流淌至防护范围。

吹填固化土注意事项如下:

(1)作业船与桩基保持 4m 以上的安全距离,避免作业船对风机桩基造成碰撞损坏。

(2)吹填的淤泥固化土应搅拌均匀。

(3)吹填点在桩基周围均匀布置 3 个,以便固化土均布防护桩基,达到更好的施工效果。

(4)需在 2h 以内将搅拌池内调制好的固化土吹填结束。

(5)吹填形成自然坡率大于 1∶10,并形成桩周以外 16m 的固化土覆盖被。

(6)吹填固化土最佳时间为高平潮和低平潮间前后 2h。

(7)输送淤泥固化土的管口应放入冲刷坑内或上方,并应实时监测管口的平面位置,注意管口不要插入海床面(海床面以上 0.5m)。

(8)吹填时严格根据扫测图纸进行,且有专业潜水员下水实地触摸地形,控制吹填平整度和完整性。

(9)吹填公差为竖向 +0.3m,水平向 +3m。

8.3.6 工后扫海测量

工后扫海测量作为风机基础防冲刷施工完成后最重要的验收依据,扫海测量的方法与工前扫测相同。

8.3.7 验收标准及监测标准

1)施工验收标准

施工完成后,根据施工前的地形扫测图,潜水员携带皮尺下水进行初验收,验收时录制视频,作为过程中的资料补充。验收项目包括固化土覆盖范围和冲刷坑中心填土高度。固化土覆盖范围为单桩基础需桩周外扩 16m 以上。

2)施工后监测标准

施工完成后,固化土自然成型、自然养护。以扫测形式检测固化土留存及成型情况,并以扫测结果为重要验收依据。施工完成后,应对防冲刷保护装置和海床面进行监(检)测,防冲刷保护施工后 6 周、6 个月各监测一次,若防冲刷保护设施无损,可延长监测时间间隔,运行期间每年至少监测一次。若发生基础防冲刷保护失效,应及时采取补救措施,防冲刷防护补充至原设计高程,以免冲刷程度超过预期,影响风机结构的运行安全。

8.4 升压站基础防冲刷施工技术

升压站基础冲刷防护施工前,重新对升压站施工海域的海底环境进行扫测,对已发生不同程度冲刷的地形数据进行统筹。根据不同的冲刷侵蚀程度,结合扫海报告确认升压站防护的固化土需用方量,并采用吹填的方式进行固化土施工。

前期进行固化土配合比的调试作业,依据设计要求结合淤泥质土调整整体含水量确认最终施工配合比。基础防冲刷施工船舶在升压站位置抛锚就位,根据试验结果添加固化剂。将固化剂与淤泥进行充分搅拌后,对升压站四桩导管架基础 4 根桩腿海平面附近依次进行回填施工。每根桩腿施工完成后检查其吹填位置的海平面高程,确认达到施工设计要求后进行下一根桩腿的施工作业。升压站基础固化土吹填施工工艺流程如图 8-14 所示。

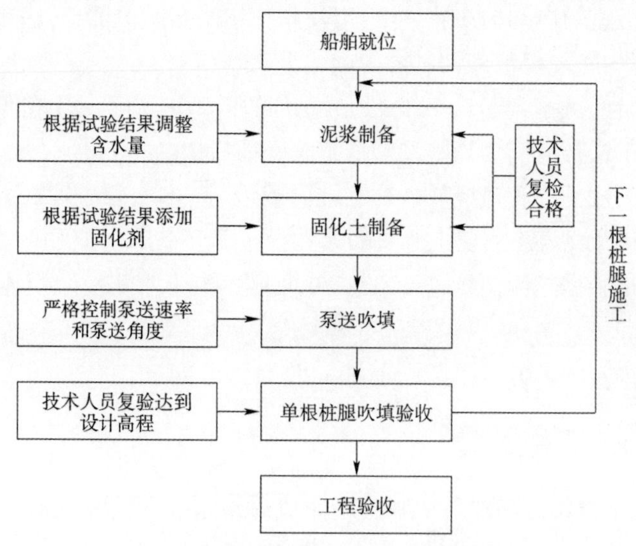

图 8-14 升压站基础固化土回填施工工艺流程

8.4.1 工前扫海测量

在进行升压站基础防冲刷施工前,可采用多波束测深系统扫海测量确定升压站四桩导管架基础周围冲刷坑的冲刷量以及冲刷坑的位置,保证在进行固化土防冲刷施工时固化土可以精准填平冲刷坑,保证施工质量,如图8-15所示。

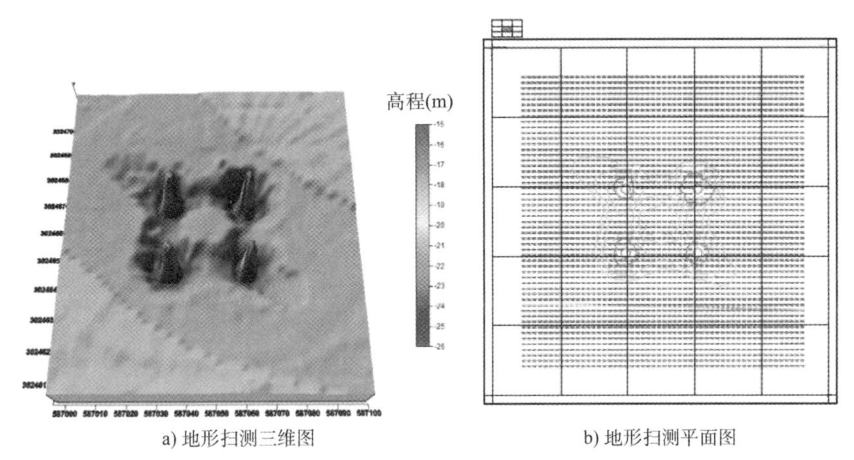

a) 地形扫测三维图　　b) 地形扫测平面图

图8-15　升压站基础地形扫测三维图和平面图

施工前,进行潜水工前探摸及水深测量,对升压站桩基础冲刷坑型的演变进行核验,对海缆口位置及弯曲限制器走向进行探摸,确保施工作业时不会损坏海缆和升压站。

8.4.2 船舶就位

固化土回填施工作业船舶船首顶涌浪在风电桩水流下游缓速航行,距离所施工的升压站100m左右安全距离,锚艇辅助完成固化土回填施工作业船内侧两锚定位。升压站周边区域海缆多,船舶抛锚定位,存在安全隐患,施工前须从海缆单位获取海缆敷设的精确位置,抛锚前仔细核对海缆位置并进行标识,防止抛锚时刮碰。将船舶移至距离升压站30~60m安全范围外,平潮期到来前进行固化土制备,固化土制备完成前1h将船体移至距离升压站基础桩4~10m安全距离,避免作业船对桩基造成碰撞损坏;在每根桩腿均匀布置2个吹填点,泵头通过悬臂起重机进行精确定位后下放。船舶就位如图8-16所示。

8.4.3 泥浆制备

同单桩基础防冲刷施工技术,详见“8.3.3节泥浆制备”。

8.4.4 标准固化土搅拌制备

同单桩基础防冲刷施工技术,详见“8.3.4节标准固化土搅拌制备”。

8.4.5 固化土吹填

同单桩基础防冲刷施工技术,详见“8.3.5节固化土吹填”。

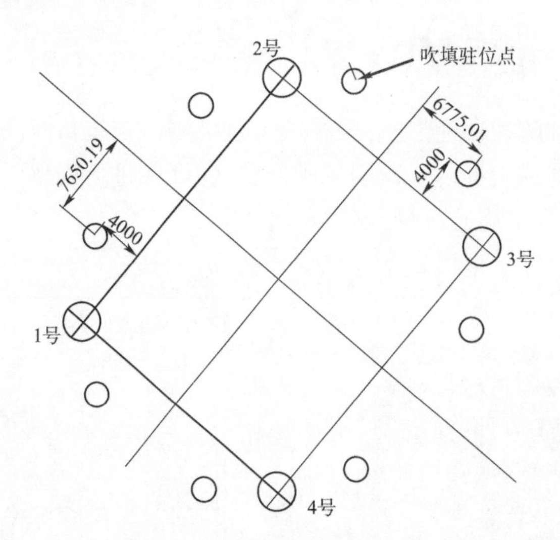

图 8-16 升压站基础固化土回填施工船舶就位示意图(尺寸单位:mm)

8.4.6 工后扫海测量

工后扫海测量作为升压站基础防冲刷施工完成后最重要的验收依据,扫海测量的方法与工前扫测相同。

8.4.7 验收标准及监测标准

1)施工验收标准

施工完成后,根据施工前的地形扫测图,潜水员携带皮尺下水进行初验收,验收时录制视频,作为过程中的资料补充。验收项目包括固化土覆盖范围和冲刷坑中心填土高度。固化土覆盖范围为升压站基础需桩周外扩 7m 以上;冲刷坑中心填土高度为填平至低于天然海床面 0.5m。

2)施工后监测标准

同单桩基础防冲刷施工后监测标准。

8.5 基础防冲刷施工效果

固化土填充完成后再次进行多波束扫海,通过对风机基础周边冲刷情况进行监测,了解风机基础周边冲刷沟发育与固化土施工防护工程情况,确定海底冲刷沟的位置、规模、深度、冲刷量及施工填充量,检验填充效果是否满足技术规范要求。

单桩基础防冲刷施工前进行扫测,其扫测三维图和平面图如图 8-17 所示。

升压站基础防冲刷施工后进行扫测,其扫测三维图和平面图如图 8-18 所示。

对 24 台风机单桩基桩及升压站基础的地形进行统计分析,距风机桩基外侧 16m 范围内,工后扫测泥面高程、海底高程和平均高程,分析计算结果详见表 8-4。

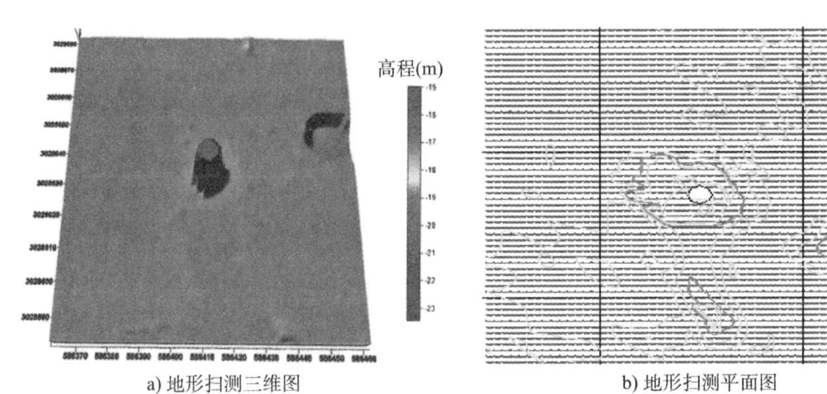

a) 地形扫测三维图　　b) 地形扫测平面图

图 8-17　风机单桩基础防冲刷施工前基础地形扫测三维图和平面图

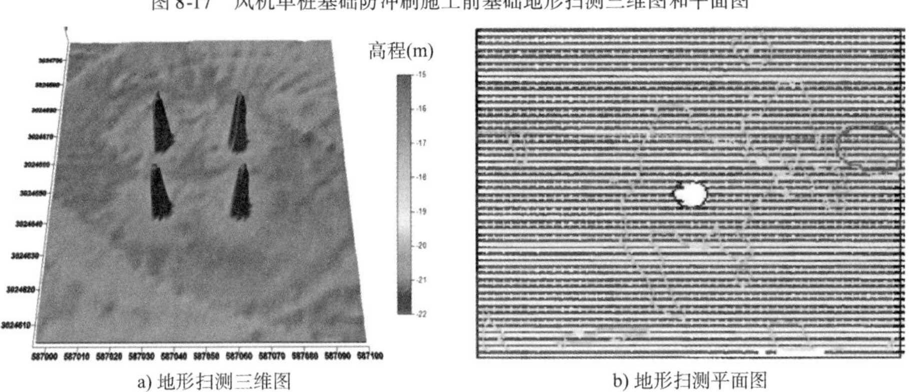

a) 地形扫测三维图　　b) 地形扫测平面图

图 8-18　升压站基础防冲刷施工后基础地形扫测三维图和平面图

距风机桩基外侧 16m 范围内工后扫测情况统计　　表 8-4

风机编号	周边泥面高程(m)	海底高程(m)	平均高程(m)
1	-19.12	-19.19 ~ -18.66	-18.92
2	-19.27	-19.39 ~ -18.72	-19.14
3	-19.29	-19.45 ~ -18.85	-19.14
4	-19.53	-19.73 ~ -19.37	-19.52
5	-19.78	-19.95 ~ -19.01	-19.65
6	-19.78	-20.07 ~ -19.53	-19.80
7	-20.08	-20.16 ~ -19.89	-20.01
8	-20.24	-20.38 ~ -20.11	-20.28
9	-20.78	-20.94 ~ -20.21	-20.71
11	-20.92	-21.09 ~ -20.67	-20.88
12	-20.72	-21.13 ~ -20.50	-20.75
15	-21.69	-20.85 ~ -21.42	-21.63
18	-21.84	-21.94 ~ -21.61	-21.83
19	-22.50	-22.69 ~ -22.30	-22.48

续上表

风机编号	周边泥面高程(m)	海底高程(m)	平均高程(m)
31	-19.60	-19.98 ~ -19.44	-19.62
33	-19.65	-19.88 ~ -19.32	-19.58
34	-20.30	-20.44 ~ -19.89	-20.3
36	-21.24	-21.25 ~ -20.80	-21.08
37	-21.09	-21.11 ~ -20.78	-20.99
39	-21.70	-21.88 ~ -21.37	-21.70
40	-21.88	-22.03 ~ -21.81	-21.90
47	-24.04	-24.23 ~ -24.05	-24.09
48	-24.50	-24.74 ~ -23.95	-24.39
49	-24.80	-25.02 ~ -24.30	-24.78

根据本次24台风机基础海底冲刷扫测成果,距桩基外侧16m范围内的平均高程与其周边泥面高程相近,固化土填充效果满足技术规范要求,基础防冲刷施工效果显著。

9 面临的挑战及展望

9.1 面临的挑战

随着海上风电建设“双30政策”的即将出台以及我国近海资源的开发接近饱和，海上风电逐渐向深远海及地质海况恶劣海域发展，深厚淤泥软弱地质出现也会越来越多。随着海上风电的技术突破与平价时代的投资回报要求，海上风机机型越来越大，针对深厚淤泥软弱地质的风机基础选型及建设难度也越来越大。

深厚淤泥软弱地质往往伴随着深远海出现，现阶段我国对深远海风机安装技术还处于进一步的研究与探索中，深远海的设计还需要对经济性和合理性进行比选。面临的问题如风机基础能否完成支撑任务并具备足够的稳定性与使用年限，提出的解决方案是漂浮式锚链基础及导管架基础。目前我国漂浮式锚链基础已成功取得技术上的突破，但此形式是否适合量产还需进行深究。而导管架形式尺寸及钢材用量大，制作、运输及施工成本也十分高，未来是否有更好的优化犹未可知。同时，由于深远海环境与地质更为恶劣，远离陆地，送电距离长，环境不稳定因素多，风机的运维和海底电缆的维护修理也是一大挑战。

风机机型大型化挑战，需适配更大型化的施工船机。而现有的大型船舶较少，在未来无法满足市场需求，必将面临船舶选型的困难。机型越来越大型化，机身重量也随之增大，在超深软弱海底表层地质的深海环境条件下，叶片长度、塔筒高度及基础尺寸的显著增加导致很难找到与之适配的船舶来进行施工，要解决船舶吊高不满足需求的问题，也是一大难题。再有，现有风机安装船支腿插深能满足深远海环境的寥寥无几，未来还需新建一批起重船及风机安装船，使其在满足自身稳定性的情况下同时适应近岸和远海的环境，如加大起重船吊重、加长风机安装船支腿或研发制造半潜式安装船。

9.2 展　　望

我国拥有丰富的海岸线资源，适宜开发海上风电。国家能源局在《“十四五”现代能源体系规划》中明确提出要积极推进东南沿海地区海上风电集群化发展，到2035年和2050年海上风电装机分别达到71GW和132GW，在国家“双碳”目标和能源结构转型的背景下，海上风电市场在我国的发展前景非常广阔。随着我国对清洁能源的需求和环境保护意识的提高,海上风电将成为未来能源结构转型的重要支撑。

基于目前海上风电建设规模与技术水平,未来风电的发展道路已逐渐清晰,其一是风电场往远海发展,其二是船机设备更大,这两个发展趋势几乎是必然的。

目前,风电场基本是在离岸40km以内、水深35m以内,项目数量、海上风场场址均已接近饱和,往更远更深处去几乎是海上风电持续发展的唯一选择。从漂浮式风机的出现,到更大更高的四桩导管架,无一不是在为风电的后续发展做准备,结合海上风电以往的发展历程,不难推测出,后续进军的风场海域为离岸40km以上、水深35m以上,海上风电的未来也将更难、更高技术、更有潜力。

同时,为适应超深软弱海底表层地质深的远海施工,船舶性能也需要得到提升,未来对风机安装船舶的使用要求越来越高,市场所需的风电安装船规模会更大。现有的施工船舶大多无法满足深远海施工需求,是现在很多参建单位正在思考、正在跟进甚至是正在攻克的问题,或许会在现有基础上进行改造,提升船舶各方面性能;或自研出半潜式起重船或更加智能化的船舶设备,我们抱有期待。

从水深去研究风电安装船支腿的长度、支撑能力等性能,从风电机组去设计满足风电安装船的吊高、吊重等吊钩性能,这是目前风电安装船应对深远海风电场比较成熟的方法。当然,我们依旧可以把时间交给那些真正的风电船舶研究者及海上风电的建设者们,或者在不久的将来,他们会给出更成熟的方案,甚至是另一种完全不同或从未设想的方案。

展望未来的海上风电场建设,必将是一番生机勃勃的新景象。

参考文献

[1] 秦绪文,石显耀,张勇,等. 中国海域 1:100 万区域地质调查主要成果与认识[J]. 中国地质,2020,47(5):1355-1369.

[2] 何起祥. 中国海洋沉积地质学[J]. 海洋地质与第四纪地质,2006,26(4):1.

[3] 中国船级社. 浅海固定平台建造与检验规范[M]. 北京:人民交通出版社,2004.

[4] 中华人民共和国交通运输部. 港口与航道水文规范:JTS 145—2015[S]. 北京:人民交通出版社股份有限公司,2015.

[5] 中华人民共和国交通运输部. 码头结构设计规范:JTS 167—2018[S]. 北京:人民交通出版社股份有限公司,2018.

[6] 中华人民共和国交通运输部水运局. 港口工程荷载规范:JTS 144-1—2010[S]. 北京:人民交通出版社,2011.

[7] 中华人民共和国住房和城乡建设部. 建筑结构荷载规范:GB 50009—2012[S]. 北京:中国建筑工业出版社,2012.

[8] 中华人民共和国交通运输部. 码头结构设计规范:JTS 167—2018[S]. 北京:人民交通出版社股份有限公司,2018.

[9] 翁耿贤,邹福顺,林阳峰,等. 海上风电导管架滚装装船运输技术研究[J]. 广东科技,2020,29(10):46-49.

[10] 张宝刚,李宏权,刘永平,等. 一种大直径桩体的单桩稳桩平台:2020228667267[P]. 2021-10-29.

[11] 陈永青,彭小亮,罗国兵,等. 一种海上风机的安装方法:2021103958099[P]. 2022-07-12.

[12] 李宏权,何海群,刘永平,等,一种升压站导管架基础的施工调平方法:2021102334844[P]. 2023-02-17.